Visual FoxPro 程序设计教程

主　编　吴　明

副主编　崔　杰　孙　瑜　范继红

编　委　（按姓氏笔画排序）

　　　　宁小美　孙　瑜　吴　明

　　　　范继红　赵春兰　崔　杰

北京大学医学出版社

Visual FoxPro CHENGXU SHEJI JIAO CHENG

图书在版编目（CIP）数据

Visual FoxPro 程序设计教程/吴明主编. —北京：
北京大学医学出版社，2011.7
ISBN 978-7-5659-0209-3

Ⅰ.①V… Ⅱ.①吴… Ⅲ.①关系数据库—数据库管
理系统，Visual Foxpro—程序设计—高等学校—教材
Ⅳ.①TP311.138

中国版本图书馆 CIP 数据核字（2011）第 122285 号

Visual FoxPro 程序设计教程

主　　编：吴　明
出版发行：北京大学医学出版社（电话：010-82802230）
地　　址：（100191）北京市海淀区学院路 38 号　北京大学医学部院内
网　　址：http：//www. pumpress. com. cn
E - mail：booksale@bjmu. edu. cn
印　　刷：莱芜市圣龙印务有限责任公司
经　　销：新华书店
责任编辑：安　林　　责任校对：金彤文　　责任印制：张京生
开　　本：787mm×1092mm　1/16　印张：18　字数：454 千字
版　　次：2011 年 8 月第 1 版　　2011 年 8 月第 1 次印刷　　印数：1 - 5000 册
书　　号：ISBN 978-7-5659-0209-3
定　　价：32.60 元

前　言

随着科学技术的进步，以计算机技术为核心的现代信息技术迅速发展，计算机和信息技术的应用已经渗透到社会的各行各业，迅速地推动着科学、经济和社会的发展，改变着人们的学习、生活和工作方式。

根据教育部高等学校计算机教学指导委员会提出的《关于进一步加强高等学校计算机基础教学意见》，高校非计算机专业学生的计算机教育应该使学生掌握应用计算机解决实际问题的综合能力，成为既能熟悉本专业知识，又掌握计算机应用技术的复合型人才。

Visual FoxPro 是新一代小型数据库管理系统的代表，它以强大的功能、完整而又丰富的工具、较高的处理速度、友好的界面以及完备的兼容性等特点，受到广大用户的欢迎。Visual FoxPro 提供了一个集成化的系统开发环境，它使数据的组织与操作变得简单方便。它不仅支持传统的结构化程序设计，而且支持面向对象程序设计，并拥有功能强大的可视化程序设计工具。相对于其他数据库管理系统而言，Visual FoxPro 的最大特点是自带编程工具，由于其程序设计语言和数据库管理系统的结合，所以很适合初学者学习，便于教学，这也是 Visual FoxPro 成为常见的数据库教学软件的原因之一。本书以 Visual FoxPro 6.0 为基础，介绍数据库的基本操作和数据库应用系统的开发方法。

《Visual FoxPro 程序设计教程》教材共分 12 章，主要内容有：数据库基本知识、Visual FoxPro 中的数据与运算、表的基本操作、数据库的基本操作、关系数据库标准语言 SQL、查询与视图、程序设计基础、表单设计、报表与标签设计、菜单设计、项目管理器、应用系统开发实例。为了帮助读者更好的学习本书，编者还编写了《Visual FoxPro 程序设计实验指导教程》。本书力求做到概念清晰、深入浅出、突出应用。

本书由吴明任主编，崔杰、孙瑜、范继红任副主编。第 1、5、10 章由崔杰编写，第 2、3、4 章由吴明编写，第 6 章由赵春兰编写，第 7 章由范继红编写，第 8、11、12 章由孙瑜编写，第 9 章由宁小美编写。本书在编写过程中，许多老师和同学提出了宝贵的意见，在此一并表示深深的感谢。

由于作者学识水平有限，书中难免有不足之处，恳请广大读者批评和指正。

编　者
2011 年 6 月

内容简介

　　本书根据教育部提出的《关于进一步加强高等学校计算机基础教学的意见》，结合学生实际情况编写。本书内容包括：数据库基本知识、Visual FoxPro 中的数据与运算、表的基本操作、数据库的基本操作、关系数据库标准语言 SQL、查询与视图、程序设计基础、表单设计与应用、报表与标签设计、菜单设计、项目管理器、应用系统开发实例。

　　本书概念清楚，逻辑清晰，内容全面，通俗易懂。在强调基础知识、基本原理的基础上，突出实际应用，注重培养学生的实际动手能力。本书配有《Visual FoxPro 程序设计实验指导教程》，便于师生的教与学。

　　本书既可以作为高等学校数据库应用课程的教材，又可供社会各类计算机应用人员阅读参考。

目　录

第1章 数据库基本知识与操作

FoxPro 是优秀的数据库管理系统软件，是我国数据库技术普及教育的软件之一，具有广泛的应用基础和用户群。为了学好、用好 Visual FoxPro，开发适用的数据库应用系统，首先需要掌握数据库基础知识，熟悉数据库管理系统特点。本章介绍了数据库的基本概念和关系数据库设计的基础知识。

1.1 数据库基础知识

1.1.1 计算机数据管理的发展

在信息时代，人们需要对大量的信息进行加工处理，在这一过程中形成了专门的信息处理理论及数据库技术。

1. 数据与数据处理

数据是指存储在某种介质上能够识别的物理符号。数据不仅包括数字、字母、文字和其他特殊字符组成的文本形式的数据，而且还包括图形、图像、动画、影像和声音等多媒体数据。

信息是一种已经被加工为特定形式的数据，信息是以某种数据形式表现的。

数据处理是指将数据转换成信息的过程。数据处理的内容主要包括：数据的收集、整理、存储、加工、分类、维护、排序、检索和传输等一系列活动的总和。数据处理的目的是从大量的数据中，根据数据自身的规律及其相互联系，通过分析、归纳、推理等科学方法，利用计算机技术、数据库技术等技术手段，提取有效的信息资源，为进一步分析、管理、决策提供依据。数据处理也称信息处理。

在计算机系统中，使用计算机的外存储器（如磁盘）来存储数据；通过软件系统来管理数据；通过应用系统来对数据进行加工处理。

2. 计算机数据管理

数据处理的中心问题是数据管理。计算机对数据的管理是指如何对数据分类、组织、编码、存储、检索和维护。

计算机数据管理随着计算机硬件、软件技术和计算机应用范围的发展而发展，经历了由低级到高级的发展过程，大致经历了人工管理、文件管理和数据库管理三个发展阶段。

（1）人工管理阶段（20 世纪 50 年代中期以前）

计算机主要用于科学计算，没有数据管理软件系统，一切数据管理由人工实施；一组数据对应一个程序，相互依赖，不能共享；数据不能保存，程序运行完毕，数据即丢失；数据未结构化，独立性差。

（2）文件系统阶段（20 世纪 50 年代后期至 60 年代中后期）

有专门的文件管理软件进行数据管理；数据以文件的形式组织起来，可以保存，有一定的独立性；数据文件与应用程序有相互对应的关系，共享性差，数据冗余度大；数据记录内有结构，整体无结构，独立性差。

（3）数据库系统阶段（从 20 世纪 60 年代后期开始）

随着社会信息量的迅猛增长，计算机处理的数据量也相应增大，文件系统存在的问题阻碍了数据处理技术的发展，于是数据库管理系统便应运而生。数据库把大量的数据按照一定的结构存储起来，在数据库管理系统的集中管理下，有效地管理和存取大量的数据资源，包括数据的共享性，使多个用户能够同时访问数据库中的数据；减少数据的冗余度，提高数据的一致性和完整型，提供数据与应用程序的独立性，从而减少应用程序的开发和维护费用。

1.1.2　数据库系统

1. 基本概念

（1）数据库（DataBase，DB）

数据库就是存储在计算机存储设备、结构化的相关数据的集合。它不仅包括描述事物的数据本身，而且包括相关事物之间的关系。

数据库中的数据往往不只是面向某一项特定的应用，而是面向多种应用，可以被多个用户、多个应用程序共享。

（2）数据库管理系统（DataBase Management System，DBMS）

数据库管理系统指位于用户与操作系统之间的一层数据管理软件。数据库管理系统是为数据库的建立、使用和维护而配置的软件。数据库在建立、运用和维护时由数据库管理系统统一管理、统一控制。数据库管理系统使用户能方便地定义数据和操纵数据，并能够保证数据的安全性、完整性、多用户对数据的并发使用及发生故障后的系统恢复。

（3）数据库应用系统

数据库应用系统是指系统开发人员利用数据库系统资源开发的面向某一类实际应用的软件系统。例如，以数据库为基础的学生教学管理系统、财务管理系统、图书管理系统等。不论是面向内部业务和管理的管理信息系统，还是面向外部提供信息服务的开放式信息系统，都是以数据库为基础和核心的计算机应用系统。

（4）数据库系统（DataBase System，DBS）

数据库系统是指引用数据库技术后的计算机系统，包括计算机硬件系统、数据库集合、数据库管理系统及相关软件、数据库管理员、用户五部分组成。

硬件系统是指运行数据库系统需要的计算机硬件；数据库集合是指数据库系统包含的若干个设计合理、满足应用需要的数据库；数据库管理系统和相关软件包括操作系统、数据库管理系统、数据库应用系统等相关软件；数据库管理员是指对数据库系统进行全面维护和管理的专门人员；数据库系统最终面对的是用户。在数据库系统中，数据库管理系统是数据库系统的核心。

2. 数据库系统的特点

与文件系统相比，数据库系统具有以下特点：

（1）数据的独立性强，减少了应用程序和数据结构的互相依赖性。

（2）数据的冗余度小，尽量避免存储数据的互相重复。

（3）数据的共享度高，即一个数据库中的数据可以为不同的用户所使用。

（4）数据的结构化，便于对数据统一管理和控制。

1.1.3　数据模型

从现实世界到信息世界到数据世界的这两个转换过程，也就是数据不断抽象化、概念化的过程，这个抽象和表达的过程就是依靠数据模型实现的。

1. 实体描述

现实世界中存在各种事物，事物与事物之间存在着联系。这种联系是客观存在的，是由事物本身的性质所决定的。例如，在学校的教学管理系统中有教师、学生和课程，教师为学生授课，学生选修课程取得成绩；在图书馆中有图书和读者，读者借阅图书。如果管理的对象较多或者比较特殊，事物之间的联系就可能较为复杂。

（1）实体

客观存在并相互区别的事物称为实体。实体可以是实际的事物，也可以是抽象的事物。例如，学生、课程、读者等都是属于实际的事物；学生选课、借阅图书等都是比较抽象的事物。

（2）实体的属性

描述实体的特性称为属性。例如，学生实体用学号、姓名、性别、出生年份、系、入学时间等属性来描述；图书实体用图书编号、分类号、书名、作者、单价等多个属性来描述。

（3）实体集

实体集是具有相同类型及相同性质（或属性）的实体集合。例如，对于学生来说，学校全体学生就是一个实体集。

2. 实体之间的联系

实体之间的对应关系称为联系，它反映了现实事物之间的相互联系。两个实体间的联系主要归结为以下三种类型：

（1）一对一联系（1∶1）

若两个不同型实体集中，任一方的一个实体只与另一方的一个实体相对应，称这种联系为一对一联系。如班长与班级的联系，一个班级只有一个班长，一个班长对应一个班级。

（2）一对多联系（1∶n）

若两个不同型实体集中，一方的一个实体对应另一方若干个实体，而另一方的一个实体只对应本方一个实体，称这种联系为一对多联系。如班长与学生的联系，一个班长对应多个学生，而本班每个学生只对应一个班长。

（3）多对多联系（m∶n）

若两个不同型实体集中，两实体集中任一实体均与另一实体集中若干个实体对应，称这种联系为多对多联系。如教师与学生的联系，一位教师为多个学生授课，每个学生也有多位任课教师。

3. 数据模型

数据模型是指数据库中数据与数据之间的关系，是数据库系统中一个关键概念，数据模型不同，相应的数据库系统就完全不同，任何一个数据库管理系统都是基于某种数据模型的。数据库管理系统常用的数据模型有下列三种：

（1）层次数据模型（Hierarchical Model）

用树形结构表示实体及其之间联系的数据模型。以记录型实体为结点，实体之间单线联系。层次模型的特点：有且仅有一个结点无向上（无双亲）的联系，称为根结点；除根以外的其它结点有且仅有一个向上（双亲）的联系。层次数据模型层次分明，结构清晰，反映一对多联系。

（2）网状数据模型（Network Model）

用网状结构表示实体及其间联系的数据模型。以记录型实体为结点，实体之间多线联系，其特点是有一个以上的结点无向上（无双亲）的联系；一个结点可有多个向上的联系。网状数据模型表达能力强，反映多对多的联系，结构复杂。

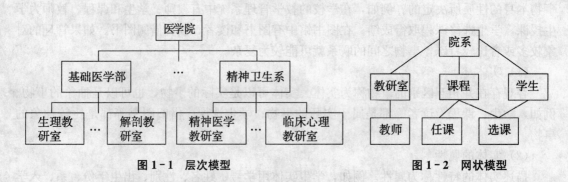

图 1-1　层次模型　　　　　　　图 1-2　网状模型

（3）关系模型（Relational Model）

关系模型是用二维表格结构来表示实体以及实体联系间模型。关系是由若干个二维表组成的集合，每个二维表又称为关系，如表 1-1。Visual FoxPro 是一种典型的关系型数据库管理系统。

1.2　关系数据库

以数据的关系模型为基础设计的数据库系统称为关系型数据库系统，简称关系数据库。

1.2.1　关系术语

1. 关系：一个关系就是一张二维表，每个关系有一个关系名。在 Visual FoxPro 中一个关系存储为一个文件，文件扩展名为 .dbf，称为"表"。

一张二维表构成的关系模型应该满足：

① 同一列中各数据具有相同的类型；

② 任意两行不能完全相同；

③ 每一个数据项应该是不可再分的最小数据项；

④ 行与列的次序是任意的。

例如表 1-1 学生表就是一个关系，"学生"为关系名。

2. 元组：在一个关系中，每一行称为一个元组，例如表 1-1 有 5 个元组。在 Visual FoxPro，一个元组对应表中一条记录。

3. 属性：在一个关系中，每一列称为一个属性，每个属性都有一个属性名和不同元组对应的属性值。例如表 1-1 的学生表有学号、姓名、性别、出生日期、专业、入学成绩 6 个属性。在 Visual FoxPro 中，一个属性对应表中一个字段，属性名对应字段名。

4. 域：在一个关系中，属性的取值范围称为域。即不同元组对同一个属性的取值所限定的范围，例如，"性别"属性的域范围是"男"和"女"。

表 1 - 1 　"学生" 表

学　号	姓　名	性别	出生日期	专业	入学成绩
20100101	王慧	女	1990 - 02 - 05	临床	498
20100102	范丹	女	1990 - 05 - 08	护理	477
20100103	王小勇	男	1989 - 10 - 09	精神	492
20100104	汪庆良	男	1991 - 06 - 15	临床	486
20100201	王香	女	1991 - 03 - 20	护理	473

5. 关键字：指关系中属性或属性的组合，其值能够唯一地标识一个元组。在 Visual FoxPro 中表示为字段或字段的组合。在 Visual FoxPro 中，起唯一标识一个元组的作用的关键字为主关键字或候选关键字。

6. 关系模式：对关系结构的描述称为关系模式，一个关系模式对应一个关系的结构。关系模式的简化表示模式为：关系名（属性名 1、属性名 2、……属性名 n）。例如：学生（学号、姓名、性别、出生日期、专业、入学成绩）。在 VFP 中使用：表名（字段名 1、字段名 2、……，字段名 n）表示。

1.2.2　关系特点

在关系模型中，关系具有以下基本特点：
(1) 关系必须规范化，属性不可再分割。
(2) 在同一关系中不允许出现相同的属性名（字段）。
(3) 关系中不允许有完全相同的元组（记录）。
(4) 在同一关系中元组（行）的顺序可以任意。
(5) 任意交换两个属性（列）的位置，不会影响数据的实际含义。

以上是关系的基本性质，也是衡量一个二维表格是否构成关系的基本要素。

关系模型的主要特点在于它的数据描述的统一性，即所描述对象间的联系都能用关系来表示，它的结构规范、简单，数据独立性高，理论严格（数据处理建立在关系代数的理论基础上），表达力强，容易被一般人所接受。因此，以关系模型为基础的关系数据库已成为目前最流行的数据库。

1.2.3　关系运算

对关系数据库进行查询时，需要对关系进行一定的关系运算。关系的基本运算包括传统的集合运算和专门的关系运算。

1. 传统的集合运算

进行并、差、交传统集合运算的两个关系必须是具有相同的关系模式，即结构相同。在 Visual FoxPro 中没有提供传统的集合运算，可以通过其他操作或编写程序来实现。

（1）并

两个相同结构关系的并是由属于这两个关系的元组（记录）组成的集合。

（2）差

有关系 R 和关系 S，是由属于 R 而不属于 S 的元组组成的集合，从 R 中去掉 S 中也有的元组。

（3）交

有关系 R 和关系 S，既属于 R 又属于 S 的元组组成的集合。

2. 专门的关系运算

在关系数据库中查询用户所需数据时，需要对关系进行一定的关系运算。关系运算主要有选择、投影和联接三种。

（1）选择（Selection）

是指从关系中找出满足指定条件的元组的操作。选择是从行的角度进行的运算，即选择水平方向的记录。选择的操作对象是一个表。运算是从关系中查找符合指定条件元组的操作。如表 1-2，为从关系（表 1-1）中选出所有"临床"专业学生的选择结果。

表 1-2　选择运算结果

学号	姓名	性别	出生日期	专业	入学成绩
20100101	王慧	女	1990-02-05	临床	498
20100104	汪庆良	男	1991-06-15	临床	486

（2）投影（Projection）

投影是指从一个关系模式中选择若干个属性组成新的关系的操作。投影是从列的角度进行运算。投影的操作对象是一个表。运算是从关系中选取若干个属性的操作。如表 1-3，为从关系（表 1-1）中选择学号、姓名、专业字段的投影结果。

表 1-3　投影运算结果

学号	姓名	专业
20100101	王慧	临床
20100102	范丹	护理
20100103	王小勇	精神
20100104	汪庆良	临床
20100201	王香	护理

（3）联接（Join）

联接是从两个关系模式选择符合条件的元组或属性组成一个新的关系。联接结果是满足指定条件的所有记录。联接的操作对象是两个表。运算是将两个关系模式的若干属性拼接成一个新的关系模式的操作，对应的新关系中，包含满足联接条件的所有元组。将"成绩"表（表 1-4）与"课程"表（表 1-5）按"课程号"进行联接运算，结果如表 1-6。

表 1 - 4 "成绩"

学号	姓名	课程号	成绩
20100101	王慧	0102	90
20100102	范丹	0102	85
20100103	王小勇	0102	92
20100101	王慧	0103	80
20100102	范丹	0103	91
20100103	王小勇	0103	75

表 1 - 5 "课程"表

课程号	课程名	学分
0101	大学英语	4
0102	计算机基础	3
0103	细胞生物学	2
0104	有机化学	3
0105	医用物理学	3

表 1 - 6　联接运算结果

学号	姓名	课程名	成绩	学分
20100101	王慧	计算机基础	90	3
20100102	范丹	计算机基础	85	3
20100103	王小勇	计算机基础	92	3
20100101	王慧	细胞生物学	80	2
20100102	范丹	细胞生物学	91	2
20100103	王小勇	细胞生物学	75	2

1.3　Visual FoxPro 6.0 系统概述

Visual FoxPro（简称 VFP）起源于 xBase 编程语言系列，是微机上优秀的数据库管理系统软件。Visual FoxPro 6.0 具有完整的数据库管理系统功能，同时具有面向对象程序设计的各类开发工具，可大大简化了应用系统的开发过程，开发成本低、简单易学、方便用户，在本书中，我们基于 Visual FoxPro 6.0 中文版学习 Visual FoxPro 的数据库管理和程序设计两方面的知识。

1.3.1　Visual FoxPro 开发环境

1. 启动 VFP6.0

在 Windows 中启动 VFP6.0 的方法与运行任何其他应用程序相同。单击 Windows 的"开始"按钮，依次选择"程序"、"Microsoft Visual FoxPro6.0"、"Microsoft Visual FoxPro 6.0"即可。

2. VFP6.0 窗口介绍

启动 VFP6.0，进入 VFP6.0 的主窗口，如图 1 - 3 所示。

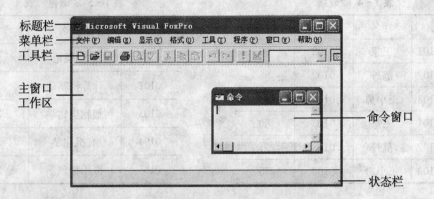

图 1-3　Visual FoxPro 主窗口

● 标题栏：主窗口标识，包括系统图标、窗口标题。

● 菜单栏：提供了 VFP 的大部分操作功能。默认有文件、编辑、显示、格式、工具、程序、窗口和帮助菜单项。VFP 的菜单不是固定的，其上的菜单项会随着操作而动态变化。

● 工具栏：VFP 提供了多种工具栏，方便用户操作。工具栏一般与各种对象设计器对应，默认情况下，VFP 的"常用"工具栏随系统启动时一起打开，显示在菜单栏下面，用户也可以将其拖放到主窗口的任意位置。用户可以执行"显示" ｜ "工具栏"命令，选择所需要的工具栏。

● 状态栏：显示当前的操作状态，一般包括选项的功能、系统对用户的操作反馈、键的当前状态。

● 命令窗口：在该窗口中，可以直接输入 VFP 命令，立即执行。若命令窗口不显示，用户可以通过"窗口" ｜ "命令窗口"打开命令窗口。

● 主窗口工作区：显示命令或程序的执行结果，同时各种窗口和对话框也在这里打开。

3. 退出 VFP6.0

可以利用下面四种方法之一，退出 VFP6.0：

方法 1：单击 VFP 主窗口"关闭"按钮。

方法 2：执行"文件" ｜ "退出"命令。

方法 3：按 Alt＋F4 键。

方法 4：在命令窗口中，执行 QUIT 命令。

1.3.2　Visual FoxPro 工作方式

为了和以前各种数据库管理系统软件兼容，Visual FoxPro 支持交互操作和程序执行两种工作方式。

1. 交互操作方式

Visual FoxPro 的交互操作方式是一种人机对话方式。系统提供了以下三种交互方式：

（1）命令操作：在 Visual FoxPro 的命令窗口中，通过从键盘输入命令的方式来完成各种操作命令。这种操作要求用户要熟悉 Visual FoxPro 每一条命令格式及功能，才能完成命令的操作。

（2）菜单操作：运用 Visual FoxPro 菜单、窗口、对话框的图形界面特征实现交互式操作。用户无需记忆繁多的命令格式，通过菜单和交互式的对话形式即可完成指定的任务。

（3）辅助工具操作：在 Visual FoxPro 系统中提供了多种便于用户操作的工具，如向导、设计器、生成器等。用户可以通过这些工具完成对表、表单、程序的设计和操作。还可以直接通过单击工具栏的图标完成相应的操作。

Visual FoxPro 的交互操作方式随着计算机的推广和应用，将逐渐从命令方式转变为以界面操作为主、命令操作为辅的操作方式。

2. 程序执行方式

Visual FoxPro 中的程序执行方式是将一组命令和程序设计语句，保存到一个扩展名为 .PRG 的程序文件中，然后通过运行命令自动执行这一文件，并将结果显示出来。这种方式在实际的应用中，是最常用、最重要的方式。它不仅运行效率高，而且可重复执行。对于一些不熟悉程序编制的用户，只要了解程序的运行步骤和运行过程中的人机交互要求，就可以使用程序。

1.3.3　Visual FoxPro 语法规则

1. 命令结构

Visual FoxPro 的命令通常是由两部分组成：第一部分是命令动词，也称关键字，用于指定命令的操作功能；第二部分是命令子句，用于说明命令的操作对象、操作条件等信息，常用命令子句详见第 3 章 3.2.1 节。

Visual FoxPro 的命令形式如下：

　　＜命令动词＞　　　［＜命令子句＞］

例如：CREATE　　　［＜文件名＞］

CREATE 是命令动词，表示命令的功能；文件名表示操作的对象。

通常一条 Visual FoxPro 的命令动词后面可以由一个或多个命令子句组成，使得在一条命令中可实现多种功能。一条命令必须以命令动词开头，当此命令动词超过 4 个字母时，在使用时可以只写前 4 个字母，系统会自动识别。

2. 命令格式中的约定符号

在 Visual FoxPro 的命令和函数格式中采用了统一约定的符号，这些符号的含义如下：

＜　＞　表示必选项，尖括号内的参数必须根据格式输入其参数值。

［　］　　表示可选项，方括号内的参数由用户根据具体要求选择输入其参数值。

｜　　表示"或者选择"选项，可以选择竖杠两边的任意选项。

…　　表示省略选项，有多个同类参数重复。

上述符号是专用符号，用于命令或函数语法格式中的表达形式，在实际命令和函数操作时，命令行或函数中不能输入专用符号，否则将产生语法错误。

3. 命令书写规则

● 任何命令必须以命令动词开始。命令动词与子句之间、各子句之间都以空格分隔。

● 一个命令行最多包含 8192 个字符，一行书写不完可以在行尾加分号作为续行标志。

● 命令与函数名大小写均可，也可以大小写混杂。

● 命令中，除汉字外，所有的字符和标点都应在英文半角情况下输入。

习 题 1

一、选择题

1. 在数据管理技术发展的三个阶段中，数据共享最好的是（　　）。
   A. 人工管理阶段　　　B. 文件系统阶段
   C. 数据库系统阶段　　D. 三个阶段相同

2. 下述关于数据库系统的叙述中正确的是（　　）。
   A. 数据库系统减少了数据冗余
   B. 数据库系统避免了一切冗余
   C. 数据库系统中数据的一致性是指数据类型的一致
   D. 数据库系统比文件系统能管理更多的数据

3. 数据库系统与文件系统的主要区别是（　　）。
   A. 数据库系统复杂，而文件系统简单
   B. 文件系统不能解决数据冗余和数据独立性问题，而数据库系统可以解决
   C. 文件系统只能管理程序文件，而数据库系统能够管理各种类型的文件
   D. 文件系统管理的数据量较少，而数据库系统可以管理庞大的数据量

4. 下列叙述中正确的是（　　）。
   A. 数据库系统是一个独立的系统，不需要操作系统的支持
   B. 数据库技术的根本目标是要解决数据的共享问题
   C. 数据库管理系统就是数据库系统
   D. 以上三种说法都不对

5. 关系表中的每一横行称为一个（　　）。
   A. 元组　　B. 字段　　　C. 属性　　D. 码

6. Visual FoxPro6.0 是一种关系型数据库管理系统，所谓关系是指（　　）。
   A. 各条记录中的数据彼此有一定的关系
   B. 一个数据库文件与另一个数据库文件之间有一定的关系
   C. 数据模型符合满足一定条件的二维表格式
   D. 数据库中各个字段之间彼此有一定的关系

7. 数据库系统的核心是（　　）。
   A. 数据库　　　B. 操作系统　　　C. 数据库管理系统　　　D. 文件

8. 从数据库的整体结构看，数据库系统采用的数据模型有（　　）。
   A. 网状模型、链状模型和层次模型　　　B. 层次模型、网状模型和环状模型
   C. 层次模型、网状模型和关系模型　　　D. 链状模型、关系模型和层次模型

9. 退出 Visual FoxPro 的操作方法是（　　）。
   A. 从文件下拉菜单中选择"退出"选项
   B. 用鼠标左按钮单击关闭窗口按钮
   C. 在命令窗口中键入 QUIT 命令，然后按回车键
   D. 以上方法都可以

第 2 章 Visual FoxPro 中的数据与运算

数据是计算机加工处理的对象，在进行 Visual FoxPro 操作时必然要用到一些数据，而且这些数据的表示方法要符合 Visual FoxPro 的规定，不能与数学中或日常生活中的表示方法相混淆。Visual FoxPro 数据的表现形式有常量、变量、函数和表达式。本章介绍 Visual FoxPro 中的数据及其运算。

2.1 常量与变量

在 Visual FoxPro 中，常量和变量是两种最基本的数据表现形式。应用时，要掌握各种类型常量的表示方法以及变量的命名、赋值等有关操作。

2.1.1 常量

常量是一个命名的数据项，在整个操作过程中其值保持不变。在 Visual FoxPro 中，有 6 种常量，分别是字符型常量、数值型常量、货币型常量、逻辑型常量、日期型常量和日期时间型常量。

1. 字符型常量

字符型常量是用定界符括起来的一串字符。在 Visual FoxPro 中，字符型定界符有 3 种：单引号、双引号和方括号。例如，'abc'、"161006"、[讲师] 等都是字符型常量。

如果某一种定界符本身是字符型常量中的字符，就应该选择另一种定界符。例如，"It's a pleasure to talk with you. " 所表示的字符型常量为 It's a pleasure to talk with you. 。

2. 数值型常量

数值型常量由数字、小数点和正负号组成。例如，65、-28.7。要表示很大或很小的数值型常量，可采用科学计数法，例如，1.678×10^{15} 可以用 1.678E+15 表示。

3. 货币型常量

货币型常量也是由数字、小数点和正负号组成，但要加上一个前置的 $。货币型常量在存储和计算时采用 4 位小数，如果一个货币型常量多于 4 位小数，那么系统会自动将多余的小数四舍五入。例如，货币型数据 2.34 可用 $2.34 表示。

4. 日期型常量

日期型常量要放在一对花括号中，花括号内包括年、月、日 3 部分内容。Visual Fox-Pro 的默认日期格式是 {^yyyy-mm-dd}，其中：yyyy 代表年，mm 代表月，dd 代表日。分隔符可以是：连字符（-）、斜杠（/）、句点（.）或空格。例如，2012 年 1 月 5 日可以用 {^2012-01-05} 表示。

5. 日期时间型常量

日期时间型常量也要放在一对花括号中，默认的格式是：

{^yyyy-mm-dd [,] [hh[:mm[:ss]] [a | p]]}

其中，a 和 p 分别表示 AM（上午）和 PM（下午），默认值为 AM。例如，2012 年 1 月 5 日下午 8 点 10 分 20 秒可以用｛^2012-01-05,08:10:20 p｝表示。

日期值和日期时间值的输入格式与输出格式并不完全相同，特别是输出格式受系统环境设置的影响，用户可以根据应用需要，选择"工具"|"选项"命令，在弹出的"选项"对话框中，选择"区域"选项卡，即可对"日期和时间"进行相应设置。如图 2-1 所示。

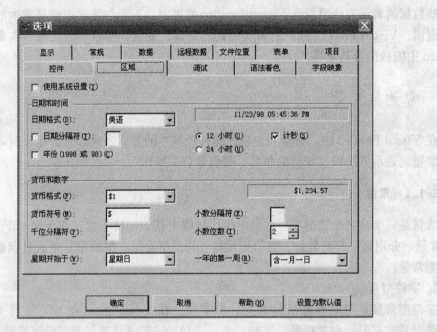

图 2-1 "选项"对话框

6. 逻辑型常量

逻辑型常量用下圆点定界符括起来，只有真和假两个值，逻辑真值可用 .T.、.t.、.Y.、.y. 表示，逻辑假值可用 .F.、.f.、.N.、.n. 表示。

2.1.2 变量

变量是在数据处理过程中可以改变其值的数据对象。在 Visual FoxPro 中变量分为内存变量、数组变量、字段变量和系统变量 4 类。变量包含变量名、变量类型和变量值 3 要素。变量名命名规则：

- 由汉字、字母、数字和下划线组成，而且必须以汉字、字母或下划线开头。
- 长度不能超过 128 个字符。
- 不能使用 Visual FoxPro 保留字。

1. 内存变量

Visual FoxPro 中，内存变量是内存中一个数据存储位置的名称。内存变量使用前不需要特别定义，可以通过赋值语句直接建立，当退出 Visual FoxPro 系统时，内存变量会自动消失，如果内存变量与字段变量同名，可以用下列格式访问：

M.内存变量名 或 M->内存变量名

（1）内存变量的赋值

格式 1：<内存变量名> = <表达式>

格式 2：STORE　<表达式>　TO　<内存变量表>

功能：先计算表达式的值，然后将表达式的值赋值给内存变量。

说明：格式 1 一次只能给一个内存变量赋值。格式 2 可以同时给多个内存变量赋值，<内存变量表>中各内存变量名之间必须用逗号分隔开。

例 2-1　给内存变量赋值。

xm="李刚"

STORE　10　TO　x1,x2

(2) 显示内存变量

格式 1：? [<表达式表>]

格式 2：?? <表达式表>

功能：计算表达式表中各表达式的值，然后在屏幕上显示输出。

说明：格式 1 表示先执行一次回车换行，再显示输出结果。格式 2 表示在当前光标所在位置显示输出结果。

格式 3：DISPLAY | LIST　MEMORY　[LIKE　<内存变量名>]

功能：显示当前内存变量的有关信息。

说明：

① LIST 是连续显示，DISPLAY 是分屏显示。

② 无 LIKE 子句，则显示当前系统变量和内存变量的信息。

③ LIKE <内存变量名>表示显示与内存变量名一致的内存变量信息。内存变量名中可以包含通配符"?"和"*"，其中："?"代表任意一个字符，"*"代表任意多个字符。

例 2-2　在例 2-1 操作基础上，赋值与显示内存变量。

rq= {^2012-01-05}

党员否=.T.

? x1,x2

? xm,rq

?? 党员否

x2=x2+1

LIST　MEMO　LIKE　x?

在主窗口中显示内容如图 2-2 所示。

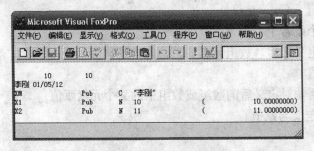

图 2-2　例 2-2 显示结果

（3）清除内存变量

格式1：CLEAR　MEMORY

格式2：RELEASE　＜内存变量表＞

格式3：RELEASE　ALL　［LIKE｜EXCEPT　＜内存变量名＞］

功能：清除所有或指定的内存变量。

说明：

① CLEAR　MEMORY命令与不带子句的RELEASE　ALL命令都可以清除全部内存变量。

② 带LIKE　＜内存变量名＞子句，清除与内存变量名匹配的内存变量。带EXCEPT＜内存变量名＞子句，清除与内存变量名相匹配以外的内存变量。

例2-3　在例2-1和例2-2操作基础上，清除内存变量。其中，CLEAR为清除主窗显示内容命令。

```
CLEAR
RELEASE   xm, rq
RELEASE   EXCEPT   x?
LIST   MEMORY   LIKE   *
```

在主窗口中显示内容如图2-3所示。

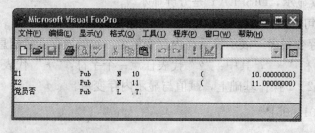

图2-3　例2-3显示结果

2. 数组变量

数组变量是一组下标有序的内存变量。

（1）数组的定义

数组在使用前，必须先定义，定义数组的命令格式如下：

格式：DIMENSION｜DECLARE　＜数组名1＞（nRows1［,nColumns1］）［,＜数组名2＞（nRows2［,nColumns2］）］…

功能：定义一个或若干个数组。

说明：数组在定义之后，数组元素的默认值为逻辑假（.F.）。

（2）数组的赋值

可以使用赋值语句对定义后的数组或数组中的某个元素赋值。

例2-4　数组定义与赋值。

```
CLEAR
CLEAR   MEMORY
DIMENSION   x(3)
```

```
STORE   30   TO   x
DECLARE   y(2,2)
y(1,1)="ABC"
y(1,2)=-15.6
DISPLAY   MEMORY   LIKE   *
```

在主窗口中显示内容如图 2-4 所示。

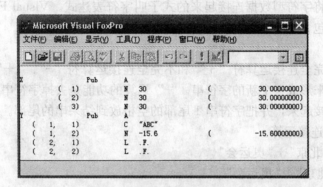

图 2-4　例 2-4 显示结果

3. 字段变量

字段变量就是表中的字段名，字段变量是一种多值变量，一个表有多少条记录，那么该表的每一个字段就有多少值，字段变量的值就是表记录指针所指的那条记录对应字段的值。有关字段变量的定义和使用将在第 3 章中介绍。

4. 系统变量

系统变量是由 Visual FoxPro 自身提供的内存变量，系统变量都以下划线开始，它与一般变量具有相同的使用方法。

例 2-5　显示系统变量 _WINDOWS 的值。

```
? _WINDOWS
```

显示结果为：

.T.

2.2　表达式

表达式是由常量、变量、函数用运算符连接起来的式子。根据运算对象和运算结果数据类型的不同，表达式可分为算术表达式、字符表达式、日期表达式、关系表达式和逻辑表达式。

2.2.1　算术表达式

用算术运算符将数值型数据连接起来的式子叫算术表达式。

算术运算符有（按优先级从高到低排列）：()（括号）→ **、^（乘方）→ *（乘）、/（除）、%（求余数）→ +（加）、-（减）。

例 2-6 计算 $2\times3^3+(2+4)\div(3-1)$ 的值。

? $2*3\hat{}3+(2+4)/(3-1)$

显示结果为：

57.00

2.2.2 字符表达式

用字符运算符将字符型数据连接起来的式子叫字符表达式。Visual FoxPro 字符运算有两类：连接运算和包含运算。

1. 连接运算

连接运算符有完全连接运算符"＋"和不完全连接运算符"－"。"＋"运算的功能是将两个字符串连接起来形成一个新的字符串。"－"运算的功能是去掉字符串 1 尾部的空格，然后将两个字符串连接起来，并把字符串 1 尾部的空格放到结果串的尾部。

例 2-7 字符连接运算。

?"2008　"＋"北京"＋"奥运会"

?"2008　"－"北京"＋"奥运会"

显示结果为：

2008　北京奥运会

2008北京　奥运会

2. 包含运算

格式：＜字符串 1＞＄＜字符串 2＞

功能：判断＜字符串 2＞是否包含＜字符串 1＞。若＜字符串 2＞包含＜字符串 1＞，其运算结果为逻辑值 . T. ，否则为逻辑值 . F. 。

例 2-8 包含运算。

在命令窗口输入下列命令：

?"学生" ＄ "大学生"

?"大学生" ＄ "学生"

显示结果为：

. T.

. F.

2.2.3 日期和时间表达式

日期和时间表达式是指含有日期型或日期时间型数据的表达式，其运算符只有"＋"和"－"两种。

格式 1：＜日期型数据＞ ＋ ＜天数＞

结果是将来的某个日期。

格式 2：＜日期型数据＞ － ＜天数＞

结果是过去的某个日期。

格式 3：＜日期型数据 1＞ － ＜日期型数据 2＞

结果是两个日期之间相差的天数。

格式 4：＜日期时间型数据＞ ＋ ＜秒数＞

结果是将来的某个日期时间。

格式 5：＜日期时间型数据＞－＜秒数＞

结果是过去的某个日期时间。

格式 6：＜日期时间型数据 1＞－＜日期时间型数据 2＞

结果是两个日期时间之间相差的秒数。

例 2-9 日期运算。

? ｛^1997/07/01｝＋3

? ｛^1999/12/20｝－｛^1999/11/20｝

? ｛^2008/05/12 14：18：00｝＋30

? ｛^2008/08/08 20：00：00｝－｛^2008/08/08 19：55：00｝

显示结果为：

07/04/97

30

05/12/08 02：18：30 PM

300

2.2.4　关系表达式

关系表达式是由关系运算符和两个具有相同类型的数据组成。

关系运算符：＜（小于）、＜＝（小于等于）、＞（大于）、＞＝（大于等于）、＝（等于）、＝＝（精确等于）、＜＞或♯或！＝（不等于）。

关系运算符的运算优先级相同。同类型数据才能比较大小。

比较规则如下：

① 数值型和货币型数据根据其代数值的大小进行比较。

② 日期型和日期时间型数据在前者为小。

③ 逻辑型数据比较时，逻辑值 .F. 小于逻辑值 .T.。

④ 字符型数据可以设置字符排序次序。选择"工具"|"选项"命令，弹出"选项"对话框，选择"数据"选项卡，单击"排序序列"下拉列表，可以选择 Machine、PinYin 和 Stroke。

若选择 Machine，字符按照机内码顺序排序。若选择 PinYin，字符按照拼音顺序排序。若选择 Stroke，字符按照笔画多少排序。在 Visual FoxPro 中，默认按照 PinYin 排列顺序比较字符。

单等号运算符"＝"比较两个字符串时，运算结果与 SET　EXACT　ON | OFF 设置有关。系统默认为 OFF 状态，当处于 OFF 状态时，只要等号右边的字符串与等号左边字符串的前面部分内容（第一个字符开始的内容）相匹配，即可得到逻辑真（.T.）的结果。当处于 ON 状态时，先在较短字符串的尾部加若干个空格，使两个字符串的长度相等，然后进行精确比较。

例 2-10 关系运算（"排序序列"选择 Machine）。

? ｛^1949/10/01｝＞｛^1949/09/30｝,"5"＜"A","A"＜"a","a"＜"李"

?"屈原"＞"司马迁","长江黄河"＝＝"长江","长江黄河"＝"长江"

SET EXACT ON

?"长江黄河"="长江"

显示结果为：

. T. . T. . T. . T.

. F. . F. . T.

. F.

2.2.5 逻辑表达式

逻辑表达式是由逻辑运算符将逻辑型数据连接起来的式子。

逻辑运算符有（按运算优先级由高到低排列）：. NOT. 或！（逻辑非）、. AND. （逻辑与）、. OR. （逻辑或）

逻辑表达式在运算过程中遵循如表 2-1 所示的运算规则。

表 2-1 逻辑表达式的运算规则

A	B	A. AND. B	A. OR. B	. NOT. A
. T.	. T.	. T.	. T.	. F.
. T.	. F.	. F.	. T.	. F.
. F.	. T.	. F.	. T.	. T.
. F.	. F.	. F.	. F.	. T.

逻辑运算符两侧也可以不加圆点"."标记，但至少要加一个空格。

当一个表达式包含多种运算时，其运算优先级由高到低的排列顺序为：算术运算→字符串运算→日期和时间运算→关系运算→逻辑运算

例 2-11 多种运算综合。

? 2>3. or. ［A］< ［B］. and. . not. 10+5>9

显示结果为：

. F.

2.3 函数

为了增强系统的功能和方便用户使用，Visual FoxPro 提供许多函数，每个函数实现某项功能或完成某种运算。

函数调用的一般形式为：

函数名(［参数表］)

在 Visual FoxPro 中，五大类常用函数分别是：数值函数、字符函数、日期和时间函数、数据类型转换函数和测试函数。

2.3.1 数值函数

数值函数是指函数值为数值的一类函数。

1. 绝对值函数

格式：ABS(<nExp>)

功能：求得 nExp 的绝对值。

说明：nExp 表示数值型表达式。

2. 指数值函数

格式：EXP(<nExp>)

功能：求 e^{nExp} 的值。

3. 自然对数函数

格式：LOG(<nExp>)

功能：求得 nExp 的自然对数。

4. 常用对数函数

格式：LOG10(<nExp>)

功能：求得 nExp 的常用对数。

5. 取整函数

格式：INT(<nExp>)

功能：求得 nExp 的整数部分。

例如：

? INT(2.1),INT(2.7)

显示结果为：

2　　2

6. 平方根函数

格式：SQRT(<nExp>)

功能：求得 nExp 的平方根。其中的 nExp 应为非负数值。

7. 最大值函数

格式：MAX(<nExp1>,<nExp2> [,<nExp3>…])

功能：计算各个表达式的值，并返回其中的最大值。

例如：

? MAX(5,10,-20)

显示结果为：

10

8. 最小值函数

格式：MIN(<nExp1>,<nExp2> [,<nExp3>…])

功能：计算各个表达式的值，并返回其中的最小值。

例如：

? MIN(5,10,-20)

显示结果为：

-20

9. 求余数函数

格式：MOD(<nExp1>,<nExp2>)

功能：返回 nExp1 除以 nExp2 的余数。如果被除数与除数同号，那么运算结果为两个数相除的余数。如果被除数与除数异号，则运算结果为两个数相除的余数再加上除数的值。

MOD 函数与％运算符具有相同功能。

例如：

? MOD(20,3),MOD (20,-3)，MOD(-20,3)，MOD(-20,-3)

显示结果为：

2 -1 1 -2

10. 四舍五入函数

格式：ROUND(<nExp1>,<nExp2>)

功能：返回 nExp1 四舍五入的值，nExp2 表示保留的小数位数。

例如：

? ROUND(12.3456，2)

显示结果为：12.35

11. π 函数

格式：PI()

功能：返回圆周率 π 的近似值。

2.3.2 字符函数

1. 子串位置函数

格式：AT(<cExp1>,<cExp2>)

功能：返回 cExp1 在 cExp2 中的起始位置，函数值为 N 型。

说明：cExp 表示字符型表达式。

例如：

? AT("FoxPro","Visual FoxPro")

显示结果为：

8

2. 取左子串函数

格式：LEFT(<cExp>,<nExp>)

功能：返回从 cExp 左边第一个字符开始，截取 nExp 个字符。

例如：

? LEFT("红军长征",4)

显示结果为：

红军

3. 取右子串函数

格式：RIGHT(<cExp>,<nExp>)

功能：返回从 cExp 右边第一个字符开始，截取 nExp 个字符。

4. 取子串函数

格式：SUBSTR(<cExp>,<nExp1> [,<nExp2>])

功能：返回从 cExp 中第 nExp1 个字符开始，截取 nExp2 个字符。如果 nExp1 与 nExp2 的和超出 cExp 的长度或者 nExp2 缺省，函数返回整个 cExp。如果 nExp1 超出 cExp 的长度，函数返回一个空串。

例如：

? SUBSTR("上海世界博览会",5,4)

? SUBSTR("上海世界博览会",9)

显示结果为:

世界

博览会

5. 字符串长度函数

格式:LEN(<cExp>)

功能:返回 cExp 的长度。

例如:

? LEN("ABC")

? LEN("中国长城")

显示结果为:

3

8

6. 删除字符串前导空格函数

格式:LTRIM(<cExp>)

功能:删除字符串 cExp 的前导空格。

例如:

qqhr="齐齐哈尔"

?"中国"+qqhr

?"中国"+LTRIM(qqhr)

显示结果为:

中国　齐齐哈尔

中国齐齐哈尔

7. 删除字符串尾部空格函数

格式:RTRIM | TRIM(<cExp>)

功能:删除字符串 cExp 的尾部空格。

8. 空格函数

格式:SPACE(<nExp>)

功能:返回包含 nExp 个空格的字符串。

例如:

?"梦想"+ "现实"

?"梦想"+SPACE(2)+"现实"

显示结果为:

梦想现实

梦想　现实

9. 大小写转换函数

格式 1:LOWER(<cExp>)

格式 2:UPPER(<cExp>)

功能:LOWER() 将 cExp 中的字母全部转换成小写字母。UPPER() 将 cExp 中的字母全部转换成大写字母。

例如：

? UPPER("un")

显示结果为：

UN

10. 宏替换函数

格式：&<cVar> [.<cExp>]

功能：替换出字符型变量 cVar 中的字符。

说明：cVar 表示字符型变量。

例如：

yxy="医学院"

qqhr="yxy"

? &qqhr

显示结果为：

医学院

2.3.3　日期和时间函数

1. 系统日期函数

格式：DATE()

功能：返回当前系统日期，函数值为日期型。

2. 系统时间函数

格式：TIME([<nExp>])

功能：返回当前系统时间，若有 nExp，则返回的时间包括秒的两位小数，函数值为字符型。

3. 日期函数

格式：DAY(<dExp>)

功能：返回 dExp 中的天数，函数值为数值型。

说明：dExp 表示日期型表达式。

4. 月份函数

格式：MONTH(<dExp>)

功能：返回 dExp 中的月份，函数值为数值型。

5. 年份函数

格式：YEAR(<dExp>)

功能：返回 dExp 中的年份，函数值为数值型。

例如：

? DAY({^1985/09/10})

? MONTH({^1985/09/10})

? YEAR({^1985/09/10})

显示结果为：

10

9

1985

2.3.4　数据类型转换函数

1. ASCII 码函数

格式：ASC(＜cExp＞)

功能：返回 cExp 中首字符的 ASCII 码值，函数值为数值型。

例如：

? ASC("ABC")

显示结果为：

65

2. ASCII 字符函数

格式：CHR(＜nExp＞)

功能：返回以 nExp 值为 ASCII 码的 ASCII 码字符，函数值为字符型。

例如：

? CHR(67)

显示结果为：

C

3. 字符日期型转换函数

格式：CTOD(＜cExp＞)

功能：把"mm/dd/yyyy"格式的 cExp 转换成对应日期值，函数值为日期型。

例如：

? CTOD("01/10/1949")

显示结果为：

01/10/49

4. 日期字符型转换函数

格式：DTOC(＜dExp＞ [，1])

功能：把日期 dExp 转换成对应的字符串，函数值为字符型。若选 1，结果为 yyyymm-dd 格式。

例如：

? DTOC({ˆ1949/10/01})

? DTOC({ˆ1949/10/01},1)

显示结果为：

01/10/49

19491001

5. 数值字符型转换函数

格式：STR(＜nExp1＞ [，＜nExp2＞] [，＜nExp3＞])

功能：将 nExp1 转换成字符串形式。nExp2 指出转换后字符串的总长度（包括小数点），nExp3 指出转换后字符串的小数位长度，函数值为字符型。

例如：

? STR(3.456,4,2)

显示结果为：

3.46

6. 字符数值型转换函数

格式：VAL(<cExp>)

功能：将 cExp 转换成对应的数值，转换结果取两位小数，遇到 cExp 的非数字字符则停止转换，函数值为数值型。

例如：

? VAL("2.456")

? VAL("1A23")

显示结果为：

2.46

1.00

2.3.5 测试函数

1. 表头测试函数

格式：BOF([<工作区号>|<别名>])

功能：测试表的记录指针是否在文件首。若记录指针在文件首，函数值为 .T.，否则函数值为 .F.。

2. 表尾测试函数

格式：EOF([<工作区号>|<别名>])

功能：测试表的记录指针是否在文件尾。若记录指针在文件尾，函数值为 .T.，否则函数值为 .F.。

3. 查找测试函数

格式：FOUND([<工作区号>|<别名>])

功能：测试查找是否成功。若 CONTINUE、FIND、LOCATE、SEEK 命令执行成功，函数值为 .T.，否则函数值为 .F.。

4. 条件测试函数

格式：IIF(<lExp>,<eExp1>,<eExp2>)

功能：如果 lExp 的值为 .T.，函数值为 eExp1，否则为 eExp2。

说明：lExp 表示结果为逻辑值的表达式。

例如：

x=10

y=20

? IIF(x>y,50-x,50+x)

显示结果为：

70

5. 数据类型测试函数

格式：TYPE(＜cExp＞)

功能：测试 cExp 值的数据类型，函数返回一个大写字母，其含义如表 2－2 所示。

表 2－2 TYPE 函数的返回值及其含义

返回字符值	数据类型	返回字符值	数据类型
C	字符型	M	备注型
N	数值型	O	对象型
D	日期型	G	通用型
T	日期时间型	Y	货币型
L	逻辑型	U	未定义型

习　题　2

一、选择题：

1. 若想从字符串"医学院"中取出汉字"学"，应该使用的是（　　　）。

   A. SUBSTR（"医学院"，2，1）   B. SUBSTR（"医学院"，2，2）

   C. SUBSTR（"医学院"，3，1）   D. SUBSTR（"医学院"，3，2）

2. 下列命令正确的是（　　　）。

   A. x＝1，y＝2   B. x＝y＝0

   C. STORE 0 TO x,y   D. STORE 0,1 TO x,y

3. 用 DIMENSION 命令定义了一个数组，其数组元素在未赋值之前的默认值是（　　　）。

   A. 0   B. .F.   C. .T.   D. 1

4. 函数 STR（23.456，6，2）的值是（　　　）。

   A. 23.46   B. 23.4560

   C. "23.46"   D. "23.456"

5. 以下日期正确的是（　　　）。

   A. {2010－03－05}   B. {^2010－03－05}

   C. {"2010－03－05"}   D. [^2010－03－05]

6. MOD（10，－3）的值是（　　　）。

   A. 1   B. －2

   C. 2   D. －1

7. 字符型常量的定界符不包括（　　　）。

   A. 单引号   B. 双引号

   C. 方括号   D. 花括号

8. 下列函数中，函数值为日期型的是（　　　）。

   A. AT（"C"，"CPU"）   B. CTOD（"02－03－2011"）

   C. SPACE（5）   D. INT（2.7）

9. 表达式 3 * 2^3 - 4/5 + 3 * * 2 的值是（   ）。
   A. 32.2   B. 23.2
   C. 16.2   D. 148
10. 逻辑运算符优先级最高的是（   ）。
   A. OR   B. AND
   C. NOT   D. YES

二、思考题

1. 使用常量的意义？
2. 变量有几类？内存变量的命名原则？
3. 内存变量的主要数据类型有哪些？内存变量的常用赋值语句是什么？
4. 表达式的计算有优先级吗？说出逻辑运算符的优先级。
5. 如何在 Visual FoxPro 中应用函数？DATE（）是哪一类函数？

第3章 Visual FoxPro 表的基本操作

在关系数据库中，一个关系的逻辑结构就是一个二维表。将一个二维表以文件形式存入计算机中，就是一个表文件（扩展名为 .dbf），简称表（Table）。在 Visual FoxPro 中，根据表是否属于数据库，把表分为数据库表和自由表。属于某一数据库的表称为数据库表，不属于任何数据库的表称为自由表。本章所讨论的是自由表的基本操作，主要介绍表的建立、表记录的基本操作、表的排序和索引、表的查询统计和多表操作。

3.1 数据表的建立

在 Visual FoxPro 中，如何将表 3 - 1 所示的"学生"表以文件形式存入计算机？

表 3 - 1 "学生"表

学号	姓名	性别	出生日期	党员否	籍 贯	专业	入学成绩	简历	照片
20100101	王慧	女	1990 - 02 - 05	是	重庆	临床	498	略	略
20100102	范丹	女	1990 - 05 - 08	否	吉林	护理	477	略	略
20100103	王小勇	男	1989 - 10 - 09	否	辽宁	精神	492	略	略
20100104	汪庆良	男	1991 - 06 - 15	是	内蒙古	临床	486	略	略
20100201	王香	女	1991 - 03 - 20	否	黑龙江	护理	473	略	略
20100202	刘强	男	1990 - 08 - 26	否	黑龙江	临床	491	略	略
20100203	张亮堂	男	1989 - 05 - 08	否	山东	精神	485	略	略
20100301	刘文刚	男	1989 - 07 - 12	是	吉林	临床	452	略	略
20100302	陈燕飞	女	1990 - 12 - 19	否	黑龙江	护理	466	略	略
20100303	马哲	男	1991 - 02 - 07	否	辽宁	临床	462	略	略

首先要建立表结构，然后才能输入表记录。建立表结构就是定义表中各个字段的属性，包括：

字段名：必须以汉字、字母或下划线开头，由汉字、字母、数字或下划线组成。自由表中的字段名最多为 10 个字符，数据库表中的字段名最多可为 128 个字符。

字段类型：在 Visual FoxPro 中所包含的常用字段类型参见表 3 - 2。

表 3-2　常用字段类型

字段类型	说明
字符型	用字母 C 表示。可以包括中文字符、英文字符、数字字符和其他 ASCII 字符，其长度范围是 0～255 个字符。
数值型	用字母 N 表示。可以进行算术运算，由数字、小数点和正负号组成，最大长度为 20 位。
货币型	用字母 Y 表示。用于存储币值，默认保留 4 位小数。
日期型	用字母 D 表示。用于表示日期数据，日期的默认格式是 mm/dd/yy，其中 mm 表示月份、dd 表示日期、yy 表示年份，年份也可以是 4 位，数据长度固定为 8 位。
日期时间型	用字母 T 表示。用于表示日期和时间数据，默认格式是 mm/dd/yy hh：mm：ss，其中 mm、dd、yy 的意义与日期型相同，而 hh 表示小时，mm 表示分钟，ss 表示秒数，数据长度固定为 8 位。
逻辑型	用字母 L 表示。用于描述客观事物真假的数据类型，表示逻辑判断结果，逻辑型数据只有"真"和"假"两种结果，长度固定为 1 位。
备注型	用字母 M 表示。用于存放较多字符的数据类型，长度固定为 4 位，实际数据存放在与表文件同名的备注文件（.fpt）中。
通用型	用字母 G 表示。用于存储 OLE 对象的数据类型，长度固定为 4 位，实际数据存放在与表文件同名的备注文件（.fpt）中。

字段宽度：字段所能容纳数据的最大字节数。

小数位数：若字段类型是数值型，还要给出小数位数。字段宽度＝整数位数＋1＋小数位数。

NULL：指定字段是否接受 NULL 值。NULL 值指无明确的值，NULL 值不等同于零或空格。

根据基本成绩管理情况，设计出相关的 5 个表，它们的表结构如表 3-3～表 3-7。

表 3-3　"学生"表结构

字段名	类型	宽度（小数位）	字段名	类型	宽度（小数位）
学号	C	8	籍贯	C	10
姓名	C	8	专业	C	10
性别	C	2	入学成绩	N	3
出生日期	D	8	简历	M	4
党员否	L	1	照片	G	4

表 3-4　"选课"表结构

字段名	类型	宽度（小数位）	字段名	类型	宽度（小数位）
学号	C	8	成绩	N	3
课程号	C	4			

表 3-5　"课程"表结构

字段名	类型	宽度（小数位）	字段名	类型	宽度（小数位）
课程号	C	4	学时数	N	3
课程名	C	20	学分	N	1

表 3-6　"教师"表结构

字段名	类型	宽度（小数位）	字段名	类型	宽度（小数位）
教师号	C	4	职称	C	6
姓名	C	8			

表 3-7　"授课"表结构

字段名	类型	宽度（小数位）	字段名	类型	宽度（小数位）
课程号	C	4	教师号	C	4

下面我们以"学生"表为例，讲述建立表的方法。

3.1.1　创建数据表

创建数据表的方法主要有菜单方式和命令方式。

1. 菜单方式

操作步骤：

（1）选择"文件"|"新建"命令，打开"新建"对话框。选择"表"文件类型，单击"新建文件"按钮，打开"创建"对话框。

（2）在对话框中，选择保存位置"D：\ CJGL"（可提前在 D 盘上建立 CJGL 文件夹），输入表文件名"学生.dbf"，然后单击"保存"按钮。

（3）在"表设计器"对话框的"字段"选项卡中，输入表 3-3"学生"表结构确定的字段名、字段类型、字段宽度、小数位数等信息，如图 3-1 所示。然后单击"确定"按钮。

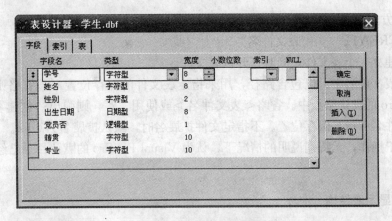

图 3-1　"表设计器"对话框

（4）此时会出现如图 3－2 所示的提示框，询问"现在输入数据记录吗？"。选择"是"按钮，即可输入表记录信息。

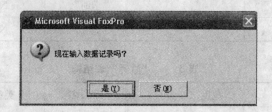

图 3－2　询问输入记录提示框

备注型数据通过双击 memo 处或光标在 memo 处时按 Ctrl＋PgDn 组合键，然后在弹出的窗口中输入数据。通用型字段通过双击 gen 处或光标在 gen 处时按 Ctrl＋PgDn 组合键，在主菜单中，选择"编辑"｜"插入对象"命令，在弹出的"插入对象"对话框中（如图3－3所示），选择对象类型，然后选择"新建"或"由文件创建"单选按钮。输入备注型或通用型数据并存盘后，系统会将 memo 或 gen 改写为 Memo 或 Gen，表示该字段已经输入数据。备注型字段或通用型字段信息被保存在扩展名为 . fpt 的备注文件中，备注文件与表文件的主名相同。

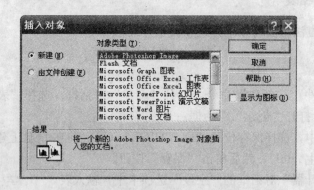

图 3－3　"插入对象"对话框

2. 命令方式

格式：CREATE　［＜表文件名＞｜？]

功能：建立一个表文件，同时打开该表文件。

说明：表文件名中可以包含路径，用来指定表文件的保存位置，若省略则表被保存在 Visual FoxPro 的默认路径中。省略＜表文件名＞或使用"？"，则弹出"创建"对话框，提示输入表文件名和指定保存位置。不指定文件扩展名时，默认扩展名为 . dbf。

为了便于操作，无特别说明的情况下，认为 Visual FoxPro 的默认目录已经修改为"D：\ CJGL \"。

3.1.2　显示表结构

1. 命令方式

格式：LIST ｜ DISPLAY　STRUCTURE　［TO　PRINT]［TO　FILE＜文件名＞]

功能：显示当前表文件的表结构。

说明：

① 系统没有打开的表文件，系统就会弹出"打开"对话框，等待选择要打开的表文件。

② LIST STRUCTURE 命令用于连续显示当前数据表的表结构。DISPLAY STRUCTURE 命令用于分屏显示当前数据表的表结构。

③ TO　PRINT 子句用于将表结构信息输出到打印机；TO　FILE ＜文件名＞子句用于将表结构信息输出到文本文件中。

例 3-1　显示"学生.dbf"的表结构。

USE　学生.dbf

LIST　STRUCTURE

显示结果如图 3-4 所示。

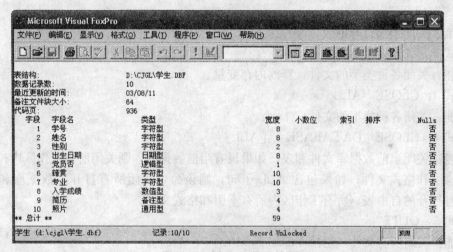

图 3-4　例 3-1 显示结果

2. 菜单方式

打开表文件后，选择"显示"｜"表设计器"命令，弹出"表设计器"对话框，通过"字段"选项卡查看表结构信息。

3.1.3　修改表结构

1. 命令方式

格式：MODIFY　STRUCTURE

功能：显示并修改当前打开表文件的表结构。

例 3-2　修改"学生.dbf"的表结构。

USE　学生.dbf

MODIFY　STRUCTURE

2. 菜单方式

打开表文件后，选择"显示"｜"表设计器"命令，弹出"表设计器"对话框，通过"字段"选项卡修改表结构信息。

3.1.4　打开和关闭表文件

1. 打开表文件

（1）命令方式

格式：USE　＜表文件名＞｜？

功能：打开指定的表文件。

例 3 - 3　打开"学生 . dbf"表。

USE　学生 . dbf

状态栏显示：

学生（d：\ CJGL \ 学生 . dbf）　　记录：1/10　　　Exclusive

（2）菜单方式

选择"文件"｜"打开"命令，在弹出的"打开"对话框中，选择文件类型为"表（＊ . dbf)"，选择"查找范围"和将要打开的表文件，单击"确定"按钮。

2. 关闭表文件

格式 1：USE

功能：关闭当前打开的表。

格式 2：CLEAR　ALL

功能：关闭各种类型的文件，释放内存变量。

格式 3：CLOSE　ALL

功能：关闭各种类型的文件。

格式 4：CLOSE　DATABASE　［ALL］

功能：关闭当前数据库文件和表。如果没有当前数据库，则关闭所有工作区内打开的自由表、索引和格式文件；如果包含 ALL 子句，则该命令关闭所有打开的数据库和其中的表、所有打开的自由表、所有工作区内所有索引和格式文件。

格式 5：QUIT

功能：关闭所有文件，退出 Visual FoxPro。

3.2　表记录的基本操作

表建立完成后，通常还需要对表记录进行编辑、查询等操作，Visual FoxPro 中提供了关于表记录的操作方法。

3.2.1　添加记录

1. 命令方式

图 3 - 5　APPEND
命令执行结果

格式 1：APPEND　［BLANK］

功能：在表的末尾添加记录。

说明：若省略 BLANK 子句，则打开记录编辑窗口，即可输入记录；若使用 BLANK 子句，则不打开记录编辑窗口，由系统自动在当前表的末尾加一条空记录。

在命令窗口输入 APPEND 命令并按回车后，将会出现一个编辑窗口，如图 3 - 5 所示，一次可以连续输入多条记录，直到关闭该窗口。

格式 2：INSERT　［BEFORE］［BLANK］

功能：在当前表的指定位置插入记录。

说明：若省略 BEFORE 子句，将在当前记录之后插入记录；若使用 BEFORE 子句，将在当前记录前插入记录；若使用 BLANK 子句，则插入一条空记录。

格式 3：APPEND　FROM ＜源表文件名＞［FIELDS ＜字段名表＞］［FOR ＜逻辑表达式 1＞］［WHILE ＜逻辑表达式 2＞］

功能：将满足条件的记录按指定字段从源表文件追加到当前表文件的末尾。

说明：只有字段名称相同的字段内容才能进行追加操作。源表的字段宽度大于当前表字段宽度时，字符型字段将截去后面多余的字符，数值型字段将进行小数部分的四舍五入，若仍不够用则用"＊"号填充，用来表示溢出。

2. 菜单方式

打开表文件后，选择"显示"|"浏览"命令，系统弹出记录浏览窗口，显示当前表中的记录，选择"显示"|"追加方式"命令，即可录入要追加的记录。如图 3-6 所示。

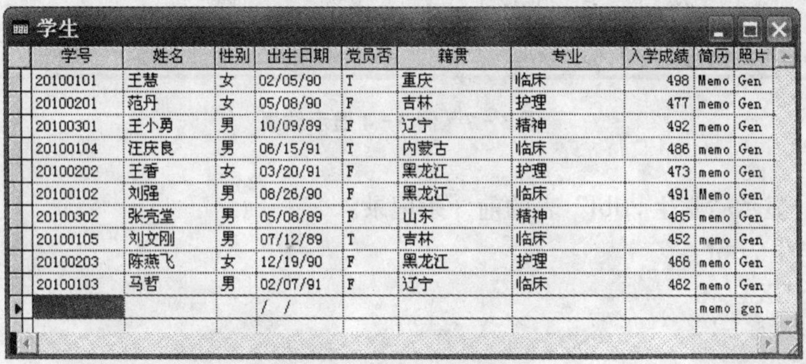

学号	姓名	性别	出生日期	党员否	籍贯	专业	入学成绩	简历	照片
20100101	王慧	女	02/05/90	T	重庆	临床	498	Memo	Gen
20100201	范丹	女	05/08/90	F	吉林	护理	477	memo	Gen
20100301	王小勇	男	10/09/89	F	辽宁	精神	492	memo	Gen
20100104	汪庆良	男	06/15/91	T	内蒙古	临床	488	memo	Gen
20100202	王香	女	03/20/91	F	黑龙江	护理	473	memo	Gen
20100102	刘强	男	08/26/90	F	黑龙江	临床	491	Memo	Gen
20100302	张亮堂	男	05/08/89	F	山东	精神	485	memo	Gen
20100105	刘文刚	男	07/12/89	T	吉林	临床	452	memo	Gen
20100203	陈燕飞	女	12/19/90	F	黑龙江	护理	466	memo	Gen
20100103	马哲	男	02/07/91	F	辽宁	临床	462	memo	Gen
			/ /					memo	gen

图 3-6　用菜单方式追加记录

3.2.2　显示记录

1. 菜单方式

打开表文件后，选择"显示"|"浏览"命令。

2. 命令方式

格式：LIST ｜ DISPLAY［＜范围＞］［FIELDS ＜字段名表＞］［FOR ＜逻辑表达式 1＞］［WHILE ＜逻辑表达式 2＞］［OFF］

功能：显示指定范围内满足条件的记录内容。

说明：

① LIST 命令默认的记录范围是 ALL，DISPLAY 命令默认的记录范围是当前记录。

② ＜范围＞可以是：ALL（表示全部）、RECORD n（表示第 n 条记录）、NEXT n（包括当前记录及以下的共 n 条记录）和 REST（当前记录及以下的全部记录）。

③ FOR 子句：显示满足所给条件的记录。

④ WHILE 子句：显示记录内容到条件不成立时为止。

⑤ 使用 OFF 时，不显示记录号，否则显示记录号。

⑥ FIELDS＜字段名表＞：用来指定显示的字段，各字段名间用英文逗号分隔。

例 3-4　显示"学生 . dbf"表的全部记录

USE 学生.dbf

LIST

USE

显示结果如图 3-7 所示。

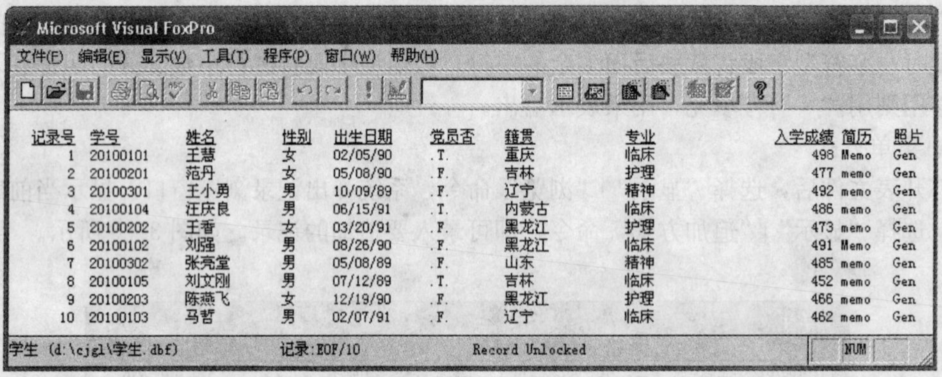

图 3-7 例 3-4 显示结果

例 3-5 显示"学生.dbf"表的前 3 条记录。

USE 学生.dbf

LIST NEXT 3

USE

显示结果如图 3-8 所示。

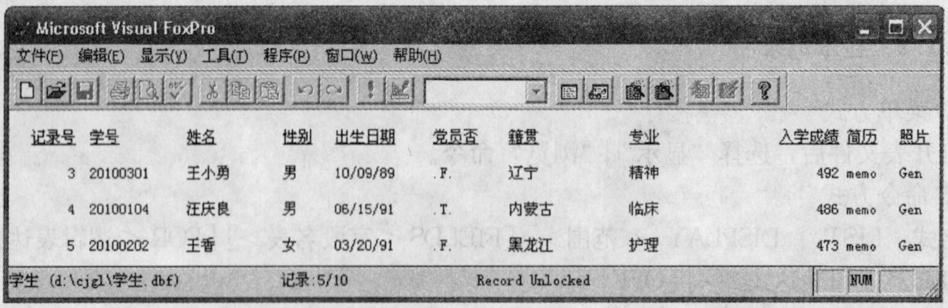

图 3-8 例 3-5 显示结果

例 3-6 显示"学生.dbf"表中学号、姓名、性别、出生日期、党员否和入学成绩字段的记录信息。

USE 学生.dbf

LIST FIELDS 学号,姓名,性别,出生日期,党员否,入学成绩

USE

显示结果如图 3-9 所示。

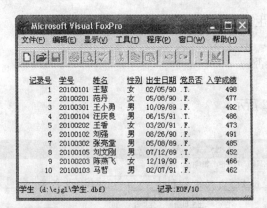

图 3-9　例 3-6 显示结果

例 3-7　显示"学生.dbf"表中男同学的记录。

USE　学生.dbf

LIST　FOR　性别="男"

USE

显示结果如图 3-10 所示。

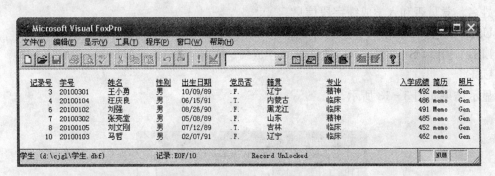

图 3-10　例 3-7 显示结果

例 3-8　显示"学生.dbf"表中 1989 年 5 月 8 日出生的同学记录。

USE　学生.dbf

LIST　FOR　出生日期={^1989-5-8}

USE

显示结果如图 3-11 所示。

图 3-11　例 3-8 显示结果

例 3-9　显示"学生.dbf"表中党员同学的记录。

USE　学生.dbf

LIST　FOR　党员否

USE

显示结果如图 3-12 所示。

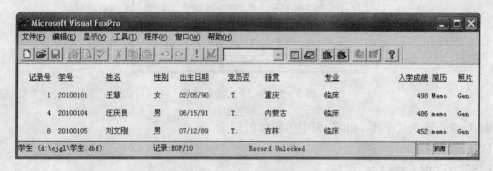

图 3-12　例 3-9 显示结果

例 3-10　显示"学生.dbf"表中是党员且入学成绩大于 480 分的同学记录，只显示学号、姓名、党员否和入学成绩字段信息。

USE　学生.dbf

LIST　FIELDS　学号,姓名,党员否,入学成绩　FOR　党员否　AND　入学成绩>480

USE

显示结果如图 3-13 所示。

图 3-13　例 3-10 显示结果

3.2.3　记录指针

记录号是用于标识数据记录在表文件中的物理顺序。记录指针中存放的是当前的记录号。当某个数据表文件刚打开时，其记录指针指向第一条记录。移动记录指针有两类命令，即绝对移动命令和相对移动命令。操作的方式有命令方式和菜单方式 2 种。

1. 命令方式

（1）绝对移动命令

格式 1：［GO │ GOTO］＜数值表达式＞

格式 2：GO │ GOTO　TOP │ BOTTOM

功能：将记录指针定位到指定的记录上。

说明：TOP 和 BOTTOM 分别表示表的首末记录。

例 3-11　用命令方式依次定位并显示"学生.dbf"表的第 5 条、最后一条和第一条记录。

USE　学生.dbf

GO　5

DISPLAY

GO　BOTTOM

DISPLAY

GO　TOP

DISPLAY

USE

显示结果如图 3-14 所示。

图 3-14　例 3-11 显示结果

（2）相对移动命令

格式：SKIP［＜数值表达式＞］

功能：记录指针从当前记录向前或向后移动若干个记录。

说明：

① 若＜数值表达式＞的值为正数，则记录指针向表尾方向移动；若＜数值表达式＞的值为负数，则记录指针向表头方向移动；若无此项，则记录指针移动到下一条记录。

② 利用 BOF() 和 EOF() 这两个函数，可以掌握记录指针是否移动到表文件的头部或表文件的尾部。如果 BOF() 的值为真，则表示记录指针移动到表文件的头部。若 EOF() 的值为真，则表示记录指针移动到表文件的尾部。

例 3-12　打开"学生.dbf"表，使用 SKIP 命令移动记录指针。

USE　学生.dbf

GO　3

DISPLAY

SKIP　4

DISPLAY

SKIP　-3

DISPLAY

GO BOTTOM

DISPLAY

? EOF（）

SKIP

? EOF（）

USE

显示结果如图 3 - 15 所示。

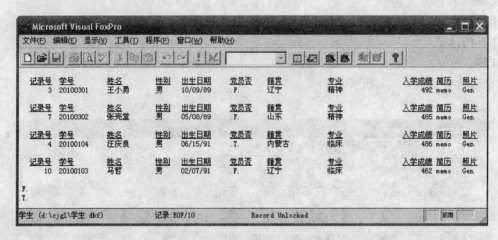

图 3 - 15 例 3 - 12 显示结果

2. 菜单方式

打开表文件后，选择"显示"|"浏览"命令，显示当前表中的记录，同时系统主菜的增加"表"菜单项。选择"表"|"转到记录"子菜单中的选项即可进行相应记录指针的移动操作。也可在浏览窗口中直接单击记录，记录指针即可移动到该记录。

3.2.4 修改记录

修改记录可以采用编辑修改、浏览修改和替换修改的方式实现。

1. 编辑修改

格式：EDIT ｜ CHANGE［FIELDS ＜字段名表＞］［＜范围＞］［FOR ＜逻辑表达式 1＞］［WHILE ＜逻辑表达式 2＞］

功能：按给定条件编辑修改当前打开的表文件记录。

例 3 - 13 打开"学生 . dbf"表文件，编辑修改姓名、出生日期和籍贯 3 个字段。

USE 学生 . dbf

EDIT FIELDS 姓名,出生日期,籍贯

USE

显示结果如图 3 - 16 所示。

2. 浏览修改

格式：BROWSE［FIELDS ＜字段名表＞］［FOR ＜逻辑表达式 1＞］［WHILE ＜逻辑表达式 2＞］

功能：以浏览窗口方式显示当前表数据，并供用户进行修改。

3. 替换修改

格式：REPLACE ＜字段名 1＞ WITH ＜表达式 1＞［，＜字段名 2＞ WITH ＜表达式 2＞…］［＜范围＞］［FOR ＜逻辑表达式 1＞］［WHILE ＜逻辑表达式 2＞］

功能：用指定表达式的值替换当前表中满足条件的指定字段的值。

说明：字段名 n 与表达式 n 的数据类型必须相同。若无其他子句，则 REPLACE 命令只对当前记录修改。

例 3-14　打开"学生 .dbf"表文件，将"专业"字段中的"临床"值全部替换为"临床医学"。

USE　学生 .dbf
REPLACE　专业　WITH　"临床医学"　FOR　专业＝"临床"
DISPLAY　ALL
USE

显示结果如图 3-17 所示。

图 3-16　例 3-13 显示结果

图 3-17　例 3-14 的显示结果

3.2.5　删除记录

Visual FoxPro 的记录删除分逻辑删除和物理删除。逻辑删除就是给被逻辑删除的记录加删除标记"＊"，被逻辑删除的记录可以恢复，物理删除的记录不能恢复。

1. 逻辑删除记录

（1）命令方式

格式：DELETE　［＜范围＞］［FOR ＜逻辑表达式 1＞］

功能：逻辑删除在指定范围内满足条件的记录。

说明：无其他子句时，默认逻辑删除当前记录指针所指的记录。

例 3-15　打开"学生 .dbf"表文件，逻辑删除第 5 条记录，并显示结果。

USE　学生 .dbf
GO　5
DELETE
DISPLAY

显示结果：

记录号	学号	姓名	性别	出生日期	党员否	籍贯	专业	入学成绩	简历	照片
5 *	20100201	王香	女	03/20/91	.F.	黑龙江	护理	473	memo	gen

（2）菜单方式

打开浏览窗口，选择"表｜删除记录"命令，出现"删除"对话框。根据需要分别设置"作用范围"、"FOR"子句或者"WHILE"子句，然后单击"删除"按钮，即完成逻辑删除。

例 3 - 16 用菜单方式逻辑删除"学生.dbf"表中所有女生的记录。

按图 3-18 进行设置。浏览结果如图 3-19 所示。

图 3 - 18 设置删除对话框

学号	姓名	性别	出生日期	党员否	籍贯	专业	入学成绩	简历	照片
20100101	王慧	女	02/05/90	T	重庆	临床	498	Memo	Gen
20100201	范丹	女	05/08/90	F	吉林	护理	477	memo	Gen
20100301	王小勇	男	10/09/89	F	辽宁	精神	492	memo	Gen
20100104	汪庆良	男	06/15/91	T	内蒙古	临床	486	memo	Gen
20100202	王香	女	03/20/91	F	黑龙江	护理	473	memo	Gen
20100102	刘强	男	08/26/90	F	黑龙江	临床	491	Memo	Gen
20100302	张亮堂	男	05/08/89	F	山东	精神	485	memo	Gen
20100105	刘文刚	男	07/12/89	T	吉林	临床	452	memo	Gen
20100203	陈燕飞	女	12/19/90	F	黑龙江	护理	466	memo	Gen
20100103	马哲	男	02/07/91	F	辽宁	临床	462	memo	Gen

图 3 - 19 菜单方式逻辑删除结果

2. 恢复逻辑删除记录

（1）命令方式

格式：RECALL   [<范围>][FOR <逻辑表达式 1>]

功能：对当前表中指定范围内满足条件的记录去掉逻辑删除标记。

说明：无其他子句时，仅去掉当前记录的删除标记。

例 3 - 17 在例 3 - 16 操作基础上，恢复党员同学的记录。

RECALL   FOR   党员否

BROWSE

显示结果如图 3 - 20 所示。

学号	姓名	性别	出生日期	党员否	籍贯	专业	入学成绩	简历	照片
20100101	王慧	女	02/05/90	T	重庆	临床	498	Memo	Gen
20100201	范丹	女	05/08/90	F	吉林	护理	477	memo	Gen
20100301	王小勇	男	10/09/89	F	辽宁	精神	492	memo	Gen
20100104	汪庆良	男	06/15/91	T	内蒙古	临床	486	memo	Gen
20100202	王香	女	03/20/91	F	黑龙江	护理	473	memo	Gen
20100102	刘强	男	08/26/90	F	黑龙江	临床	491	Memo	Gen
20100302	张亮堂	男	05/08/89	F	山东	精神	485	memo	Gen
20100105	刘文刚	男	07/12/89	T	吉林	临床	452	memo	Gen
20100203	陈燕飞	女	12/19/90	F	黑龙江	护理	466	memo	Gen
20100103	马哲	男	02/07/91	F	辽宁	临床	462	memo	Gen

图 3 - 20 例 3 - 17 显示结果

（2）菜单方式

打开浏览窗口，选择"表"|"恢复记录"命令，出现"恢复记录"对话框。根据需要分别设置"作用范围"、"FOR"子句或者"WHILE"子句，然后单击"恢复记录"按钮，即将满足条件的记录恢复。按图 3-21 所示进行设置，将恢复"学生.dbf"表中被逻辑删除的记录，浏览结果如图 3-22 所示。

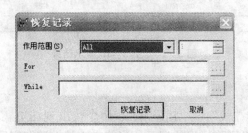

图 3-21　逻辑恢复的对话框

学号	姓名	性别	出生日期	党员否	籍贯	专业	入学成绩	简历	照片
20100101	王慧	女	02/05/90	T	重庆	临床	498	Memo	Gen
20100201	范丹	女	05/08/90	F	吉林	护理	477	memo	Gen
20100301	王小勇	男	10/09/89	F	辽宁	精神	492	memo	Gen
20100104	汪庆良	男	06/15/91	T	内蒙古	临床	486	memo	Gen
20100202	王香	男	03/20/91	F	黑龙江	护理	473	memo	Gen
20100102	刘强	男	08/26/90	F	黑龙江	临床	491	Memo	Gen
20100302	张亮堂	男	05/08/89	F	山东	精神	485	memo	Gen
20100105	刘文刚	男	07/12/89	T	吉林	临床	452	memo	Gen
20100203	陈燕飞	女	12/19/90	F	黑龙江	护理	466	memo	Gen
20100103	马哲	男	02/07/91	F	辽宁	临床	462	memo	Gen

图 3-22　逻辑恢复后的结果

3. 物理删除

（1）命令方式

格式：PACK

功能：对当前表中被逻辑删除的记录全部彻底删除。

例 3-18　打开"学生.dbf"表文件，先逻辑删除全部女生记录，再将其物理删除。

```
USE   学生.dbf
DELETE   FOR   性别="女"
PACK
LIST
USE
```

显示结果如图 3-23 所示。

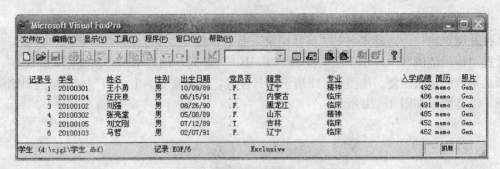

图 3-23   例 3-18 显示结果

（2）菜单方式

打开浏览窗口，选择"表"|"彻底删除"命令，出现图 3-24 所示的对话框，单击"是"按钮，所有带有逻辑删除标记的记录从当前表文件中被彻底删除。

图 3-24   彻底删除记录提示框

4. 一次性删除全部记录

格式：ZAP

功能：对当前打开的表文件中的记录全部进行物理删除。

例 3-19   打开"学生.dbf"表文件，然后物理删除全部记录。

USE   学生.dbf

ZAP

USE

3.2.6   复制和删除表

1. 复制表结构

格式：COPY   STRUCTURE   TO ＜新文件名＞［FIELDS ＜字段名表＞］

功能：复制当前表结构到一个新表。

例 3-20   用"学生.dbf"表的表结构，建立一个包含姓名、性别和入学成绩 3 个字段的新表，新表名为"学生成绩.dbf"。

USE   学生.dbf

COPY   STRUCTURE   TO   学生成绩.dbf   FIELDS   姓名,性别,入学成绩

USE   学生成绩.dbf

LIST   STRUCTURE

USE

显示结果如图 3 - 25 所示。

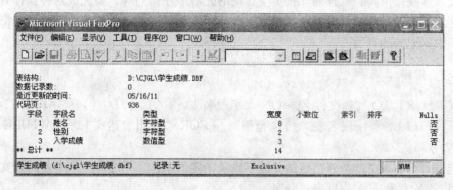

图 3 - 25　例 3 - 20 显示结果

2. 复制表记录

格式：COPY　TO ＜新文件名＞［FIELDS ＜字段名表＞］［＜范围＞］［FOR ＜逻辑表达式 1＞］［WHILE ＜逻辑表达式 2＞］

功能：将当前打开的表文件中符合条件的记录按照指定的字段复制成一个新表文件。

例 3 - 21　将"学生 . dbf"表中党员学生记录复制到"党员学生 . dbf"表中。

USE　学生 . dbf

COPY　TO　党员学生 . dbf　FOR　党员否

USE　党员学生 . dbf

LIST

USE

显示结果如图 3 - 26 所示。

图 3 - 26　例 3 - 21 显示结果

3. 删除表

格式：DELETE　FILE［＜表文件名＞］

功能：将指定的表文件从磁盘上删除

说明：被删除的表文件必须处于关闭状态，否则无法删除。

3.3　表的排序和索引

在一般情况下，表中的记录是按其输入的先后顺序存放的，在对记录进行操作时，就是按着这种顺序进行处理。但有时希望按别的顺序将记录重新组织。例如，对学生表，希望数据记录按入学成绩由高到低排列、按出生日期的先后顺序排列等。要完成这种操作有两种方法：排序和索引。排序是生成一个新的表文件，而索引是建立一种对应关系，两者都能达到从新组织数据记录的目的。

3.3.1 排序

格式：SORT TO ＜新文件名＞ ON ＜字段名 1＞ [/A] [/D] [，＜字段名 2＞ [/A] [/D] …] [FIELDS ＜字段名表＞] [＜范围＞] [FOR ＜逻辑表达式 1＞] [WHILE ＜逻辑表达式 2＞]

功能：对当前表文件按照指定的关键字段及指定的条件，排序产生一个新的表文件。

说明：/A 表示升序，/D 表示降序。

例 3－22 对“学生 . dbf”表中的全部记录按“入学成绩”降序排列，排序产生的文件以“成绩降序 . dbf”命名并存放到默认路径中。

```
USE 学生.dbf
SORT ON 入学成绩/D TO 成绩降序.dbf
USE 成绩降序.dbf
LIST
USE
```

显示结果如图 3－27 所示。

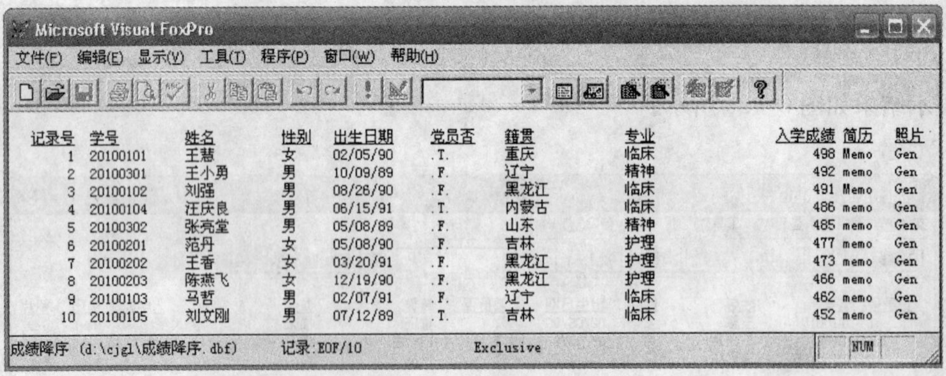

记录号	学号	姓名	性别	出生日期	党员否	籍贯	专业	入学成绩	简历	照片
1	20100101	王慧	女	02/05/90	.T.	重庆	临床	498	Memo	Gen
2	20100301	王小勇	男	10/09/89	.F.	辽宁	精神	492	memo	Gen
3	20100102	刘强	男	08/26/90	.F.	黑龙江	临床	491	Memo	Gen
4	20100104	汪庆良	男	06/15/91	.T.	内蒙古	临床	486	memo	Gen
5	20100302	张亮堂	男	05/08/89	.F.	山东	精神	485	memo	Gen
6	20100201	范丹	女	05/08/90	.F.	吉林	护理	477	memo	Gen
7	20100202	王香	女	03/20/91	.F.	黑龙江	护理	473	memo	Gen
8	20100203	陈燕飞	女	12/19/90	.F.	黑龙江	护理	466	memo	Gen
9	20100103	马哲	男	02/07/91	.F.	辽宁	临床	462	memo	Gen
10	20100105	刘文刚	男	07/12/89	.T.	吉林	临床	452	memo	Gen

成绩降序 (d:\cjgl\成绩降序.dbf) 记录:EOF/10 Exclusive NUM

图 3－27 例 3－22 显示结果

3.3.2 索引

1. 基本概念

(1) 索引的概念

SORT 命令可以对一些小型表进行物理排序，但是对于一些大型表，这样的排序将非常费时。为此，Visual FoxPro 建议使用索引作为排序机制。索引是由指针构成的文件，这些指针逻辑上按照索引关键字的值进行排序。索引文件和表文件（. dbf）分别存储，并且不改变表中记录的物理顺序，此特性可以从表 3－8 和表 3－9 看出，其中“学生 . dbf”表将入学成绩作为降序索引。

表 3 - 8　表文件结构

记录号	入学成绩
1	481
2	482
3	483
4	480

表 3 - 9　索引文件结构

记录号	入学成绩
483	3
482	2
481	1
480	4

从表 3 - 9 可以看出，索引文件就是一个由指向表文件记录的指针构成的文件，因此，可以灵活地对同一个表创建和使用不同的索引关键字，以实现按不同的顺序来处理记录。

（2）索引文件的种类

① 单索引文件：一个索引文件只能保存一个索引。扩展名为 .idx。

② 复合索引文件：一个索引文件能够保存多个索引，扩展名为 .cdx。复合索引文件分为独立复合索引文件和结构复合索引文件。结构复合索引文件的文件名与表文件名相同，可以随着表的打开而自动打开，在添加、更改或删除记录时自动维护索引。独立复合索引文件的文件名由用户指定。打开表文件时，独立复合索引文件不会自动打开而需要使用命令进行打开操作。

（3）索引的类型

① 主索引（Primary Indexes）：主索引不允许在指定字段或表达式中出现重复值。只有数据库表才能建立主索引，每个表只能建一个主索引。

② 候选索引（Candidate Indexes）：候选索引不允许在指定字段或表达式中出现重复值。数据库表和自由表都可以建立候选索引，一个表可以建立多个候选索引。

主索引和候选索引都存储在结构复合索引文件中，不能存储在独立复合索引文件和单索引文件中。

③ 唯一索引（Unique Indexes）：只保存第一次出现的索引关键字值，数据库表和自由表都可以建立唯一索引。

④ 普通索引（Regular Indexes）：允许关键字值重复出现，适合用来进行表中记录的排序和查询，数据库表和自由表都可以建立普通索引。

唯一索引和普通索引可以存储在独立复合索引文件和单索引文件中。

2. 建立索引文件

（1）命令方式

格式：INDEX　ON ＜索引关键字表达式＞ TO ＜单索引文件名＞ | TAG ＜索引标识名＞ [OF 独立复合索引文件名] [FOR ＜逻辑表达式＞] [ASCENDING] [DESCEND-

ING] [UNIQUE | CANDIDATE] [ADDITIVE]

功能：建立索引文件。

说明：

① ＜索引关键字表达式＞可以是字段名或字段名的表达式。

② TO ＜单索引文件名＞是建立一个单索引文件，扩展名为 .idx。

③ TAG ＜索引标识名＞给出索引名。

④ ASCENDING 或 DESCENDING 指明建立升序或降序索引，默认是升序。

⑤ UNIQUE 指明建立唯一索引。

⑥ CANDIDATE 指明建立候选索引。

⑦ ADDITIVE 建立索引时不关闭以前的索引。

例 3 - 23　对"学生 . dbf"表按入学成绩降序建立单索引文件 RXCJ. IDX。

USE　学生 . dbf

INDEX　ON　入学成绩　TO　RXCJ

LIST

显示结果如图 3 - 28 所示

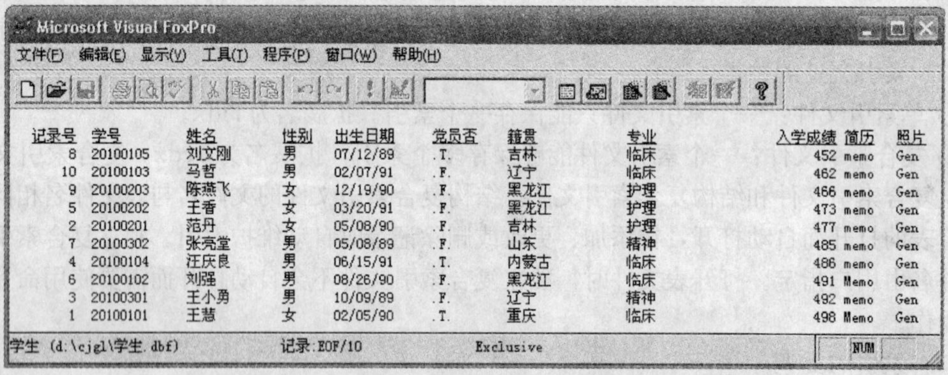

图 3 - 28　例 3 - 23 显示结果

例 3 - 24　对"学生 . dbf"表按性别与出生日期升序建立结构复合索引文件，索引标识为 XB _ CSRQ。

USE　学生 . dbf

INDEX　ON　性别＋DTOC(出生日期，1)　TAG　XB _ CSRQ

LIST

显示结果如图 3 - 29 所示

（2）菜单方式

操作步骤：

① 打开表文件后，选择"显示"|"表设计器"命令。

② 单击"索引"选项卡，完成相应项目的输入或选择后，单击"确定"按钮。

说明：

① 菜单方式只能建立结构复合索引文件。

② 建立以字段名为索引表达式的普通索引时，可以采用选择"显示"|"表设计器"命

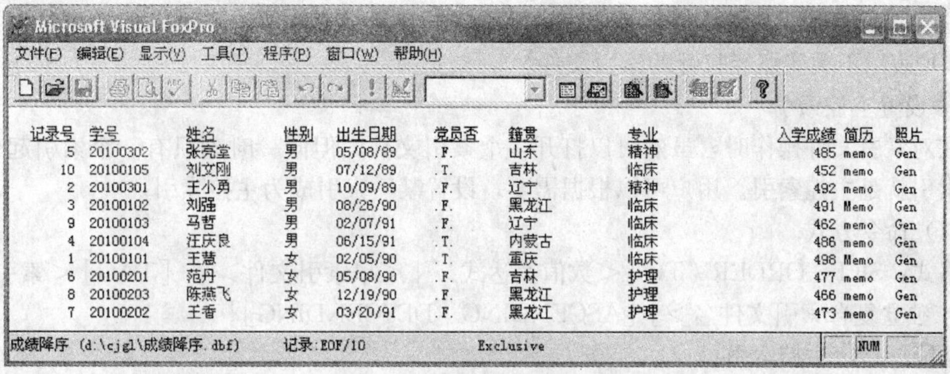

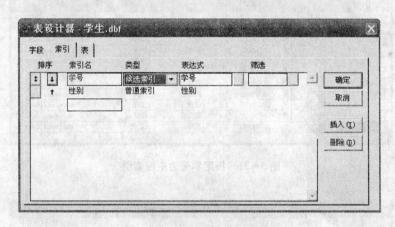

图 3 - 29　例 3 - 24 显示结果

令，在"字段"选项卡中，选择相应字段及索引下拉列表中的"↑升序"或"↓降序"，然后单击"确定"按钮。

例 3 - 25　对"学生 . dbf"表用菜单方式建立结构复合索引，包括 2 个索引项：学号（降序、候选索引）和性别（升序、普通索引），设置结果如图 3 - 30 所示。

图 3 - 30　表设计器索引选项卡

3. 打开索引文件

索引文件必须先打开才能使用。结构复合索引文件随着表文件的打开而自动打开，但单索引文件和独立复合索引文件必须由用户自己打开。打开索引文件有两种方法：一种是在打开表的同时打开索引文件；另一种是打开表后，需要使用索引时，再打开索引文件。

（1）表和索引文件同时打开

格式：USE ＜表文件名＞ INDEX ＜索引文件名表＞

功能：打开表文件和相关的索引文件。

说明：＜索引文件名表＞可以包含多个索引文件之间用逗号分隔，其中只有第一个索引文件对表的操作起控制作用。

（2）打开表后再打开索引文件

格式：SET　INDEX　TO［＜索引文件名表＞］［ADDITIVE］

功能：为当前表打开索引文件

说明：只有 SET INDEX TO 表示除结构复合索引文件外，关闭其他索引文件。AD-DITIVE 表示不关闭已经打开的索引文件。

4. 设置主控索引

在对索引文件操作时，虽然可以打开多个索引文件，但同一时刻只有一个索引起作用，这个索引就是主控索引。用户可以根据需要，设置某一索引成为主控索引。

（1）命令方式

格式：SET ORDER TO［＜数值表达式＞｜＜单索引文件＞｜ ［TAG］＜索引名＞［OF ＜独立复合索引文件名＞］［ASCENDING｜DESCENDING］］

功能：指定主控索引

例 3 - 26 对例 3 - 25 所建立的索引分别用命令指定主控索引。

SET ORDER TO TAG 学号

BROWSE &.& 结果如图 3 - 31 所示

SET ORDER TO TAG 性别

BROWSE &.& 结果如图 3 - 32 所示

学号	姓名	性别	出生日期	党员否	籍贯	专业	入学成绩	简历	照片
20100302	张亮堂	男	05/08/89	F	山东	精神	485	memo	Gen
20100301	王小勇	男	10/09/89	F	辽宁	精神	492	memo	Gen
20100203	陈燕飞	女	12/19/90	F	黑龙江	护理	466	memo	Gen
20100202	王香	女	03/20/91	F	黑龙江	护理	473	memo	Gen
20100201	范丹	女	05/08/90	F	吉林	护理	477	memo	Gen
20100105	刘文刚	男	07/12/89	T	吉林	临床	452	memo	Gen
20100104	汪庆良	男	06/15/91	T	内蒙古	临床	486	memo	Gen
20100103	马哲	男	02/07/91	F	辽宁	临床	462	memo	Gen
20100102	刘强	男	08/26/90	T	黑龙江	临床	491	Memo	Gen
20100101	王慧	女	02/05/90	T	重庆	临床	498	Memo	Gen

图 3 - 31 指定学号为主控索引

学号	姓名	性别	出生日期	党员否	籍贯	专业	入学成绩	简历	照片
20100301	王小勇	男	10/09/89	F	辽宁	精神	492	memo	Gen
20100104	汪庆良	男	06/15/91	T	内蒙古	临床	486	memo	Gen
20100102	刘强	男	08/26/90	T	黑龙江	临床	491	Memo	Gen
20100302	张亮堂	男	05/08/89	F	山东	精神	485	memo	Gen
20100105	刘文刚	男	07/12/89	T	吉林	临床	452	memo	Gen
20100103	马哲	男	02/07/91	F	辽宁	临床	462	memo	Gen
20100101	王慧	女	02/05/90	T	重庆	临床	498	memo	Gen
20100201	范丹	女	05/08/90	F	吉林	护理	477	memo	Gen
20100202	王香	女	03/20/91	F	黑龙江	护理	473	memo	Gen
20100203	陈燕飞	女	12/19/90	F	黑龙江	护理	466	memo	Gen

图 3 - 32 指定性别为主控索引

（2）菜单方式

打开并浏览或编辑表文件，选择"表"｜"属性"命令，弹出"工作区属性"对话框，单击"索引顺序"的下拉列表，选择相应的索引标识名，单击"确定"。

用菜单方式指定学号为主控索引如图 3 - 33 所示。

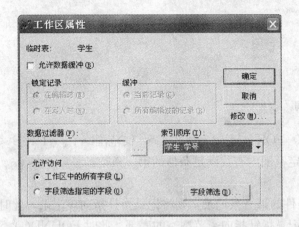

图 3 - 33　工作区属性对话框

5. 关闭索引文件

关闭表文件,其相应的索引文件就会被关闭。如果不关闭表文件,可以通过命令关闭单索引文件和独立复合索引文件。

格式 1: SET　INDEX　TO

格式 2: CLOSE　INDEX

功能:关闭当前工作区中打开的所有单索引文件和独立复合索引文件。

6. 更新索引文件

索引文件依赖于表而存在,当表中数据发生变化时,索引文件也应该随之更新。如果在对表进行修改时,已经打开了相应的索引文件,则系统会对索引文件自动更新。如果没打开索引文件,则数据记录的变化无法反应到索引文件中去,这时需要重新索引。

格式: REINDEX

功能:更新打开的索引文件。

7. 删除索引

(1) 命令方式

格式 1: DELETE　TAG　ALL | <索引标识名表> [OF <独立复合索引文件名>]

功能:删除独立复合索引或结构复合索引。

说明:复合索引文件中的全部索引被删除后,相应的索引文件也会被删除。

格式 2: DELETE　FILE <单索引文件名>

功能:删除单索引文件。

例 3 - 27　删除例 3 - 25 所建立的学号索引。

DELETE　TAG　学号

(2) 菜单方式

操作步骤:

① 打开表文件和相应的索引文件,选择"显示"|"表设计器"命令。

② 单击"索引"选项卡,选择相应的索引,单击"删除"按钮,然后单击"确定"按钮,弹出提示框,询问"结构更改为永久性更改?",单击"是"按钮。

3.4　表的查询

3.4.1　顺序查询

格式：LOCATE　FOR ＜逻辑表达式 1＞［＜范围＞］［WHILE ＜逻辑表达式 2＞］

功能：在表中指定范围内查找满足条件的第一条记录。

说明：

① 若找到符合条件的第一条记录，则将记录指针指向该记录，此时 FOUND( ) 函数返回值为 . T. 。否则，记录指针指向＜范围＞的底部，此时 FOUND( ) 函数返回值为 . F. 。

② 若继续查找符合该条件的其余记录，可以使用 CONTINUE 命令，CONTINUE 命令必须在 LOCATE 命令之后使用。

例 3 - 28　逐条查找并显示所有黑龙江同学的记录。

USE　学生 . dbf

LOCATE　FOR　籍贯＝"黑龙江"

? FOUND( )　　&& 结果显示为 . T.

DISPLAY

显示结果为：

记录号	学号	姓名	性别	出生日期	党员否	籍贯	专业	入学成绩	简历	照片
5	20100201	王香	女	03/20/91	. F.	黑龙江	护理	473	memo	gen

CONTINUE

　? FOUND( )　　　　　　　&& 结果显示为 . T.

DISPLAY

　显示结果为：

记录号	学号	姓名	性别	出生日期	党员否	籍贯	专业	入学成绩	简历	照片
6	20100202	刘强	男	08/26/90	. F.	黑龙江	临床	491	Memo	Gen

CONTINUE

　? FOUND( )　　&& 结果显示为 . T.

DISPLAY

　显示结果为：

记录号	学号	姓名	性别	出生日期	党员否	籍贯	专业	入学成绩	简历	照片
9	20100302	陈燕飞	女	12/19/90	. F.	黑龙江	护理	466	memo	gen

CONTINUE

　? FOUND( )　　&& 结果显示为 . F.

3.4.2　索引查询

所有表文件都可以用 LOCATE 命令顺序查询定位，但打开索引文件后，还可以用 FIND 命令或 SEEK 命令进行快速查询。

1. FIND 命令

格式：FIND ＜字符串＞｜＜数值常量＞

功能：在表文件和有关索引文件打开的情况下，查找出索引关键字值与指定的＜字符串＞或＜数值常量＞相匹配的第一条记录。

说明：

① 若找到符合条件的第一条记录，则将记录指针指向该记录，此时 FOUND（）函数返回值为 . T. 。否则，记录指针指向文件结束标志，此时 FOUND（）函数返回值为 . F.，将 EOF（）函数的值置为 . T. 。

② ＜字符串＞可以是字符串常量，此时不需要使用定界符。也可以使用字符型变量，但需要用宏代换函数 & 进行转换。

例 3－29　索引查找"学生 . dbf"表中姓"刘"同学的记录。

CLEAR

USE　学生 . dbf

INDEX　ON　姓名　TAG　姓名升序

FIND　刘

? FOUND()　　　　　　　　　　&& 显示结果为 . T.

DISPLAY

显示结果如图 3－34 所示。

图 3－34　例 3－29 显示结果

2. SEEK 命令

格式：SEEK　＜表达式＞

功能：在表文件和有关索引文件打开的情况下，查找出索引关键字值与指定的＜表达式＞相匹配的第一条记录。

说明：SEEK 命令可以查找字符型、数值型、日期型、逻辑型表达式的值。＜表达式＞必须使用相应的定界符，以确定表达式类型。

例 3－30　索引查找"学生 . dbf"表中 1991 年 3 月 20 日出生的同学记录。

CLEAR

USE　学生 . dbf

INDEX　ON　出生日期　TAG　出生日期

SEEK　　{^1991 - 3 - 20}

? FOUND()　　&& 结果显示为 . T.

DISPLAY

显示结果如图 3 - 35 所示。

图 3 - 35   例 3 - 30 显示结果

3.5   统计与计算

统计与计算是指对表记录进行统计计算以及对表的数值型字段进行求和、求平均值等操作。Visual FoxPro 提供了 5 种命令实现表的统计功能。

3.5.1   统计记录个数

格式：COUNT [＜范围＞] ［TO ＜内存变量名表＞］［FOR ＜逻辑表达式 1＞］［WHILE ＜逻辑表达式 2＞］

功能：统计当前表文件中指定范围内满足条件的记录个数。

说明：当缺省所有子句时计算所有记录的个数。使用 TO ＜内存变量名表＞可将统计结果保存到指定的内存变量。使用 SET　DELETE　OFF 命令，则添加删除标记的记录将被统计在内。

例 3 - 31   统计"学生 . dbf"表文件中男生的人数。

USE　学生 . dbf

COUNT　FOR　性别＝"男"　TO　a

? a

显示结果为：

6

3.5.2   求和

格式：SUM [＜表达式表＞]［TO ＜内存变量名表＞］［＜范围＞］［FOR ＜逻辑表达式 1＞］［WHILE ＜逻辑表达式 2＞］

功能：将指定范围内满足条件的记录按指定的各个表达式分别求和。

说明：＜表达式表＞由数值型字段组成，若缺省，则对当前表的所有数值型字段求和。使用 TO ＜内存变量名表＞可将统计结果保存到指定的内存变量，＜内存变量名表＞中变量的个数不得少于＜表达式表＞中表达式的个数。

例 3 - 32   求"选课 . dbf"表文件中学号为"20100201"学生各门课程的总成绩。

USE　选课 . dbf

SUM　成绩　FOR　学号＝"20100201"　　&& 结果为：338. 00

3.5.3　求平均值

格式：AVERAGE　　[<表达式表>][TO <内存变量名表>][<范围>][FOR <逻辑表达式 1>][WHILE <逻辑表达式 2>]

功能：将指定范围内满足条件的记录按指定的各个表达式分别求平均值。

说明：选项用法同 SUM 求和命令

例 3-33　求"选课.dbf"表文件中学号为"20100201"学生的平均分。

USE　选课.dbf

AVERAGE　成绩　FOR　学号＝"20100201"　　&& 结果为：67.60

3.5.4　分类汇总

格式：TOTAL　　TO <汇总文件名> ON <关键字段> [FIELDS<字段名表>][<范围>][FOR <逻辑表达式 1>][WHILE <逻辑表达式 2>]

功能：按关键字段对当前表文件的数值型字段进行分类汇总，生成一个新的表文件。

说明：当前表必须先按照关键字段进行排序或索引。FIELDS<字段名表>指出要汇总的字段，如果缺省则对当前表的所有数值型字段汇总。若原表中字段宽度不足容纳汇总结果，则系统将会自动修改新表中该字段的宽度，确保能够存储汇总结果。

例 3-34　按学号对"选课.dbf"表文件中的成绩分类汇总。

USE　选课.dbf

INDEX　ON　学号　TAG　学号

TOTAL　ON　学号　TO　成绩汇总

USE　成绩汇总

BROWSE

USE

DELETE　FILE　cjhz.dbf

显示结果如图 3-36 所示。

图 3-36　例 3-34 显示结果

3.5.5　综合计算

格式：CALCULATE <表达式表>[TO <内存变量名表>][<范围>][FOR <逻辑表达式 1>][WHILE <逻辑表达式 2>]

功能：对当前表中将指定范围内满足条件的记录进行指定的综合计算。

说明：表达式表可以是表 3-10 中函数的任意组合。

表 3-10　CALCULATE 命令可用函数函数

函数	含义	函数	含义
AVG（数值表达式）	求平均值	SUM（数值表达式）	求合计值
CNT（）	求记录个数	NPV（<nExp1>，< nExp1>[，< nExp1>])	求净现值
MAX（表达式）	求最大值	STU（数值表达式）	求标准偏差
MIN（表达式）	求最小值	VAR（数值表达式）	求均方差

例 3 - 35 求"学生 . dbf"表文件中学生入学成绩的最高分、最低分和平均分。

USE 学生 . dbf

CALCULATE MAX（入学成绩），MIN（入学成绩），AVG（入学成绩）

显示结果为：

MAX（入学成绩）	MIN（入学成绩）	AVG（入学成绩）
98	452	478.20

3.6 多表操作

在数据库应用系统中，简单的数据关系可以用一个表加以描述，复杂的数据关系则要通过多个表来反映，因此在实际应用中，将会涉及多个表的操作。

3.6.1 工作区

1. 工作区的概念

工作区是 Visual FoxPro 在内存中开辟的一片区域，用于存放打开的表。Visual FoxPro 最多能够同时使用 32767 个工作区，在任何时刻每个工作区仅能打开一个表文件。

2. 工作区的编号和别名

不同工作区可以用其编号或别名来加以区别。系统以 1～32767 作为各工作区的编号。工作区的别名有两种：一种是系统定义好的别名，1～10 号工作区的别名分别为字母 A～J，11～32767 号工作区没有系统默认的别名；另一种是用户定义的别名，用命令"USE ＜表文件名＞［ALIAS ＜别名＞]"指定。由于一个工作区只能打开一个表，因此可以把表的别名作为工作区的别名。若未用 ALIAS 子句对表定义别名，则以表的主名作为别名。

3. 工作区的选择

格式：SELECT ＜工作区号＞｜＜别名＞｜0

功能：选择一个工作区作为当前工作区。

例 3 - 36 分别在第 1、2、3 工作区打开学生、选课和课程 3 个表。

SELECT 1

USE 学生

SELECT B

USE 选课

SELECT 3

USE 课程

4. 工作区的互访

在当前工作区可以访问其他工作区中的表数据，但是要在非当前表的字段前面加上别名和连接符。格式为：

别名 . 字段名 或 别名->字段名

3.6.2 表的关联

所谓关联，就是当前表记录指针的移动，能够引起别的表按某种条件相应地移动记录指针。建立关联后，称当前表为父表文件，与父表文件建立关联的表称为子表文件。

格式：SET　RELATION　TO [<关联表达式 1> INTO <工作区号 1> | <别名 1>] [，<关联表达式 2> INTO <工作区号 2> | <别名 2>…] [ADDITIVE]

功能：使当前表与指定工作区上的表建立关联。

说明：

① <别名>表文件必须已经按关联表达式建立了索引，且设定为主控索引。

② ADDITIVE 表示保留该工作区与其他工作区已经建立的关联。

③ 当子表具有多个与<关联表达式>值相同的记录时，需要找到与<关联表达式>值相同的全部记录时，可使用命令：SET　SKIP　TO <别名 1> [，<别名 2>…]

④ 省略所有选项时，SET　RELATION　TO 命令将取消与当前表的所有关联。

例 3 - 37　在"学生 .dbf"表文件与"选课 .dbf"表文件之间建立关联，并显示王小勇的学号、姓名、课程号和成绩字段的内容。

```
CLEAR
CLOSE   ALL        && 关闭全部文件
SELECT   2         && 选择 2 号工作区
USE   选课 .dbf
INDEX   ON   学号   TAG   xh
SELECT   1         && 选择 1 号工作区
USE   学生 .dbf
SET   RELATION   TO   学号   INTO   B
DISPLAY   ALL   学号,姓名,B->学号,B->课程号,B->成绩   FOR   姓名="王小勇"
SET   SKIP   TO   B
DISPLAY   ALL   学号,姓名,B->学号,B->课程号,B->成绩   FOR   姓名="王小勇"
CLOSE   ALL
```

显示结果为：

记录号	学号	姓名	B->学号	B->课程号	B->成绩
3	20100103	王小勇	20100103	0103	63

记录号	学号	姓名	B->学号	B->课程号	B->成绩
3	20100103	王小勇	20100103	0103	63
3	20100103	王小勇	20100103	0104	75
3	20100103	王小勇	20100103	0105	95
3	20100103	王小勇	20100103	0107	85

习　题　3

一、选择题：

1. 使用 USE <表文件>命令打开表文件时，能自动打开一个相关的（　　）。

　　A. 文本文件　　　　　　　　B. 备注文件

　　C. 内存变量文件　　　　　　D. 屏幕格式文件

2. 不能对记录进行编辑修改的命令是（　　）。

   A. BROWSE   B. EDIT   C. CHANGE   D. MODI　STRU

3. 要显示数据表中当前记录的内容，可使用命令（　　）。

   A. LIST   B. DISPLAY   C. EDIT   D. BROWSE

4. 要从表文件中真正删除一条记录，应该（　　）。

   A. 直接用 DELETE 命令   B. 先用 DELETE 命令，再用 PACK 命令

   C. 直接用 ZAP 命令   D. 先用 DELETE 命令，再用 ZAP 命令

5. 不能将记录指针定位到第 3 条记录的命令是（　　）。

   A. GO　3   B. GOTO　3   C. SKIP　3   D. 3

6. 自由表不能建立的索引类型是（　　）。

   A. 普通索引   B. 唯一索引   C. 主索引   D. 候选索引

7. 与表文件同时打开的索引文件是（　　）。

   A. 单索引文件   B. 结构复合索引文件

   C. 主索引文件   D. 独立复合索引文件

8. 排序将产生一个新的（　　）。

   A. 表文件   B. 索引文件   C. 备注文件   D. 文本文件

9. 与顺序查询 LOCATE 命令配合使用的命令是（　　）。

   A. NEXT   B. CONTINUE   C. REST   D. RECNO

10. Visual FoxPro 6.0 系统最多能同时使用（　　）个工作区。

   A. 32766   B. 32767   C. 256   D. 250

二、思考题：

1. 使用表文件的意义？

2. Visual FoxPro 6.0 系统中表文件最多可具有多少个字段？表记录的数量有限制吗？

3. REPLACE 命令的功能是什么？

4. 建立索引文件的意义？

5. 建立表的关联能解决什么问题？

第4章 Visual FoxPro 数据库

Visual FoxPro 数据库文件可以包含一个或多个表、关系、视图和存储过程。本章主要介绍数据库的基本操作、数据库表的基本操作、数据库表间的永久关系和数据库表间的参照完整性。

4.1 数据库的基本操作

数据库的基本操作主要包括：建立数据库、打开数据库、关闭数据库和删除数据库。

4.1.1 建立数据库

1. 命令方式

格式：CREATE　DATABASE　［<数据库文件名>］

功能：创建指定的数据库文件。

说明：

① <数据库文件名>可以包含盘符和路径，并按指定的盘符和路径保存数据库文件，如果没有指定盘符和路径，则将数据库文件保存到默认路径下。

② 数据库文件的扩展名为 .dbc。

③ 建立数据库文件的同时，自动建立相关联的数据库备注文件和索引文件，扩展名分别为 .dct 和 .dcx。

④ 无<数据库文件名>时，会弹出"创建"对话框，在选择保存位置并输入数据库文件名后，单击"保存"按钮，也可建立数据库文件。

⑤ 建立数据库文件后，数据库文件会自动打开，数据库名显示在"常用"工具栏的数据库下拉列表框中。

例4-1　在"D：\ CJGL \ "下，建立名为"成绩管理"的数据库文件。

　　CREATE　DATABASE　D：\ CJGL \ 成绩管理

完成数据库文件建立后，如图 4-1 所示。

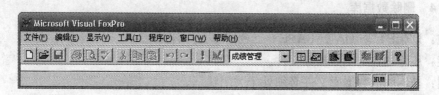

图4-1　建立"学生管理"数据库文件

2. 菜单方式

选择"文件"|"新建"命令，打开"新建"对话框。选择"数据库"文件类型，然后单击"新建文件"按钮。弹出"创建"对话框，在选择保存位置并输入数据库文件名后，单击

"保存"按钮。弹出"数据库设计器"对话框，如图 4-2 所示，打开并完成数据库文件的建立。

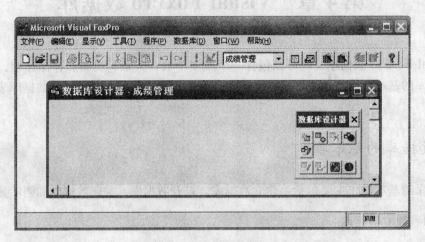

图 4-2　菜单方式建立"成绩管理"数据库文件

4.1.2　打开数据库

1. 命令方式

格式 1：OPEN　DATABASE　［<数据库文件名>］

功能：打开数据库文件。

格式 2：MODIFY　DATABASE　［<数据库文件名>］

功能：打开数据库文件和数据库设计器。

2. 菜单方式

选择"文件"|"打开"命令，在"打开"对话框中选择"数据库"文件类型、文件存储位置和将要打开的数据库文件，然后单击"确定"按钮。

4.1.3　关闭数据库

格式：CLOSE　DATABASE　［ALL］

功能：不带 ALL，只关闭当前数据库文件；带 ALL，将关闭所有打开的数据库文件。

4.1.4　删除数据库

格式：DELETE　DATABASE　<数据库文件名>

功能：删除磁盘上的数据库文件。

说明：被删除的数据库文件必须处于关闭状态。

4.2　数据库表的基本操作

Visual FoxPro 的表分为两种：从属于某个数据库的为数据库表；否则，为自由表。如果建立表时数据库是打开的，则所建立的表为数据库表；否则，建立的是自由表。数据库表与自由表大多数操作相同且可以相互转换。

4.2.1 建立数据库表

数据库表与自由表的建立方法基本相同，需要注意的是，建立数据库表之前要打开从属的数据库。

1. 命令方式

操作步骤：

(1) 打开相应的数据库文件。

(2) 使用 CREATE 命令建立表文件。

例 4 - 2 在名为"成绩管理"的数据库文件中建立"学生.dbf"文件。

OPEN DATABASE D：\ CJGL \ 成绩管理

CREATE D：\ CJGL \ 学生

建立表文件过程中，系统会弹出"表设计器"对话框，设置字段名、类型、宽度等属性，如图 4 - 3 所示。

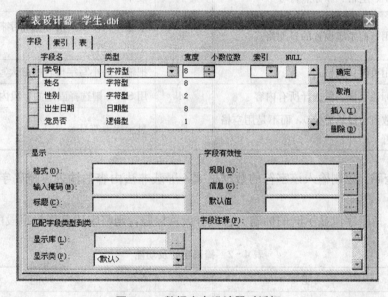

图 4 - 3 数据库表设计器对话框

2. 菜单方式

操作步骤：

(1) 打开相应的数据库文件和数据库设计器。

(2) 选择"数据库"|"新建表"命令。

(3) 在"新建表"对话框中单击"新建表"按钮。

(4) 在弹出的"创建"对话框中选择保存位置和输入表名，单击"确定"按钮。

(5) 在弹出的"表设计器"对话框中，设置字段名、类型、宽度等属性，单击"确定"按钮。

(6) 在弹出的"现在输入数据记录吗？"对话框中，单击"是"按钮。

（7）在弹出的表编辑窗口中，输入相关的表记录信息，完成信息输入后，单击表编辑窗口的关闭按钮。

4.2.2 数据库表设计器对话框

1."字段"选项卡

适用于建立表结构，确定表中每个字段的字段名、字段类型、字段宽度和小数位数等。与自由表不同的是，"字段"选项卡下面还有"显示"、"字段有效性"等属性。

（1）字段的显示属性

① 格式：控制字段在浏览窗口、表单、报表等显示的样式。格式字符及功能如表 4-1 所示。

表 4-1　格式字符及功能

字符	功能	字符	功能
A	只允许输出文字字符，不允许输出数字、空格、和标点符号	R	显示文本框的格式掩码，但不保存到字段中
D	使用当前系统设置的日期格式	T	禁止输入字段的前导空格字符和结尾空格字符
E	使用英国日期格式	!	把输入的小写字母转换成大写字母
K	光标移至该字段选择所有内容	M	用 Space 键选择固定的字段内容
L	在数值前显示前导 0，而不是用空格字符	$	显示货币符号

② 输入掩码：控制输入该字符的数据格式，屏蔽非法内容的输入。掩码字符及功能如表 4-2 所示。

③ 标题：指定字段显示时的标题。若没有设置标题，则将字段名作为字段的标题。

表 4-2　掩码字符及功能

字符	功能	字符	功能
X	允许输入任何字符	9	允许输入数字和正负号
♯	允许输入数字、空格和正负号	$	在指定位置显示货币符号
*	在值的左边显示 *	.	指出小数点位置
,	用逗号分隔小数点左边的整数部分		

（2）字段有效性

① 规则：限制该字段的数据有效范围。

② 信息：当向设置了规则的字段输入不符合规则的数据时，就会将所设置的信息显示出来。

③ 默认值：当向表中添加记录时，默认值将被自动填充到记录的相应字段。

2."索引"选项卡

"索引"选项卡用于创建结构复合索引。自由表有 3 种索引类型，数据库表增加了一个"主索引"类型。每个数据库表只能建立一个主索引，只有数据库表才能建立主索引。主索引不允许在索引表达式中出现重复值。

3. "表"选项卡

(1) 记录有效性

① 规则：指定记录的有效条件，满足该条件数据才能输入到表中，它确定该记录各字段值之间的总体数据关系是否有错。

② 信息：当记录的数据不符合规则时，由系统显示给用户的提示信息。

(2) 触发器

当对记录操作时，若设置了触发器，则对触发器设置的条件表达式进行验证。若其值为 .T.，则允许进行相关操作；否则，拒绝操作。数据库表可以对插入触发器、更新触发器和删除触发器进行设置。

4.2.3 添加表

自由表可以被添加到数据库文件中，被添加到数据库中的表就会变成数据库表。

1. 命令方式

操作步骤：

(1) 打开相应的数据库文件。

(2) 使用"ADD TABLE [<表名>]"命令。

2. 菜单方式

操作步骤：

(1) 打开相应的数据库文件和数据库设计器。

(2) 选择"数据库"|"添加表"命令，在弹出的"打开"对话框中，选择要添加的表文件，单击"确定"按钮。

注意：一个表只能属于一个数据库，不能将已经属于某个数据库的表添加到当前数据库，否则会有出错提示。

4.2.4 移去表

数据库不再使用某个表时，就可以将该表从数据库中移出。

1. 命令方式

操作步骤：

(1) 打开包含要移去表的数据库文件。

(2) 使用命令：REMOVE TABLE [<表名>] [DELETE]。

无 DELETE 子句，表被从数据库中移出；有 DELETE 子句，表被从数据库中移出，且被从磁盘上删除。

2. 菜单方式

操作步骤：

(1) 打开相应的数据库文件和数据库设计器，选择要移去的表。

(2) 选择"数据库"|"移去"命令。

(3) 在弹出的提示框中，如果单击"移去"按钮，则表被从数据库中移出；如果单击

"删除"按钮，表被从数据库中移出，且被从磁盘上删除。

4.3 数据库表间的永久关系和参照完整性

4.3.1 数据库表间的永久关系

自由表之间可以建立临时关系，数据库表之间可以建立永久关系，永久关系保存在数据库中，不必在每次使用时重新建立。永久关系的特点是：

- 在查询设计器和视图设计器中，自动作为默认连接条件。
- 在数据库设计器中，显示为联系表索引的线。
- 作为表单和报表的默认关系，在数据环境设计器中显示。
- 用来存储参照完整性信息。

在 Visual FoxPro 中，可以使用索引在数据库中建立表间的永久关系。

1. 建立数据库表间的永久关系

可以在数据库设计器中，选择想要关联的索引名，然后把它拖到相关表的索引名上。在创建永久关系时，作为主表的索引必须使用主索引或候选索引，否则，无法建立永久关系。

2. 删除数据库表间的永久关系

可以在数据库设计器中，单击两表之间的关系连线，关系连线将变粗，表明已经选择了该关系，然后按 DELETE 键，则可删除关系。

4.3.2 数据库表间的参照完整性

所谓参照完整性就是根据一系列规则来保持数据的一致性，保持已定义的表间关系。如果设置参照完整性规则，Visual FoxPro 可以确保：

- 当主表中没有关联记录时，记录不得添加到相关表。
- 主表的值不能改变，若这个改变将导致相关表中出现孤立记录。
- 若主表记录在相关表中有匹配记录，则主表记录不能被删除。

打开"参照完整性生成器"对话框的方法是：在数据库设计器中，用鼠标右击永久关系连线，然后从弹出的快捷菜单中，选择其中的"编辑参照完整性"命令，在弹出的对话框中有：更新规则、删除规则和插入规则 3 个选项卡。

1. "更新规则"选项卡

当父表中的关键字值被修改时，应用哪条规则？

- 级联：用新的关键字值更新子表中的所有相关记录。
- 限制：若子表中有相关记录则禁止更新。
- 忽略：允许更新，不管子表中的相关记录。

2. "删除规则"选项卡

当父表中的记录被删除时，应用哪条规则？

- 级联：删除子表中的所有相关记录。
- 限制：若子表中有相关记录则禁止删除。
- 忽略：允许删除，不管子表中的相关记录。

3. "插入规则"选项卡

在子表中插入一个新记录或更新一个已存在的记录时，应用哪条规则？

● 限制：若父表中不存在匹配的关键字值，则禁止插入。

● 忽略：允许插入。

习 题 4

一、选择题：

1. VFP 数据库文件的扩展名是（　　）。

    A. CDB　　　　　　　B. DBC　　　　　C. DBF　　　　　　D. DCB

2. 打开数据库文件的命令是（　　）。

    A. USE　　　　　　　　　　　　　B. OPEN　DATABASE

    C. OPEN　　　　　　　　　　　　D. USE　DATABASE

3. 向数据库文件中添加表的命令是（　　）。

    A. ADD　TABLE　　　　　　　　　B. ADD

    C. APPEND　TABLE　　　　　　　D. APPEND

4. 数据库参照完整性的更新选项卡中包含的选项是（　　）。

    A. 级联、限制和忽略　　　　　　　B. 更新、限制和忽略

    C. 级联、限制和取消　　　　　　　D. 级联、禁止和忽略

5. 数据库表间的永久关系是通过（　　）建立起来的。

    A. 关键字　　　　　　B. 索引表达式　　　C. 字段　　　　　　D. 索引

二、思考题：

1. 使用数据库文件的意义？

2. Visual FoxPro 6.0 系统中数据库文件主要由哪些部分组成？

3. 打开数据库设计器用什么命令？

4. 数据库表不建立索引能建立永久关系吗？

5. 数据库的参照完整性主要解决哪些问题？

第 5 章 关系数据库标准语言 SQL

SQL 是英文 Structured Query Language 的简称，译为结构化查询语言，SQL 最早是在 IBM 公司研制的数据库管理系统 System R 上实现的。由于它接近于英语口语，简洁易学，功能丰富，使用灵活，受到广泛的支持。经不断发展完善和扩充，SQL 被美国国家标准局（ANSI）确定为关系型数据库语言的美国标准，后又被国际标准化组织（ISO）采纳为关系型数据库语言的国际标准。SQL 语言集数据定义、数据操作和数据管理三大功能于一体，几乎所有的关系数据库管理系统都支持 SQL，如 SQL Server、DB2、ORACLE、Sybase、Informix 等，是跨平台的关系数据库的通用语言。

SQL 语言具有以下特点：

1. 一体化

SQL 虽然称为结构化查询语言，但实际上它可以实现数据查询、定义、操纵和控制等全部功能。它把关系型数据库的数据定义语言 DDL、数据操纵语言 DML 和数据控制语言 DCL（Data Control Language）集为一体，统一在一个语言中。

2. 高度非过程化

用 SQL 语言进行数据操作，只需指出"做什么"，无需指明"怎么做"，存取路径的选择和操作的执行是由数据库管理系统（DBMS）自动完成。

3. 两种使用方式和统一的语法结构

SQL 语言既是自含式语言，又是嵌入式语言。作为自含式语言，它可单独使用，用户在终端上直接键入 SQL 命令就可以实现对数据库进行操作。

5.1 定义功能

标准 SQL 的数据定义功能非常广泛，一般包括数据库的定义、表的定义、视图的定义、存储过程的定义、规则的定义和索引的定义等若干部分，本节主要学习 Visual FoxPro 支持的表定义功能和视图定义功能。

5.1.1 建立表结构

格式：

CREATE　TABLE | DBF 　<表名 1> 　[FREE]

　（<字段名 1> 　<数据类型>［(<宽度>[,<小数位数>])]）

　[NULL | NOT 　NULL]

　[CHECK <逻辑表达式 1> [ERROR <出错信息 1>]]

　[DEFAULT 　<表达式 1>]

　[PRIMARY　KEY | UNIQUE]［REFERENCES <表名 2> [TAG <标识 1>]]

　[,<字段名 2>…]

　[,PRIMARY　KEY 　<表达式 2> 　TAG 　<标识 2> |,UNIQUE 　<表达式 3>

TAG ＜标识 3＞]

[，FOREIGN KEY ＜表达式 4＞ TAG ＜标识 4＞［NODUP］ REFERENC-ES ＜表名 3＞［TAG ＜标识 5＞]]

[，CHECK ＜逻辑表达式 2＞［ERROR ＜出错信息 2＞]])

| FROM ARRAY ＜数组名＞

功能：定义（创建）一个表。

说明：

● 表名 1：要建立的表文件名。

● FREE：在数据库打开的情况下，指明创建自由表。默认在数据库未打开时创建的是自由表，在数据库打开时创建的是数据库表。

● 字段名：新表中的字段名。

● NULL | NOT NULL：指定该字段是否允许为空值。

● CHECK ＜逻辑表达式＞：检测字段值是否有效。

● ERROR ＜出错信息＞：完整性检查有错误时要显示的出错信息。

● DEFAULT ＜表达式＞：为字段指定默认值。

● PRIMARY KEY：指定关键字（主键）。

● UNIQUE：指定候选索引。

● FOREIGN KEY 短语和 REFERENCES 短语：描述表之间的关系。

● FROM ARRAY ＜数组名＞：用指定的数组内容创建表文件。

表 5-1 列出在 CREATE TABLE 命令中可以使用的数据类型及说明。

表 5-1 数据类型说明

字段类型	字段宽度	小数位	说明
C	n	—	字符型字段的宽度为 n
D	—	—	日期类型（Date）
T	—	—	日期时间类型（DateTime）
N	n	d	数值字段类型，宽度为 n，小数位为 d（Numeric）
F	n	d	浮点数值字段类型，宽度为 n，小数位为 d（Float）
I	—	—	整数类型（Integer）
B	—	d	双精度类型（Double）
Y	—	—	货币类型（Currency）
L	—	—	逻辑类型（Logical）
M	—	—	备注类型（Memo）
G	—	—	通用类型（General）

例 5-1 在成绩管理数据库中创建"新生"表。

打开成绩管理数据库，执行下面 SQL 语句：

CREATE TABLE 新生；

（学号 C（8）PRIMARY KEY，；

姓名 C（8）NOT NULL，；

性别 C（2）CHECK（性别＝"男" OR 性别＝"女"）ERROR "性别必须为男或女"，；

出生日期 D NULL ，；

党员否 L DEFAULT .T.，；

籍贯 C（10），专业 C（10），入学成绩 N（3，0），简历 M，照片 G）

注意：字段名和数据类型之间一定要有空格。

执行 LIST STRUCURE 命令后，系统主窗口显示"新生"表结构信息如图 5－1 所示。

字段	字段名	类型	宽度	小数位	索引	排序	Nulls
1	学号	字符型	8		升序	PINYIN	否
2	姓名	字符型	8				否
3	性别	字符型	2				否
4	出生日期	日期型	8				是
5	党员否	逻辑型	1				否
6	籍贯	字符型	10				否
7	专业	字符型	10				否
8	入学成绩	数值型	3				否
9	简历	备注型	4				否
10	照片	通用型	4				否
总计 **			60				

图 5－1 "新生"表结构

5.1.2 修改表结构

修改表结构的命令是 ALTER TABLE，该命令有三种格式：

1. 命令格式 1

格式：

ALTER TABLE ＜表名＞

ADD｜ALTER ［COLUMN］＜字段名 1＞

＜字段类型＞［（＜字段宽度＞［，＜小数位数＞］）］

［NULL｜NOT NULL］

［CHECK ＜逻辑表达式 1＞［ERROR ＜出错信息＞］］

［DEFAULT ＜表达式 1＞］

［PRIMARY KEY｜UNIQUE］

［REFERENCES ＜表名 2＞［TAG ＜标识＞］］

［ADD｜ALTER ［COLUMN］＜字段名 2＞＜字段类型＞…］

功能：为指定的表增加新的字段或修改已有的字段。

说明：

● ADD 子句用于增加字段，并指定新增字段的名称、类型等信息。

● ALTER 子句用于修改字段，并指定修改后字段的名称、类型等信息。

● 使用 CHECK、PRIMARY KEY、UNIQUE 等短语时，应注意原来有的表数据是否违反了约束条件，是否满足主关键字的唯一要求等。

● 执行本命令之前，不必事先打开有关的数据表。

例 5 - 2　为"新生"表增加"奖学金"字段。

ALTER　TABLE　新生 ADD 奖学金 N（5，1）

例 5 - 3　修改"新生"表的"姓名"字段的宽度改为 10。

ALTER　TABLE　新生　ALTER 姓名　C（10）

从命令格式可以看出，该格式可以修改字段的类型、宽度、有效性规则、错误信息、默认值，定义主键和联系等，但是不能修改字段名，不能删除字段，也不能删除已经定义的规则等。

2. 命令格式 2

格式：

ALTER　TABLE　<表名 1>　ALTER　[COLUMN]　<字段名 2>

　　[NULL | NOT NULL]

　　[SET　DEFAULT <表达式 2>]

　　[SET　CHECK　<逻辑表达式 2>　[ERROR <错误信息>]]

　　[DROP　DEFAULT]

　　[DROP　CHECK]

功能：主要用于定义、修改和删除指定表中字段的默认值和约束条件。

说明：

● SET　DEFAULT <表达式 2>：设置默认值。

● SET　CHECK <逻辑表达式 2>　[ERROR <错误信息>]：设置约束条件及出错信息。

● DROP　DEFAULT：删除默认值。

● DROP　CHECK：删除约束条件。

● 本命令只能应用于数据库表。

例 5 - 4　设置"新生"表的奖学金必须大于或等于 0。

ALTER　TABLE　新生　ALTER　奖学金；

　　SET　CHECK　奖学金>＝0　ERROR　"奖学金不应小于 0!"

例 5 - 5　删除"新生"数据库表中"党员否"字段的缺省值设置。

ALTER　TABLE　新生 ALTER　党员否　DROP　DEFAULT

例 5 - 6　删除"新生"表性别字段的有效性规则。

ALTER　TABLE　新生　ALTER　性别　DROP　CHECK

3. 命令格式 3

格式：

ALTER　TABLE　<表名 1>

　　[DROP　[COLUMN]　<字段名 3>]

　　[SET CHECK　<逻辑表达式 3>　[ERROR　<错误信息>]]

　　[DROP　CHECK]

　　[ADD　PRIMARY　KEY　<表达式 3>　TAG　<标识 2>]

　　[DROP　PRIMARY　KEY]

　　[ADD　UNIQUE <表达式 4>　[TAG <标识 3>]]

　　[DROP　UNIQUE TAG　<标识 4>]

[ADD　FOREIGN　KEY　<表达式5>　TAG <标识5>　REFERENCES
<表名2>　[TAG <标识6>]]
[DROP　FOREIGN　KEY　TAG　<标识7>　[SAVE]]
[RENAME　[COLUMN]　<字段名4>　TO　<字段名5>]
[NOVALIDATE]

功能：删除指定表中的指定字段、设置或删除指定表中指定字段的约束条件、增加或删除主索引、候选索引、外索引，以及对字段名重新命名等。

说明：该格式可以删除字段、修改字段名，可以定义、修改和删除表一级的有效性规则等。

例5-7 将"新生"表的"出生日期"字段重命名为"生日"。

ALTER　TABLE　新生　RENAME　出生日期　TO　生日

例5-8 删除"新生"表中"籍贯"字段。

ALTER　TABLE　新生　DROP　籍贯

例5-9 删除"新生"表主键。

ALTER　TABLE　新生　DROP　PRIMARY　KEY

5.1.3 删除表

格式：

DROP　TABLE　<表名>

功能：删除指定表的结构和内容（包括在此表上建立的索引）

说明：如果删除的是数据库表，应该注意在打开相应数据库的情况下进行删除；否则，使用该命令只删除了表本身，并没有将数据库中登记信息删除，造成以后对数据库操作出现错误。

例5-10 删除D盘上名为表1的自由表。

DROP　TABLE　D:\ 表1. dbf

5.1.4 视图的定义

在 Visual FoxPro 中，视图是从数据库表中派生出的虚拟表，可以引用一个或多个表，或者引用其他视图。

格式：

CREATE　VIEW　<视图名>　AS　<SELECT 语句>

功能：定义（创建）一个视图。

说明：创建的视图定义将被保存在数据库中，因而需要事先打开数据库。

例5-11 在教学管理数据库中，定义临床专业学生信息视图。

CREATE　VIEW　student _ linchuang　AS;
　SELECT　*　FROM　学生　WHERE　专业＝"临床"

5.2 操作功能

SQL 的操作功能是指对数据库中数据的操作功能，主要包括数据的插入、更新和删除3

个方面的内容。

5.2.1　插入记录

利用插入命令，可以为指定的表增加记录。Visual FoxPro 支持两种 SQL 插入命令的格式，第一种是标准格式，第二种是 Visual FoxPro 的特殊格式。

1. 命令格式 1

格式：

INSERT　INTO　<表名>　［（<字段名表>）］　VALUES　（<表达式表>）

功能：在指定的表文件末尾追加一条记录，利用表达式表中各表达式的值赋给<字段名表>中的相应的各字段。

说明：

● 插入记录的表不必事先打开。

● 当插入的不是完整的记录时，可以用<字段名表>指定字段。

● <表达式表>给出具体的记录值，其中表达式的类型与对应的字段类型必须相同。

● 若<字段名表>缺省，就须按表结构字段顺序填写 VALUES 子句的所有表达式。

● 如果某些字段在 INTO 子句中没有出现，则新记录在这些字段上将取空值或默认值。

例 5 - 12　在"教师"表中，增加教师号为"0303"、职称为"助教"的李丽教师信息。

INSERT　INTO　教师　VALUES　（"0303","李丽","助教"）

例 5 - 13　1990 年 12 月 6 日出生的党员男生张山以入学成绩 500 分考入临床专业学习，学号为 20100204，将此学生信息增加到"新生"表中。

INSERT　INTO　新生　（学号，姓名，性别，出生日期，党员否，入学成绩，专业）；VALUES

（"20100204","张山","男"，{^1990 - 12 - 6}，.t.，500,"临床"）

说明：由于籍贯、简历、照片字段值尚未确定，只能先插入其他字段值，所以<字段名表>部分不能省略，指定能够确定值的字段。VALUES（<表达式表>）中的字段值按<字段名表>中字段顺序一一赋值，需要注意不同字段类型的数据的表示方式。

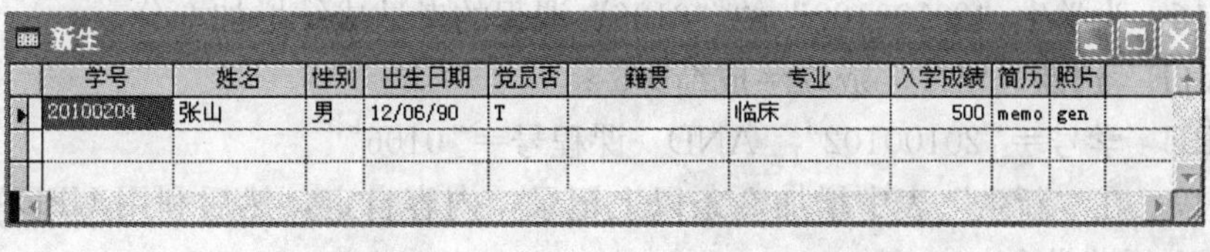

新生									
学号	姓名	性别	出生日期	党员否	籍贯	专业	入学成绩	简历	照片
20100204	张山	男	12/06/90	T		临床	500	memo	gen

图 5 - 2　例 5 - 13 插入记录后"新生"表的浏览窗口

2. 命令格式 2

格式：

INSERT　INTO　<表名>　FROM　ARRAY　<数组名> ｜ FROM　MEMVAR

功能：在指定的表文件末尾追加一条记录。利用数组或内存变量的值赋值给表中个字段。

说明：

● FROM　ARRAY　<数组名>：从指定的数组中插入记录值，其中，各个数组元素的值依次赋给记录的各个字段，其数据类型要与相应字段类型一致。

● FROM MEMVAR：根据同名的内存变量来插入记录值，如果同名的变量不存在，那么相应的字段为默认值或空。

例 5 - 14　利用数组方式，在"教师"表中，增加教师号为"0304"、职称为"讲师"的张伟教师信息。

DIMENSION　TE(3)

TE(1)＝"0304"

TE(2)＝"张伟"

TE(3)＝"讲师"

INSERT　INTO 教师　FROM　ARRAY　TE

例 5 - 15　利用内存变量方式，在"教师"表中，增加教师号为"0305"、职称为"副教授"的刘刚教师信息。

教师号＝"0305"

姓名＝"刘刚"

职称＝"副教授"

INSERT　INTO　教师　FROM　MEMVAR

图 5 - 3　插入 3 名
教师后的教师表浏览窗口

5.2.2　更新记录

SQL 的数据更新命令语法如下：

格式：

UPDATE　＜表名＞　SET　＜字段 1＞＝＜表达式 1＞

[，＜字段 2＞＝＜表达式 2＞，…]

［WHERE　＜条件表达式＞］

功能：更新指定表中满足 WHERE 条件子句的数据。

说明：

● SET 子句用于指定字段名和修改的值，可以同时修改多个字段的值。

● WHERE 子句用于选择被更新的记录，如果省略 WHERE 子句，则更新全部记录。

例 5 - 16　为学生"20100102"的"0106"课程的考试成绩增加 6 分。

UPDATE　选课　SET　成绩＝成绩＋6 ；

WHERE　学号＝"20100102"　AND　课程号＝"0106"

例 5 - 17　在"新生"表中增加 2 条以上记录，内容自定，然后利用 UPDATE 给所有学生增加 200 元奖学金。

UPDATE　新生　SET　奖学金＝奖学金＋200

5.2.3　删除记录

SQL 从表中删除数据的命令语法如下：

格式：

DELETE　FROM　＜表名＞　［WHERE　＜条件表达式＞］

功能：从指定的表中删除满足 WHERE 条件子句的所有记录。

说明：

WHERE 指定被删除的记录所满足的条件，如果省略 WHERE 子句，则删除该表中的全部记录。

此命令是逻辑删除记录，如果需要物理删除，需要使用 PACK 命令。

例 5 - 18　删除"新生"表中所有记录。

DELETE　FROM　新生

例 5 - 19　删除"教师"表中教师号为"0303"教师的记录。

DELETE　FROM　教师　WHERE　教师号＝"0303"

5.3　查询功能

数据库操作中最常用的就是查询操作，因而 SQL 的核心就是其数据查询功能。SQL 提供的是 SELECT 查询命令，其基本形式由 SELECT - FROM - WHERE 查询块组成，多个查询块可以嵌套。

Visual FoxPro 的 SELECT - SQL 命令的一般语法格式如下：

SELECT　＜目标列表达式＞

FROM　＜基本表（或视图）＞

[WHERE　＜条件表达式＞]

[GROUP　BY　＜列名 1＞[HAVING ＜筛选条件＞]]

[ORDER　BY　＜列名 2＞]

[INTO　＜目标＞]

其中：

● SELECT 子句：指定查询结果中的数据。

● FROM 子句：用于指定查询的表或视图，可以是多个表或视图。

● WHERE 子句：说明查询条件，即筛选元组的条件。

● GROUP　BY 子句：对记录按＜列名 1＞值分组，常用于分组统计。

● HAVING 子句：与 GROUP BY 子句同时使用，并作为分组记录的筛选条件。

● ORDER　BY 子句：指定查询结果中记录按＜列名 2＞排序。

● INTO 子句：指定查询结果的输出去向。

本节基于第 3 章建立的"成绩管理"数据库详细介绍 SELECT 语句的使用方法，"成绩管理"数据库中各个表的内容如图 5 - 4 所示。

学号	姓名	性别	籍贯	入学成绩	党员否	出生日期	专业	简历	照片
20100101	王慧	女	重庆	498	T	02/05/90	临床	Memo	Gen
20100201	范丹	女	吉林	477	F	05/08/90	护理	memo	Gen
20100301	王小勇	男	辽宁	492	F	10/09/89	精神	memo	Gen
20100104	汪庆良	男	内蒙古	486	T	06/15/91	临床	memo	Gen
20100202	王香	女	黑龙江	473	F	03/20/91	护理	memo	Gen
20100102	刘强	男	黑龙江	491	F	08/26/90	临床	Memo	Gen
20100302	张亮堂	男	山东	485	F	05/08/89	精神	memo	Gen
20100105	刘文刚	男	吉林	452	T	07/12/89	临床	memo	Gen
20100203	陈燕飞	女	黑龙江	466	F	12/19/90	护理	memo	Gen
20100103	马哲	男	辽宁	462	F	02/07/91	临床	memo	Gen

(a) "学生"表

(b)"课程"表　　　　　　　(c)"教师"表

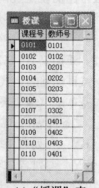

(d)"选课"表　　　(e)"授课"表

图5-4"成绩管理"数据库表浏览窗口

5.3.1　基本查询语句

格式：

SELECT　[ALL｜DISTINCT]　　[别名.]＜选择项＞　[AS＜别名＞]
FROM＜表名＞[，＜表名＞…]

功能：无条件查询。

说明：

- ALL：显示全部查询记录，包括重复记录，为缺省值。
- DISTINCT：表示显示无重复结果的记录。
- 别名：当选择两个以上表中的字段时，可以用别名来区分。
- 选择项：是必选项，不能省略。可以是一个字段名、一个变量、一个表达式，通常为字段名，"＊"表示查询所有的字段。
- AS别名：在显示结果时，指定该列的名称。
- 表名：要查询的数据表，不必事先打开。

例5-20　显示全体学生的姓名、学号及所学专业。

SELECT　学号，姓名，专业　FROM　学生

例5-21　显示全体学生的详细记录。

SELECT　＊　FROM　学生

例 5 - 22 显示全体学生的姓名及年龄。

SELECT 姓名，YEAR（DATE（））- YEAR（出生日期）AS '年龄' FROM 学生

例 5 - 23 显示选修了课程的学生学号。

SELECT DISTINCT 学号 FROM 选课

图 5 - 5 在 2011 年执行   图 5 - 6 例 5 - 23 的输出结果

例 5 - 22 的输出结果

5.3.2 带条件（WHERE）的查询语句

格式：

SELECT [ALL | DISTINCT]   [别名 .]＜选择项＞   [AS ＜别名＞]
FROM ＜表＞ [，＜表＞…][WHERE ＜条件表达式＞]

功能：从表中查询满足条件的记录。

说明：

SQL 支持的关系运算符有：＝、＜＞、！＝、♯、＝＝、＞、＞＝、＜、＜＝等。条件表达式由一系列用 AND 或 OR 连接的关系表达式组成，关系表达式有以下几种形式：

● ＜字段名 1＞＜关系运算符＞＜字段名 2＞

● ＜字段名＞＜关系运算符＞＜表达式＞

● ＜字段名＞ [NOT] BETWEEN＜起始值＞ AND ＜终止值＞：字段的值必须在（或不在）指定的＜起始值＞和＜终止值＞之间。

● ＜字段名＞ [NOT] LIKE＜字符表达式＞：对字符型数据进行字符串比较，字符表达式可以使用通配符"％"和"_"，下划线"_"表示一个字符，百分号"％"代表 0 个或多个字符。

● ＜字段名＞ [NOT] IN＜值表＞：＜字段名＞的值必须是（或不是）值表中的一个元素。

● ＜字段名＞ [NOT] IS NULL：＜字段名＞的值是（或不是）空值。因为空值不是一个确定的值，所以不能用"＝"运算符进行比较。

例 5 - 24 显示临床专业全体学生的姓名信息。

SELECT 姓名 FROM 学生 WHERE 专业＝'临床'

例 5 - 25 显示选课表中考试成绩小于 60 分的学生的学号。

SELECT DISTINCT 学号 FROM 选课 WHERE 成绩＜60

姓名
王慧
汪庆良
刘强
刘文刚
马哲

学号
20100101
20100102
20100201
20100301

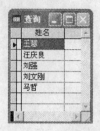

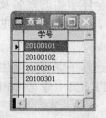

图 5-7　例 5-24 输出结果　　　　图 5-8　例 5-25 输出结果

例 5-26　显示在临床专业学习的女生信息。

SELECT　*　FROM　学生　WHERE　专业='临床'　AND　性别='女'

学号	姓名	性别	出生日期	党员否	籍贯	专业	入学成绩	简历	照片
20100101	王慧	女	02/05/90	T	重庆	临床	498	Memo	Gen

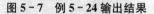

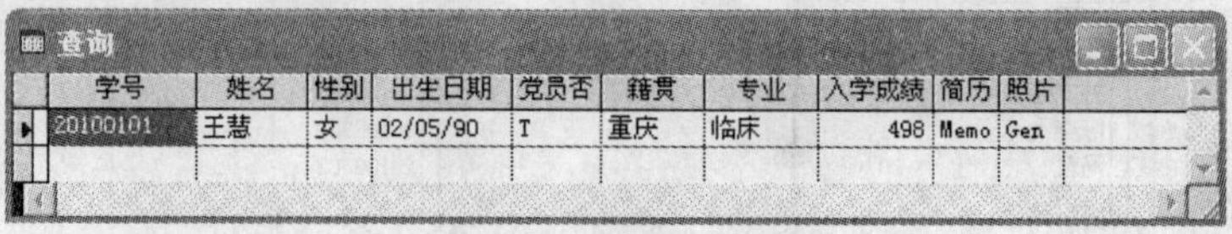

图 5-9　例 5-26 输出结果

例 5-27　显示入学成绩在 470-490 之间的学生的姓名、专业和入学成绩。

SELECT　姓名，专业，入学成绩　FROM　学生；

WHERE　入学成绩　BETWEEN　470　AND　490

例 5-28　显示姓“王”的学生的姓名、学号和性别。

SELECT　姓名，学号，性别　FROM　学生　WHERE 姓名 LIKE　'王%'

姓名	专业	入学成绩
范丹	护理	477
汪庆良	临床	486
王香	护理	473
张亮堂	精神	485

姓名	学号	性别
王慧	20100101	女
王小勇	20100103	男
王香	20100201	女

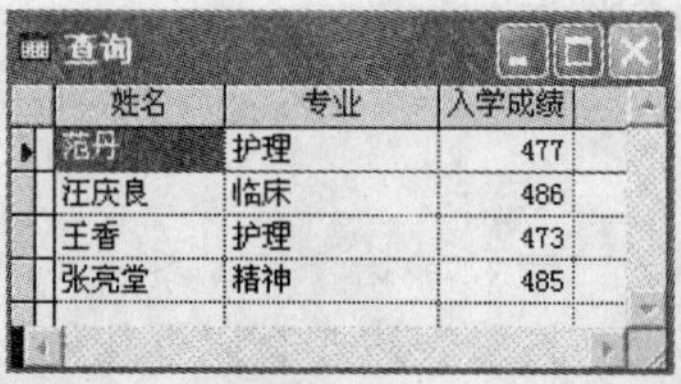

图 5-10　例 5-27 输出结果　　　　图 5-11　例 5-28 输出结果

例 5-29　显示临床专业、护理专业学生的姓名、性别和专业。

SELECT　姓名，性别，专业　FROM　学生 WHERE　专业　IN（'临床'，'护理'）

例 5-30　某些学生选修课程后没有参加考试，所以有选课记录，但没有考试成绩，显示缺少成绩的学生的学号和相应的课程号。

SELECT　学号，课程号　FROM　选课　WHERE　成绩　IS　NULL

姓名	性别	专业
王慧	女	临床
范丹	女	护理
汪庆良	男	临床
王香	女	护理
刘强	男	临床
刘文刚	男	临床
陈燕飞	女	护理
马哲	男	临床

学号	课程号
20100302	0104

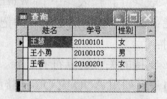

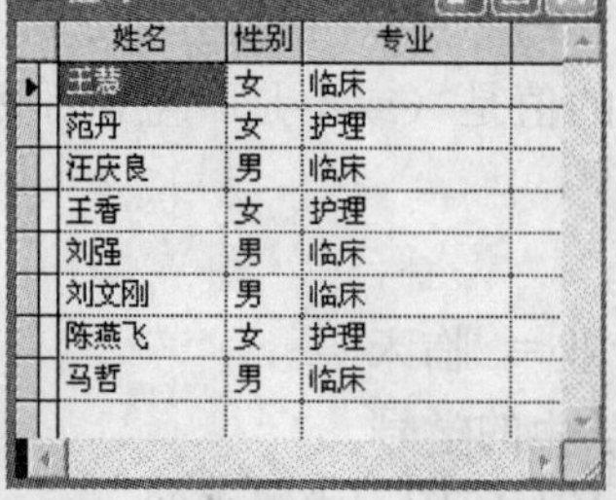

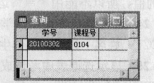

图 5-12　例 5-29 输出结果　　　　图 5-13　例 5-30 输出结果

5.3.3　连接查询

在一个查询语句中，同时涉及两个或两个以上表时，这种查询称之为连接查询。在多表之间查询，必须处理表与表之间的连接关系。

例 5 - 31　查询并显示学生学号、课程号、课程名及考试成绩。

SELECT　学号，选课 . 课程号，课程名，成绩　FROM　选课，课程；

　　WHERE　选课 . 课程号＝课程 . 课程号

学号	课程号	课程名	成绩
20100301	0109	药理学	90
20100301	0107	预防医学	92
20100302	0102	计算机基础	77
20100302	0104	有机化学	NULL
20100302	0105	医用物理学	80
20100302	0106	病理学	60
20100302	0107	预防医学	86

图 5 - 14　例 5 - 31 输出结果

在连接操作中，经常需要使用表名作为前缀，有时比较麻烦。SQL 允许在 FROM 短语中为表定义别名，格式为：

＜表＞　＜别名＞

则例 5 - 31 可以利用下面 SQL 语句实现：

SELECT　学号，b. 课程号，课程名，成绩 FROM 选课 a，课程 b；

　　WHERE　a. 课程号＝b. 课程号

在 SQL 语句中，在 FROM 子句中提供一种称之为连接的子句。连接分为内部连接和外部连接。外部连接又分为左外连接、右外连接和全外连接。在本节以图 5 - 15 所示的班级表和班主任表为例说明连接子句的用法。

班级编号	班级名称	学制
201101	2011级临本1班	5
201102	2011级临本2班	5
201103	2011级临本3班	5
201110	2011级影本1班	4
201111	2011级预本1班	4

班级编号	班主任姓名
201101	刘刚
201102	李长伟
201103	吴新宇
201110	张德生
201012	赵清平

图 5 - 15（a）　"班级"表浏览窗口　　　　图 5 - 15（b）　"班主任"表浏览窗口

1. 内部连接（Inner Join）

内部连接指包括符合条件的两个表中的记录，即只有满足连接条件的记录包含在查询结果中。使用 INNER　JOIN（或 JOIN）短语实现。

例 5 - 32　利用内连接方法显示班级编码、班级名称、学制和班主任信息。

SELECT　班级 . 班级编号，班级名称，学制，班主任姓名；

　　FROM　班级 INNER JOIN　班主任 ON 班级 . 班级编号＝班主任 . 班级编号

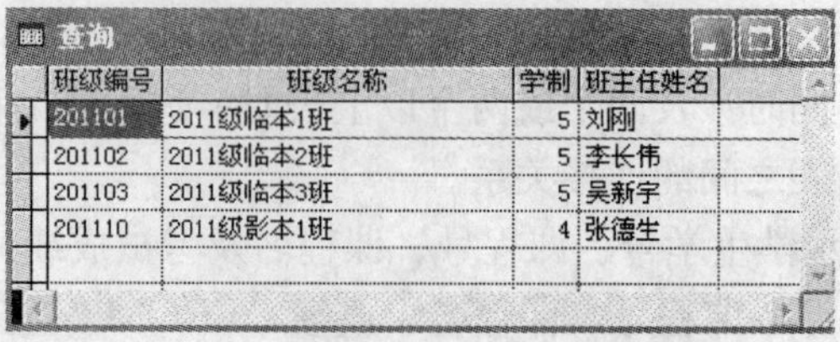

图 5 - 16   例 5 - 32 内连接输出结果

普通连接为内部连接，如例 5 - 31，例 5 - 31 也可用下面内连接命令实现。

SELECT   学号，选课．课程号，课程名，成绩；

FROM   选课 INNER JOIN 课程   ON   选课．课程号＝课程．课程号

2. 外部连接（Outer Join）

所谓外部连接，是把两个表分为左右两个表。左连接是指连接满足条件左侧表的全部记录。右连接是指连接满足条件右侧表的全部记录。全连接是指连接满足条件的全部记录。

① 左连接

使用 LEFT   ［OUTER］JOIN 短语，在查询结果中包含 JOIN 左侧表中的所有记录，以及 JOIN 右侧表中匹配的记录，若右侧表无匹配记录，则用 . NULL. 代替。

左连接时，除满足连接条件的记录出现在查询结果中外，第一个表中不满足连接条件的记录也出现在查询结果中。

例 5 - 33   利用左连接方法显示班级编码、班级名称、学制和班主任信息。

SELECT   班级．班级编号，班级名称，学制，班主任姓名；

FROM   班级 LEFT JOIN 班主任   ON   班级．班级编号＝班主任．班级编号

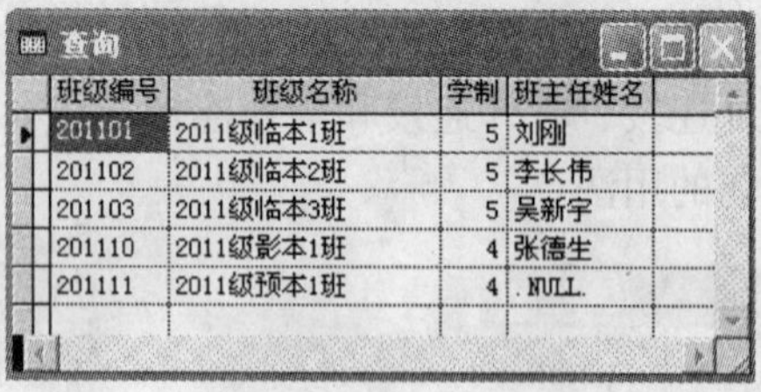

图 5 - 17   例 5 - 33 左连接输出结果

② 右连接

使用 RIGHT   ［OUTER］JOIN 短语，在查询结果中包含 JOIN 右侧表中的所有记录，以及 JOIN 左侧表中匹配的记录，若左侧表无匹配记录，则用 . NULL. 代替。

左连接时，除满足连接条件的记录出现在查询结果中外，第二个表中不满足连接条件的记录也出现在查询结果中。

例 5 - 34   利用右连接方法显示班级编码、班级名称、学制和班主任信息。

SELECT   班级．班级编号，班级名称，学制，班主任姓名；

FROM   班级 RIGHT JOIN 班主任   ON 班级．班级编号＝班主任．班级编号

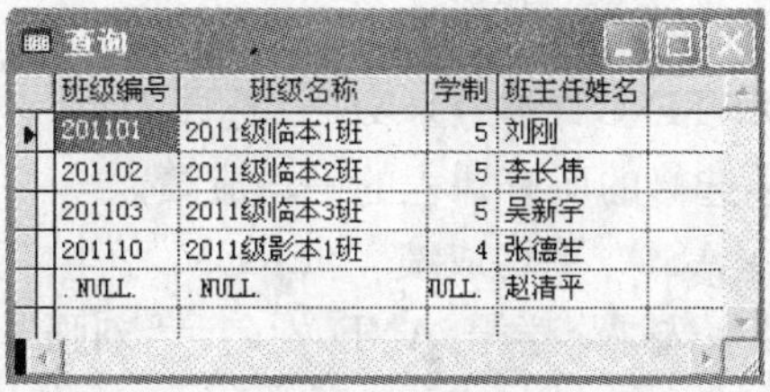

图 5-18 例 5-34 右连接输出结果

③ 完全连接

使用 FULL [OUTER] JOIN 短语，在查询结果中包含 JOIN 两侧所有匹配记录和不匹配记录。

完全连接时，除满足连接条件的记录出现在查询结果中外，两个表中不满足连接条件的记录也出现在查询结果中。

例 5-35 利用完全连接方法显示班级编码、班级名称、学制和班主任信息。

SELECT 班级 . 班级编号，班级名称，学制，班主任姓名；

    FROM 班级 FULL JOIN 班主任 ON 班级 . 班级编号＝班主任 . 班级编号

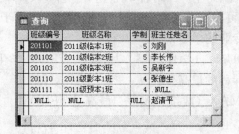

图 5-19 例 5-35 完全连接输出结果

5.3.4 分组与计算查询

SQL 不仅具有一般的检索能力，而且还有计算方式的检索。用于计算检索的库函数如表 5-2 所示。

表 5-2 库函数的名称与功能

函数名	功能
SUM ()	计算指定数值列的总和
AVG ()	计算指定数值列的平均值
MAX ()	求指定列（数值、字符、日期）的最大值
MIN ()	求指定列（数值、字符、日期）的最小值
COUNT ()	求查询结果数据的行（记录）数

例 5-36 查询学生总人数。

SELECT COUNT（＊）AS '总人数' FROM 学生

例 5 - 37　查询选修了课程的学生人数。

SELECT　　COUNT（DISTINCT 学号）AS　'选课人数'　FROM　　选课

例 5 - 38　计算刘强同学选修的所有课程的平均成绩。

SELECT　　AVG（成绩）AS　'平均成绩'　FROM 学生，选课；

　　WHERE 学生．学号＝选课．学号 AND 姓名＝"刘强"

图 5 - 20　例 5 - 36 输出结果　　图 5 - 21　例 5 - 37 输出结果　　图 5 - 22　例 5 - 38 输出结果

　　上述实例是针对表中所有记录进行的计算查询。如果需要对不同类型的记录分别进行统计计算，则需要利用分组 GROUP BY 子句实现。GROUP BY 子句可以将检索得到的数据依据某个字段的值划分为多个组后输出，与库函数配合使用实现分组查询功能。GROUP BY 子句格式如下：

GROUP　BY　＜列名 1＞［，＜列名 2＞…］　　［HAVING ＜条件表达式＞］

　　其中，GROUP　BY 可以按一列或多列分组，HAVING 用于进一步限定分组的条件。

例 5 - 39　显示每个专业的学生人数。

SELECT　专业，COUNT（学号）AS　'人数'　FROM 学生 GROUP BY 专业

例 5 - 40　显示每门课程的最高分。

SELECT　课程号，MAX（成绩）AS　'最高分' FROM　选课　GROUP　BY　课程号

例 5 - 41　查询选修了 4 门以上课程的学生学号。

SELECT　学号　FROM 选课　GROUP　BY 学号 HAVING　COUNT（＊）＞4

　　提示：WHERE 子句与 HAVING 短语的区别在于作用对象不同，WHERE 子句作用于基本表或视图，从中选择满足条件的记录，HAVING 短语作用于组，从中选择满足条件的组。在查询中，先用 WHERE 子句限定记录，然后再进行分组，最后再用 HAVING 子句限定分组，只有满足 HAVING 条件的分组才能在结果中显示。

图 5 - 23　例 5 - 39 输出结果　　图 5 - 24　例 5 - 40 输出结果　　图 5 - 25　例 5 - 41 输出结果

5.3.5 排序

SELECT 的查询结果是按查询过程中的自然顺序给出的,因此查询结果通常无序,如果希望查询结果有序输出,需要利用 ORDER BY 子句实现。ORDER BY 子句格式如下:

ORDER BY ＜排序选项 1＞[ASC | DESC][,＜排序选项 2＞[ASC | DESC]…]

其中,排序选项可以是字段名,也可以是数字,数字是查询结果中表示列位置的数字; ASC 为指定的排序项按升序排列,DESC 为指定的排序项按降序排列,缺省为 ASC。

例 5-42 查询临床专业学生的学号及其成绩,查询结果按入学成绩降序排列。

SELECT 学号,姓名,专业,入学成绩 FROM 学生 WHERE 专业 = '临床';
ORDER BY 4 DESC

学号	姓名	专业	入学成绩
20100101	王慧	临床	498
20100102	刘强	临床	491
20100104	汪庆良	临床	486
20100103	马哲	临床	462
20100105	刘文刚	临床	452

图 5-26 例 5-42 输出结果

例 5-43 查询全体学生情况,查询结果按所在专业升序排列,同一专业中的学生按出生日期降序排序。

SELECT * FROM 学生 ORDER BY 专业,出生日期 DESC

学号	姓名	性别	出生日期	党员否	籍贯	专业	入学成绩	简历	照片
20100202	王香	女	03/20/91	F	黑龙江	护理	473	memo	Gen
20100203	陈燕飞	女	12/19/90	F	黑龙江	护理	466	memo	Gen
20100201	范丹	女	05/08/90	F	吉林	护理	477	memo	Gen
20100301	王小勇	男	10/09/89	F	辽宁	精神	492	memo	Gen
20100302	张亮堂	男	05/08/89	F	山东	精神	485	memo	Gen
20100104	汪庆良	男	06/15/91	T	内蒙古	临床	486	memo	Gen
20100103	马哲	男	02/07/91	T	辽宁	临床	462	memo	Gen
20100102	刘强	男	08/26/90	F	黑龙江	临床	491	Memo	Gen
20100101	王慧	女	02/05/90	T	重庆	临床	498	Memo	Gen
20100105	刘文刚	男	07/12/89	T	吉林	临床	452	memo	Gen

图 5-27 例 5-43 输出结果

查询结果利用 ORDER BY 子句排序后,可以利用 TOP 短语查询满足条件的前几个记录。TOP 短语格式如下:

TOP ＜数值＞ [PERCENT]

其中,＜数值＞是 1 至 32767 之间的整数,说明显示前几个记录;当使用 PERCENT 时,＜数值＞是 0.01 至 99.99 间的实数,说明显示结果中前百分之几的记录。

姓名	出生日期
张亮堂	05/08/89
刘文刚	07/12/89
王小勇	10/09/89

图 5-28 例 5-44 输出结果

例 5-44 显示年龄最大的 3 名学生姓名和出生日期。

SELECT　TOP　3　姓名，出生日期　FROM　学生 ORDER　BY　出生日期

5.3.6　查询去向

默认情况下，查询输出到一个浏览窗口，利用 SELECT 的 INTO 子句可以选择查询去向。查询输出形式如下：

● INTO　ARRAY ＜数组名＞：将查询结果存放到数组中；

● INTO　CURSOR　＜临时表名＞：将查询结果存放在临时文件中；

● INTO　DBF｜TABLE ＜表名＞：可以将查询结果存放到永久表中（.dbf 文件）；

● TO　FILE ＜文件名＞［ADDITIVE］：可以将查询结果存放到文本文件中，如果使用 ADDITIVE 则结果将追加在原文件的尾部，否则将覆盖原有文件；

● INTO　TO　PRINTER［PROMPT］：可以将查询结果输出到打印机，PROMPT 表示打印前先显示打印确认框。

例 5-45　查询学生表中入学成绩最高的 2 名学生的姓名和入学成绩，查询结果存入表 stu1.dbf 中。

SELECT　TOP　2　姓名，入学成绩　FROM 学生；

　ORDER　BY　入学成绩 DESC；

　INTO　TABLE　stu1.dbf

5.3.7　嵌套查询

在 SQL 语句中，一个 SELECT - FROM - WHERE 语句称为一个查询块。将一个查询块嵌套在另一个查询块的 WHERE 子句或 HAVING 短语的条件中的查询称为嵌套查询或子查询。嵌套查询是由里向外处理，子查询的结果是其父查询的条件，因此，子查询必须有确定的内容。

例 5-46　显示选修了"0102"课程的学生名单。

SELECT　学号，姓名　FROM　学生；

WHERE 学号 IN（SELECT 学号 FROM 选课 WHERE 课程号＝'0102'）

5.3.8　集合的并运算

SQL 支持集合的并（UNION）运算，即可以将两个 SELECT 语句的查询结果通过并运算合并成一个查询结果，即执行联合查询。UNION 的语法格式为：

＜SELECT 语句＞　UNION　［ALL］　＜SELECT 语句＞　［ UNION　［ALL］＜SELECT 语句＞…］

其中，ALL 选项表示将所有行合并到结果集合中。不指定该项时，被联合查询结果集合中的重复行将只保留一行。

为了进行并运算，要求两个查询结果具有相同的字段个数，并且对应字段的值要出自同一个值域（相同的数据类型和取值范围）。

例 5-47　显示临床和精神专业的学生的学号、姓名、专业、入学成绩信息。

SELECT　学号，姓名，专业，入学成绩　FROM 学生 WHERE 专业＝'临床'；

UNION ；

SELECT　学号，姓名，专业，入学成绩　FROM 学生 WHERE 专业＝'精神'

习 题 5

一、填空题

1. 在 SQL 的 SELECT 查询时，使用_____短语实现消除查询结果中的重复记录。

2. 在 SQL 中，插入、删除、更新命令依次是 INSERT、DELETE 和_____。

3. 在 SQL SELECT 语句中为了将查询结果存储到永久表应该使用_____短语。

4. 在 SQL 语句中空值用_____表示。

5. 在 SQL 的 SELECT 查询中，HAVING 子句不可以单独使用，总是跟在_____子句之后一起使用。

6. 在 SQL 的 WHERE 子句的条件表达式中，字符串匹配（模糊查询）的运算符是_____。

7. 使用 SQL 的 CREATE TABLE 语句定义表结构时，用_____短语说明主关键字（主索引）。

8. 不带条件的 SQL DELETE 命令将删除指定表的_____记录。

9. 在 SQL SELECT 查询中，为了使查询结果排序应该使用短语_____。

10. SQL 实现分组查询的短语是_____。

二、选择题

1. SQL 语言是（ ）。
   A. 高级语言　　　　　　　　　　　B. 结构化查询语言
   C. 第三代语言　　　　　　　　　　D. 宿主语言

2. 关于 INSERT - SQL 语句描述正确的是（ ）。
   A. 可以向表中插入若干条记录　　　B. 在表中任何位置插入一条记录
   C. 在表尾插入一条记录　　　　　　D. 在表头插入一条记录

3. 在 SQL SELECT 语句的 ORDER BY 短语中如果指定了多个字段，则（ ）。
   A. 无法进行排序　　　　　　　　　B. 只按第一个字段排序
   C. 按从左至右优先依次排序　　　　D. 按字段排序优先级依次排序

4. 用 SQL 语句建立表时为属性定义有效性规则，应使用短语（ ）。
   A. DEFAULT　　　　　　　　　　　B. PRIMARY KEY
   C. CHECK　　　　　　　　　　　　D. UNIQUE

5. 不属于数据定义功能的 SQL 语句是（ ）。
   A. CREAT TABLE　　　　　　　　　B. CREAT CURSOR
   C. UPDATE　　　　　　　　　　　　D. ALTER TABLE

6. 在 SQL SELECT 语句中与 INTO TABLE 等价的短语是（ ）。
   A. INTO DBF　　　　　　　　　　　B. TO TABLE
   C. INTO FORM　　　　　　　　　　D. INTO FILE

7. 下面有关 HAVING 子句描述错误的是（ ）。
   A. HAVING 子句必须与 GROUP BY 子句同时使用，不能单独使用

B. 使用 HAVING 子句的同时不能使用 WHERE 子句

C. 使用 HAVING 子句的同时可以使用 WHERE 子句

D. 使用 HAVING 子句的作用是限定分组的条件

8. SQL 语句中删除表的命令是（　　）。

    A. DROP　TABLE   B. DELETE　TABLE

    C. ERASE　TABLE   D. DELETE　DBF

9. 在 SQL 的计算查询中，用于求平均值的函数是（　　）。

    A. AVG   B. AVERAGE   C. average   D. AVE

10. 在 Visual FoxPro 中，在数据库中创建表的 CREATE TABLE 命令中定义主索引、实现实体完整性规则的短语是（　　）。

    A. FOREIGN　KEY   B. DEFAULT

    C. PRIMARY　KEY   D. CHECK

11. 在 SQL SELECT 语句中为了将查询结果存储到临时表应该使用短语（　　）。

    A. TO　CURSOR   B. INTO　CURSOR

    C. INTO　DBF   D. TO　DBF

12. 在 SQL 语句中，与表达式"年龄 BETWEEN 12 AND 46"功能相同的表达式是（　　）。

    A. 年龄＞＝12 OR ＜＝46   B. 年龄＞＝12 AND ＜＝46

    C. 年龄＞＝12 OR 年龄＜＝46   D. 年龄＞＝12 AND 年龄＜＝46

13. 设有学生选课表 SC（学号，课程号，成绩），用 SQL 检索同时选修课程号为"C1"和"C5"的学生的学号的正确命令是（　　）。

    A. SELECT 学号 FROM SC　WHERE 课程号＝'C1'　AND 课程号＝'C5'

    B. SELECT 学号 FROM SC　WHERE 课程号＝'C1'　AND
        课程号＝（SELECT 课程号 FROM SC WHERE 课程号＝'C5'）

    C. SELECT 学号 FROM SC　WHERE 课程号＝'C1'　AND
        学号＝（SELECT 学号 FROM SC WHERE 课程号＝'最高分'）

    D. SELECT 学号 FROM SC　WHERE 课程号＝'C1'　AND
        学号 IN（SELECT 学号 FROM SC WHERE 课程号＝'C5'）

14. 设有学生表 S（学号，姓名，性别，年龄），查询所有年龄小于等于18 岁的女同学、并按年龄进行降序排序生成新的表 WS，正确的 SQL 命令是（　　）。

    A. SELECT ＊ FROM S WHERE
        性别＝'女' AND 年龄＜＝18 ORDER BY 4 DESC INTO TABLE WS

    B. SELECT ＊ FROM S　WHERE
        性别＝'女' AND 年龄＜＝18 ORDER BY 年龄 INTO TABLE WS

    C. SELECT ＊ FROM S WHERE
        性别＝'女' AND 年龄＜＝18 ORDER BY '年龄' DESC INTO TABLE WS |

    D. SELECT ＊ FROM S WHERE
        性别＝'女' OR 年龄＜＝18 ORDER BY '年龄' ASC INTO TABLE WS

15. 如果要将学生表 S（学号，姓名，性别，年龄）中"年龄"属性删除，正确的 SQL 命令是（　　）。

    A. ALTER TABLE S DROP COLUMN 年龄

  B. DELETE 年龄 FROM S

  C. ALTER TABLE S DELETE COLUMN 年龄

  D. ALTER TABLE S DELETE 年龄

16. 将"选课"表中学号为"02080110"、课程号为"102"的选课记录的成绩改为 92，正确的 SQL 语句是（　　）。

  A. UPDATE 选课 SET 成绩 WITH 92 WHERE 学号＝"02080110"
   AND 课程号＝"102"

  B. UPDATE 选课 SET 成绩＝92 WHERE 学号＝"02080110"
   AND 课程号＝"102"

  C. UPDATE FROM 选课 SET 成绩 WITH 92 WHERE 学号＝"02080110"
   AND 课程号＝"102"

  D. UPDATE 选课 SET 成绩＝92　FOR 学号＝"02080110"
   AND 课程号＝"102"

17. 为"教师"表增加一个字段"工资"的 SQL 语句是（　　）。

  A. ALTER　TABLE　教师　ADD　工资　F(6,2)

  B. ALTER　DBF　教师　ADD　工资　F6，2

  C. CHANGE　TABLE　教师　ADD　工资 F(6,2)

  D. CHANGE　TABLE　教师　INSERT　工资 F6，2

18. 插入一条记录到"学生"表中，学号、姓名和奖学金分别是"1001"、"李强"、500，正确的 SQL 语句是（　　）。

  A. INSERT VALUES ("1001","李强"，500) INTO 学生（学号，姓名，奖学金）

  B. INSERT TO 学生（学号，姓名，奖学金）VALUES ("1001","李强"，500)

  C. INSERT INTO 学生（学号，姓名，奖学金）VALUES ("1001","李强"，500)

  D. INSERT VALUES "1001","李强"，500) TO 学生（学号，姓名，奖学金）

19. 将"学生"表的学号字段的宽度由 8 改为 10，应使用 SQL 语句（　　）。

  A. ALTER TABLE 学生学号 WTIH C(10)

  B. ALTER TABLE 学生学号 C(10)

  C. ALTER TABLE 学生 ALTER　学号　C(10)

  D. ALTER 学生　ALTER　学号 C(10)

20. 删除"学生"表中出生日期在 1985 年 1 月 1 日以前出生的学生记录，正确的 SQL 命令是（　　）。

  A. DELETE TABLE 学生 WHERE 出生日期＜ {^1985－1－1}

  B. DELETE TABLE 学生 WHILE 出生日期＞ {^1985－1－1}

  C. DELETE FROM 学生 WHERE 出生日期＜ {^1985－1－1}

  D. DELETE FROM 学生 WHILE 出生日期＞ {^1985－1－1}

第6章　查询与视图

在 Visual FoxPro 中，查询和视图都是为了快速、方便地使用数据库中的数据而提供的一种方法。查询和视图之间有很多类似之处，创建的步骤也非常相似。本章内容将介绍查询和视图的创建、修改及使用。

6.1　查　询

查询是从指定的表或视图中提取满足条件的记录，然后将查询结果按照想得到的输出类型进行定向输出。查询结果将产生一个独立的数据文件，这个数据文件的扩展名为 .QPR。

6.1.1　创建查询

创建查询可以使用下面三种方法：一是使用查询向导；二是使用查询设计器；三是直接编写 SELECT‐SQL 语句。通常情况下，可以通过以下几个步骤来建立查询：

① 使用"查询向导"或"查询设计器"开始建立查询。

② 选择出现在查询结果中的字段。

③ 设置选择条件来查找给出所需结果的记录。

④ 设置排序或分组选项来组织查询结果。

⑤ 选择查询结果的输出类型：表、报表、浏览等。

⑥ 保存并运行查询，获取所需要的结果。

1. 利用查询向导创建查询

例 6‐1　利用查询向导查询学生表中男同学基本情况信息。要求查询结果中包括学号、姓名、性别、出生日期、专业和入学成绩字段。

（1）进入"查询向导"

选择"文件"｜"新建"命令，在弹出的"新建"对话框中选择"查询"按钮，单击"向导"，将弹出"向导选取"对话框，如图 6‐1 所示。

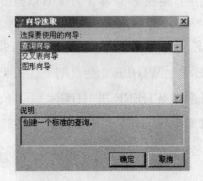

图 6‐1　"向导选取"对话框

选择"查询向导"选项，单击"确定"按钮，弹出"查询向导步骤 1"对话框，如图 6-2所示。

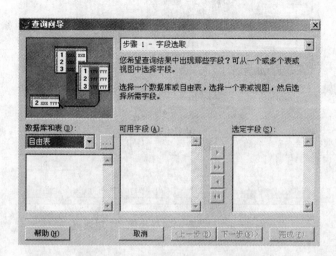

图 6-2　"查询向导步骤 1"对话框

（2）选择数据库或表

在"数据库和表"下拉列表框中选择所需数据库或表，也可以单击 ⋯ 按钮，弹出"打开"对话框，从中选择合适的数据库或表。本例选择"学生"表并在"可用字段"列表框中选择查询结果中包含的字段，如图 6-3 所示。

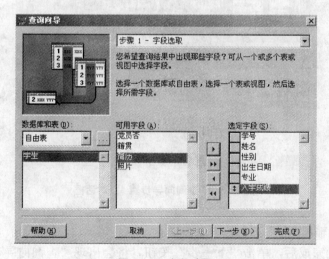

图 6-3　字段选取

（3）设置查询条件

"字段选取"完成后，单击"下一步"按钮，将会出现"查询向导步骤 3"对话框，用于设置查询的条件，本例设置如图 6-4 所示。

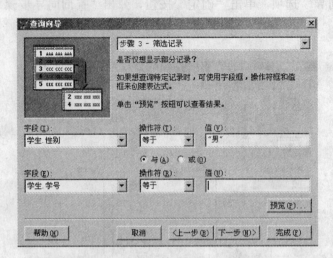

图 6 - 4　　"查询向导步骤 3"对话框

（4）设置排序依据

查询条件完成后，单击"下一步"按钮，将会出现"查询向导步骤 4"对话框，用于设置查询的排序依据，如图 6 - 5 所示。

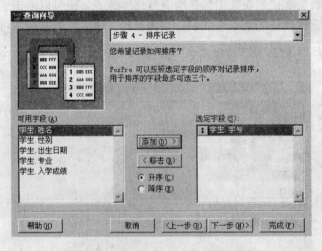

图 6 - 5　　"查询向导步骤 4"对话框

（5）设置记录输出范围

排序依据设置完成后，单击"下一步"按钮，将会出现"查询向导步骤 4a"对话框，限制记录的输出范围。这里设置为所有记录，如图 6 - 6 所示。设置完成后，继续单击"下一步"按钮，弹出"查询向导步骤 5"对话框，如图 6 - 7 所示。

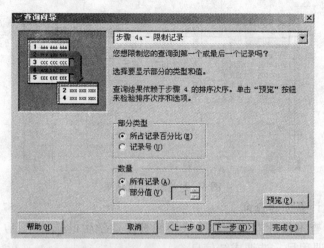

图6-6 记录输出范围设置对话框

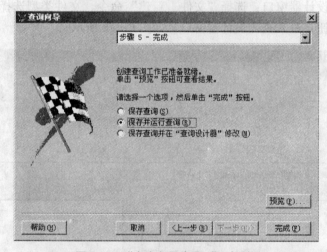

图6-7 "查询向导步骤5"对话框

（6）保存查询

在"查询向导步骤5"对话框中，可选择一个单选按钮，确定向导完成后要做的操作，这里选择"保存并运行查询"，然后单击"完成"按钮，弹出"另存为"对话框，如图6-8所示，选择查询保存的位置以及查询文件名，单击"保存"按钮后出现查询结果窗口，如图6-9所示。

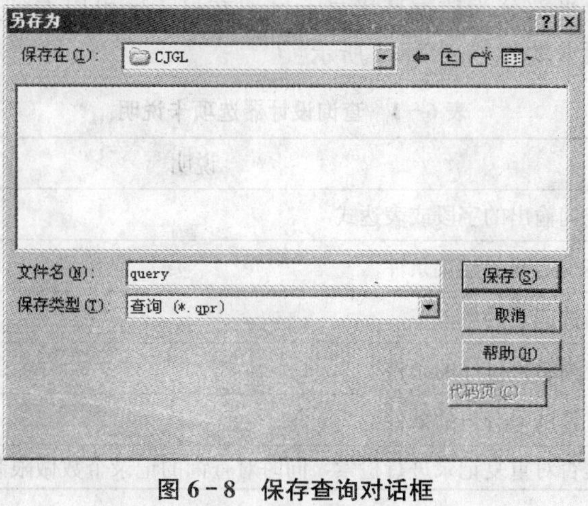

图6-8 保存查询对话框

学号	姓名	性别	出生日期	专业	入学成绩
20100102	刘强	男	08/26/90	临床	491
20100103	马哲	男	02/07/91	临床	462
20100104	汪庆良	男	06/15/91	临床	486
20100105	刘文刚	男	07/12/89	临床	452
20100301	王小勇	男	10/09/89	精神	492
20100302	张亮堂	男	05/08/89	精神	485

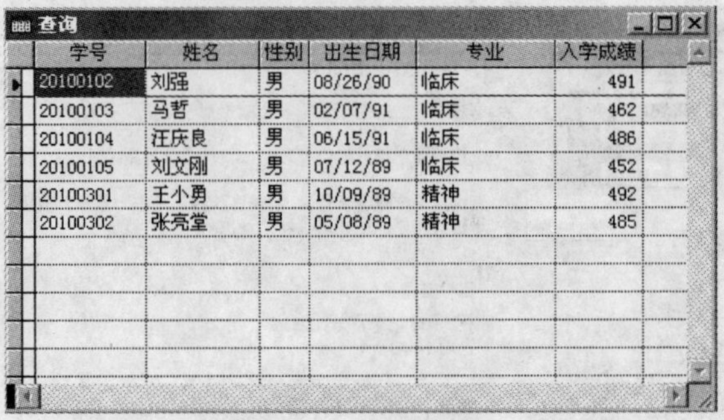

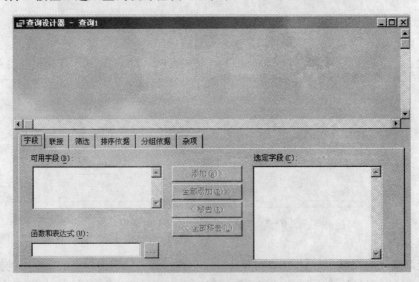

图 6-9　查询运行结果

2. 利用查询设计器创建查询

例 6-2　利用查询设计器查询学生表中精神专业学生的选课信息，包括学号、姓名、性别、专业、所选课程号、选课成绩信息。

（1）进入查询设计器窗口：选择“文件｜新建”命令，文件类型选择“查询”，然后选择“新建文件”按钮，进入查询设计器窗口，如图 6-10 所示。

图 6-10　查询设计器

查询设计器窗口上半部分为数据环境显示区，在显示区可以看到选择的表，下半部分包括 6 个选项卡，各选项卡功能如表 6-1 所示。

表 6-1　查询设计器选项卡说明

选项卡	说明
字段	设置查询输出的字段或表达式
连接	设置多表之间的连接条件
筛选	设置筛选记录的条件
排序依据	设置查询结果排序的条件
分组依据	设置查询结果分组的条件
杂项	设置是否对重复记录进行检索，同时对查询的记录个数做限制

另外，查询设计器自带的工具栏按钮功能如表 6-2 所示。

表 6-2　查询设计器工具栏按钮说明

按钮名称	说明
添加表	为查询添加表或视图
移去表	从查询设计器中移去指定的表
添加连接	为查询中的两个表创建连接
显示｜隐藏 SQL 窗口	显示或隐藏当前查询语句的窗口
最大化｜最小化上部窗口	放大或缩小查询设计器的数据环境窗口
查询去向	指定查询结果的输出对象

（2）设置数据环境：查询设计器对话框上半部分为数据环境显示区，用于显示所选择的表或视图，可以用查询设计器工具栏上的" 添加表"或" 移去表"按钮向数据环境中添加或移去表。这里利用" 添加表"按钮将"学生"表和"选课"表添加到数据环境中，如图 6-11 所示。

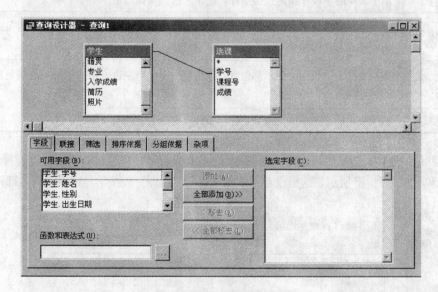

图 6-11　设置数据环境

（3）设置查询中包含的字段信息：选择查询设计器"字段"选项卡，在"可用字段"框中列出了查询数据环境中选择的数据表中的所有字段，将"学生·学号、学生·姓名、学生·性别、学生·专业、选课·课程号、选课·成绩"字段添加到"选定字段"列表框中。

（4）联接选项卡：进行多表查询时，需要把所有有关的表或视图添加到查询设计器的数据环境中，并为这些表建立连接，这些表可以是数据表、自由表或视图的任意组合。

当向查询设计器中添加多张表时，如果新添加的表与已存在的表之间在数据库中已经建立永久性关系，则系统将以该永久性关系作为默认的连接条件。否则，系统会打开"连接条件"对话框，并以两张表的同名字段作为默认的连接条件，如图 6-12 所示。

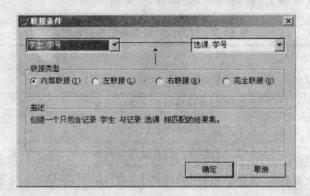

图 6-12　"连接条件"对话框

在该对话框中有四种连接，联接类型及其意义见表 6-3 所示。

表 6-3　多表查询中表的连接类型说明

联接类型	说明
内部连接	两个表中的字段都满足连接条件，记录才选入查询结果
左连接	连接条件左边表中的记录都包含在查询结果中，而右边表中的记录只有满足连接条件时，才选入查询结果
右连接	连接条件右边表中的记录都包含在查询结果中，而左边表中的记录只有满足连接条件时，才选入查询结果
完全连接	两个表中的记录不论是否满足连接条件，都选入查询结果中

系统默认的连接类型是内部连接，两表之间的连接条件还可以通过查询设计器连接选项卡来设置和修改，如图 6-13 所示，这里设置"学生"表与"选课"表按学号字段进行内部连接。

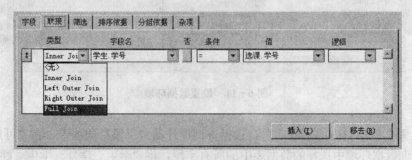

图 6-13　查询设计器连接选项卡

（5）筛选选项卡：查询既可以查询所有记录，也可以查询满足某个条件的记录。指定选取记录的条件可以使用查询设计器的筛选选项卡，如图 6-14 所示。

其中，"字段名"框用于选择要比较的字段，"条件"框用于设置比较的类型，"实例"框用于指定比较的值，"大小写"框用于指定比较字符值时是否区分大小写，"逻辑"框用于

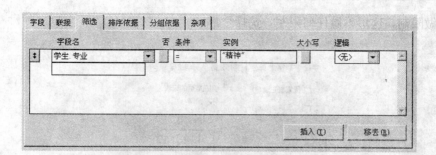

图 6 - 14　查询设计器筛选选项卡

指定多个条件之间的逻辑运算关系。"筛选"卡中的一行就是一个关系表达式,所有的行构成一个逻辑表达式。本例设置专业为"精神"。

　　(6) 排序依据选项卡:使用查询设计器,可以对查询结果中输出的记录进行排序,排序可以是升序,也可以是降序。本例设置按照选课成绩降序排序,如图 6 - 15 所示。

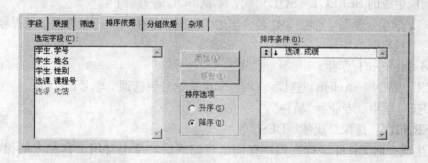

图 6 - 15　查询设计器排序依据选项卡

　　(7) 分组依据选项卡:所谓分组就是将一组类似的记录压缩成一个结果记录,以便完成对这一组记录的计算。例如在"学生"表中要查询男女学生各自的总人数,就可以按性别对表中记录分组,然后分别对男女同学记录个数进行统计,分组依据选项卡如图 6 - 16 所示,本例不设置分组。

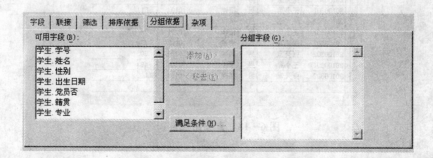

图 6 - 16　查询设计器分组依据选项卡

　　(8) 杂项选项卡:在查询设计器的杂项选项卡中,可以设置一些特殊的查询条件,如图 6 - 17 所示。在该选项卡中可以指定查询结果中是否显示重复记录,同时是否对查询结果中记录数目做限制，这里不做任何限制，选择全部。

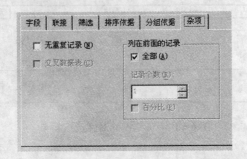

图 6-17　查询设计器杂项选项卡

（9）生成 SQL 语句

无论用"查询向导"还是"查询设计器"创建查询，其结果都是生成一条 SELECT - SQL 语句，通过"查询"菜单中的"查看 SQL"或单击查询设计器工具栏上"SQL"按钮，都可以看到所生成的 SELECT - SQL 语句，本例 SQL 语句如下：

SELECT 学生 . 学号，学生 . 姓名，学生 . 性别，学生 . 专业，选课 . 课程号，选课 . 成绩；

FROM　student！学生；

INNER　JOIN　student！选课　ON　学生 . 学号＝选课 . 学号；

WHERE　学生 . 专业＝"精神"；

ORDER　BY　选课 . 成绩　DESC

（10）生成查询文件并运行查询：查询创建完成后，单击常用工具栏上的保存按钮或"文件"菜单中保存命令，输入文件名，系统会自动为该文件添加上扩展名".QPR"，即生成了查询文件。然后选择"程序"菜单中的"运行"命令，在"运行"对话框中找到上一步保存的查询文件，单击"运行"按钮，将会弹出查询结果窗口，如图 6-18 所示。

学号	姓名	性别	专业	课程号	成绩
20100301	王小勇	男	精神	0107	92
20100301	王小勇	男	精神	0109	90
20100302	张亮堂	男	精神	0107	86
20100301	王小勇	男	精神	0103	81
20100302	张亮堂	男	精神	0105	80
20100301	王小勇	男	精神	0101	78
20100302	张亮堂	男	精神	0102	77
20100302	张亮堂	男	精神	0106	60
20100301	王小勇	男	精神	0104	49
20100302	张亮堂	男	精神	0104	NULL.

图 6-18　查询结果窗口

例 6-3　查询"学生"表中学生总数、平均入学成绩与入学成绩总和。

本例中，COUNT（）、AVG（）、SUM（）函数可以对每一组记录进行计数、求平均值和求和计算，另外 MAX（）是求最大值函数，MIN（）是求最小值函数。

在"查询设计器"字段选项卡"函数和表达式"框中，可以输入一个表达式，或单击

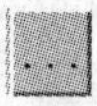

按钮,打开"表达式生成器"对话框生成表达式,如图 6-19 所示。

图 6-19 查询设计器表达式生成器

生成一个表达式,单击"添加"按钮,表达式就出现在"选定字段"框中。还可以给选定的字段或表达式起一个别名,方法是在"函数和表达式"框中字段名或表达式后输入"AS 别名",则查询结果中就以别名作为该列的标题。例如,在"学生"表中有出生日期字段,为了输出学生的年龄,可以在"选定字段"框中加入下列表达式:

YEAR(DATE())-YEAR(出生日期)AS 年龄

在表达式中,用当前系统日期的年份减去出生日期的年份,得到学生的年龄,并给表达式起一个别名"年龄"。

(1)进入查询设计器,选择"学生"表。

(2)在查询设计器窗口,选择字段选项卡,将下列表达式设置到选定字段列表框中,如图 6-20 所示。

图 6-20 选定字段

- count(*)as 人数
- avg(入学成绩)as 平均入学成绩
- sum(入学成绩)as 入学成绩总和

(3)单击"文件"|"保存"命令,保存查询。

(4)单击"程序"菜单中的"运行"命令,在"运行"对话框中找到上一步保存的查询文件,单击"运行"按钮,查询结果如图 6-21 所示。

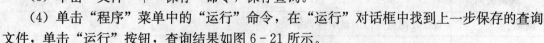

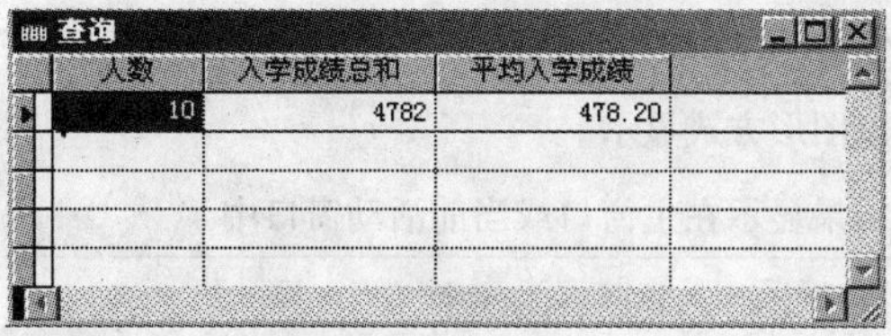

人数	入学成绩总和	平均入学成绩
10	4782	478.20

图 6-21 查询结果

6.1.2　查询的运行与修改

1. 查询设计的运行

当完成查询设计后，就可以运行查询，运行查询的方法有如下方法：

① 在"查询设计器"窗口，选择"查询"｜"运行查询"命令。

② 在"查询设计器"窗口，右击"查询设计器"窗口，快捷菜单中选择"运行查询"。

③ 选择"程序"｜"运行"命令，弹出"运行"对话框，在对话框中选择要运行的查询文件。

④ 在"命令"窗口中输入 DO ＜查询文件名＞。

2. 查询设计的修改

将保存的查询文件利用 VFP 系统主菜单中的"文件"命令，选择"打开"，把已创建的查询文件打开，就可以进入到查询文件的设计器窗口，然后在查询设计器窗口各选项卡中重新设置查询项。

3. 查询去向的设置

查询结果可以输出到不同的目的地。在"查询去向"对话框中，根据需要可以把查询结果输出到如表所示的不同的目的地。从"查询"菜单中选择"查询去向"，或在"查询设计器"工具栏中单击"查询去向"按钮，屏幕上将出现"查询去向"对话框，如图 6-22 所示，在其中可以选择一个查询去向。

图 6-22　查询去向对话框

如果没有选定输出目的地，系统默认值为查询结果显示在浏览窗口中。各查询去向含义如表 6-4 所示。

表 6-4　查询去向含义

查询去向	含义
浏览	直接在浏览窗口中显示查询结果
临时表	查询结果作为一个临时只读表存储
表	查询结果作为一个永久表存储
图形	查询结果以图形方式显示
屏幕	只把查询结果显示在主窗口或当前活动窗口中
报表	将查询结果输出到一个报表文件中
标签	将查询结果输出到一个标签文件中

6.2 视 图

"视图"是一个定值的逻辑虚表，只存放相应的数据逻辑关系，不保存表的记录内容，但可以在视图中改变记录的值，然后将更新记录返回到源表。因此，视图不能单独存在，只能从属于某个数据库。

6.2.1 创建视图

根据数据来源的不同，视图分为本地视图和远程视图两种。使用本地计算机数据库中的表建立的视图是本地视图；从远程 ODBC（开发数据库互联）数据源中选取信息，建立的视图是远程视图。建立视图的过程与创建查询的过程类似，创建方法基本相同，均可通过向导、设计器方式来进行。因为视图是数据库的一部分，所以只有打开数据库后，才能创建视图，以下将介绍本地视图的创建。

1. 使用视图向导创建本地视图

例 6 - 4　利用视图向导，依据"成绩管理"数据库，创建"视图 1"，视图中包含选课成绩大于 80 分的临床专业学生的学号、姓名、专业、课程号和成绩字段。

（1）打开数据库文件"成绩管理. dbc"，并弹出"数据库设计器"窗口，如图 6 - 23 所示。

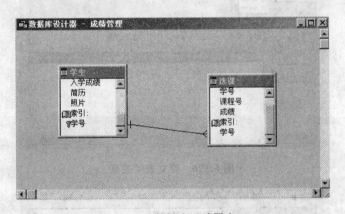

图 6 - 23　数据库设计器窗口

（2）在系统主菜单下，选择"文件"｜"新建"，进入"新建"对话框，如图 6 - 24 所示。

（3）文件类型选择"视图"，然后单击"向导"按钮，进入本地视图向导步骤 1 对话框，选择视图中包含的字段，如图 6 - 25 所示。

（4）单击"下一步"按钮，则进入到"本地视图向导步骤 2"对话框，为表建立关系，如图 6 - 26 所示。

（5）在"本地视图向导步骤 2"对话框中，单击"下一步"按钮，则进入到"本地视图向导步骤 2a"对话框，如图 6 - 27 所示。继续单击"下一步"按钮，进入到图 6 - 28 所示本地视图向导步骤 3 对话框设置筛选条件。

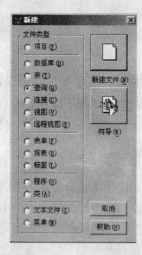

图 6 - 24　新建对话框

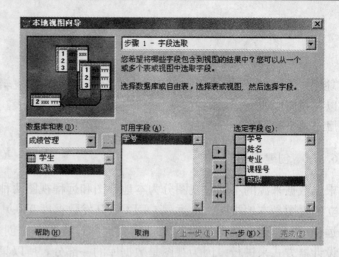

图 6 - 25　视图向导步骤 1 对话框

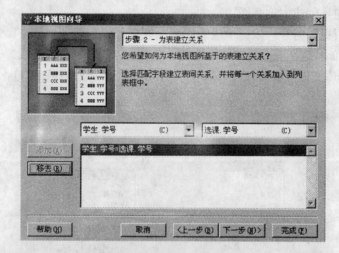

图 6 - 26　建立表间关系

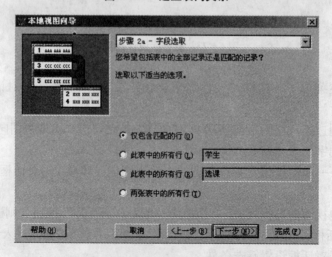

图 6 - 27　本地视图向导步骤 2a 对话框

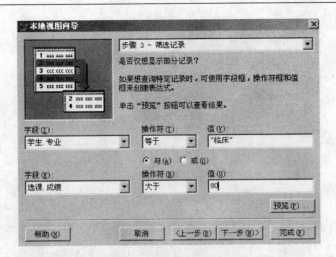

图 6-28 设置筛选条件

(6) 在"本地视图向导步骤 3"对话框中单击"下一步"按钮,将进入到"本地视图向导步骤 4"对话框,设置用于排序的字段,如图 6-29 所示。

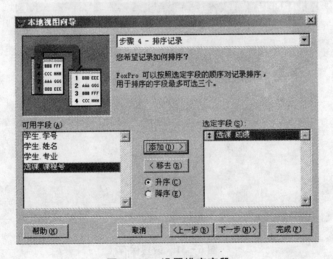

图 6-29 设置排序字段

(7) 在"本地视图向导步骤 4"对话框中单击"下一步"按钮,将进入到"本地视图向导步骤 4a"对话框,用于设置记录的输出范围,如图 6-30 所示。

(8) 继续单击"下一步"按钮,进入到"本地视图向导步骤 5"对话框,如图 6-31 所示。

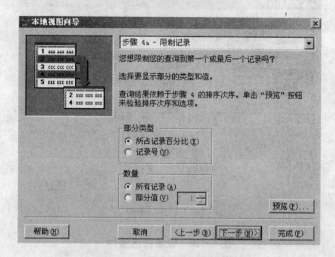

图 6-30 设置记录输出范围

图 6-31 设置保存

选择保存本地视图并浏览，单击"下一步"按钮，出现图 6-32 所示对话框，输入视图名"视图 1"，确认后"视图 1"浏览窗口，如图 6-33 所示。

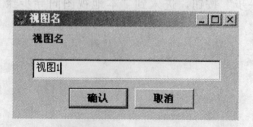

图 6-32 保存视图

视图1

学号	姓名	专业	课程号	成绩
20100102	刘强	临床	0103	81
20100103	马哲	临床	0107	85
20100102	刘强	临床	0102	86
20100101	王慧	临床	0102	87
20100105	刘文刚	临床	0104	87
20100105	刘文刚	临床	0107	90
20100103	马哲	临床	0105	95
20100104	汪庆良	临床	0105	99

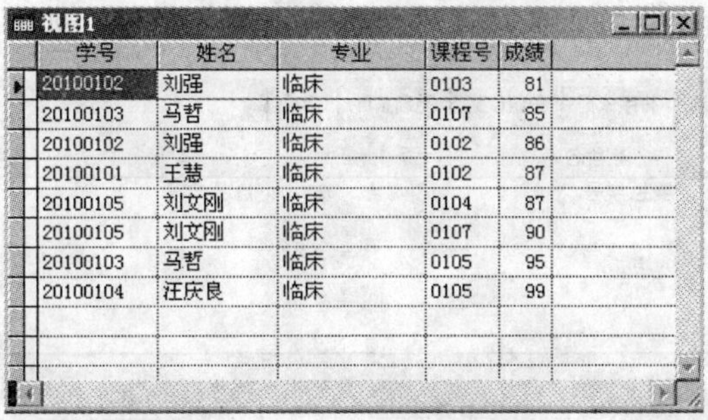

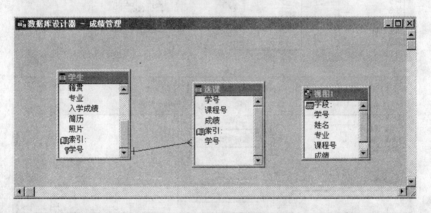

图 6-33　视图浏览窗口

2. 使用视图设计器创建本地视图

例 6-5　利用视图设计器，依据“成绩管理”数据库，创建一个多表本地视图“视图2”，视图中包含“范丹”同学的学号、姓名、专业、课程号、成绩字段。

(1) 打开数据库文件“成绩管理.dbc”，进入到数据库设计器窗口，如图 6-34 所示。

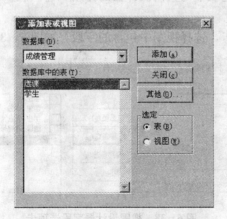

图 6-34　数据库设计器窗口

(2) 在系统主菜单下，选择“文件”|“新建”，选择“视图”后单击“新建文件”按钮，出现如图 6-35 所示对话框，向视图中添加用到的学生表与选课表。

图 6-35　向视图中添加表对话框

Visual FoxPro 用已建立的永久关系作为两表的连接条件，如图 6-36 所示。

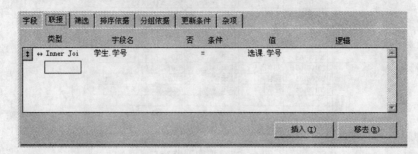

图 6-36　创建连接

视图设计器窗口如图 6-37 所示。

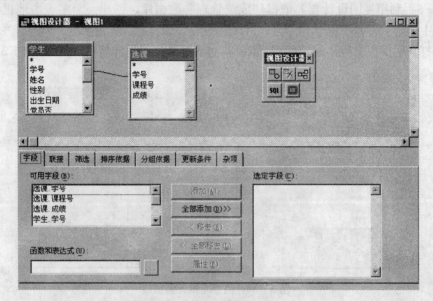

图 6-37　视图设计器窗口

与查询设计器窗口类似，上方用来设置数据环境，下方有 7 个选项卡，用来设置视图选择数据的条件。其中 6 个选项卡与查询设计器的作用一样，但多了一个更新条件选项卡，用于设置更新数据的条件。

（3）进入到字段选项卡，选择视图中包含的字段，如图 6-38 所示。

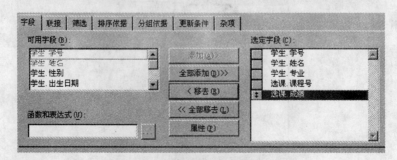

图 6-38　视图设计器字段选项卡

（4）进入到连接选项卡，选择连接类型，如图 6 - 39 所示。

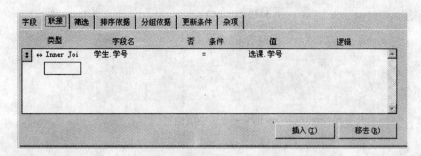

图 6 - 39　连接类型设置

（5）进入到筛选选项卡，设置筛选条件，如图 6 - 40 所示。

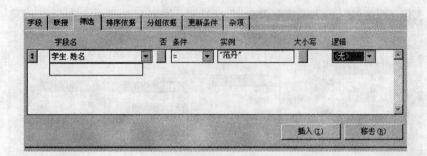

图 6 - 40　筛选条件设置

（6）进入到排序依据选项卡，设置排序依据如图 6 - 41 所示。

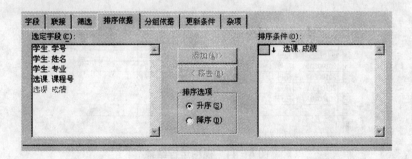

图 6 - 41　排序依据设置

（7）进入到分组依据选项卡，可以设置分组依据。

（8）进入到杂项选项卡，设置记录输出，如图 6 - 42 所示。

图 6-42　杂项设置

（9）单击"文件"｜"保存"命令，保存视图，视图名为"视图 2"。保存后数据库设计器窗口出现了保存后的视图，如图 6-43 所示，鼠标右键单击"视图 2"标题栏，快捷菜单中选择"浏览"，结果如图 6-44 所示。

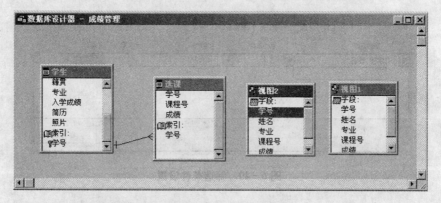

图 6-43　数据库设计器

学号	姓名	专业	课程号	成绩
20100201	范丹	护理	0105	84
20100201	范丹	护理	0108	79
20100201	范丹	护理	0107	61
20100201	范丹	护理	0106	60
20100201	范丹	护理	0109	54

图 6-44　视图运行结果

6.2.2　使用视图

1. 浏览视图

在数据库设计器窗口中，右击视图窗口标题栏，在弹出的快捷菜单中选择浏览命令，就能够进入到视图的浏览窗口。

2. 修改视图

在数据库设计器窗口中，右击要修改的视图窗口标题栏，在弹出的快捷菜单中选择修改命令，就能够进入到视图设计器进行修改。

3. 删除视图

在数据库设计器窗口中，右击视图窗口标题栏，在弹出的快捷菜单中选择删除命令，单击提示对话框中移去按钮即可删除。

4. 使用视图更新源表的数据

查询的结果只能阅读，不能修改。而视图则不仅具有查询的功能，还可以修改记录数据并使源表随之更新。与查询设计器相比，视图设计器窗口中多了一个更新条件选项卡，该选项卡具有使修改过的记录更新源表的功能。视图设计器窗口选择更新条件选项卡如图 6 - 45 所示。其中，钥匙符号列的对号表示该行的字段为关键字段，选取关键字段可使视图中修改的记录与表中原始记录相匹配。铅笔符号列的对号标识该行的字段为可更新字段。选定发送 SQL 更新复选框表示要将视图记录中的修改传送给源表。

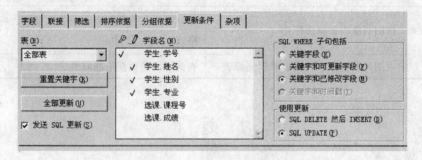

图 6 - 45　更新条件选项卡

例 6 - 6　更新"视图 2"不及格的选课成绩为 88，并察看选课表内成绩的变化。

（1）打开"成绩管理.dbc"数据库文件。

（2）鼠标右键单击"视图 2"标题栏，快捷菜单中选择"修改"，进入"视图 2"视图设计器，选择"更新条件"选项卡，设置更新的字段，并选择"发送 SQL 更新"如图 6 - 46 所示，然后关闭视图设计器进行保存。

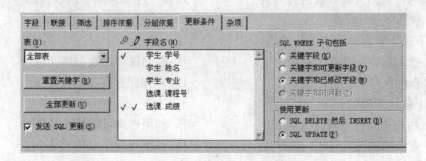

图 6 - 46　更新条件选项卡设置

（3）打开视图浏览窗口，在浏览窗口中成绩 54 改为 88。然后单击光标离开当前记录，关闭视图浏览窗口，进入到选课表，选课表中成绩 54 被更新为 88。

查询和视图创建的步骤非常相似，它们之间有很多类似之处，但也存在区别，如表6 - 5

所示。

表 6-5　查询与视图区别

功能	视图	查询
文件功能	视图不是一个独立的文件，它是数据库中的一部分	查询文件是一个独立的文件，不属于数据库
数据来源	视图的数据来源可以是本地表、其他视图，也可以是远程数据源	查询不能访问远程数据源
数据引用	视图可以作为数据源被引用	查询只能一次获得结果并输出，不能被引用
访问方式	视图只能以打开方式被访问	查询不仅可以通过打开方式访问，还可以通过命令窗口访问
格式	视图只能当数据表使用	查询可以作为数据表、图表、报表、标签等多种格式
修改	视图可以更新字段内容并返还源表	查询所得的数据不能修改

<h1 style="text-align:center">习　题　6</h1>

一、选择题

1. 视图不能单独存在，它必须依赖于（　　）。
   A. 视图　　　　　　　B. 数据库　　　　　C. 数据库表　　　　　D. 查询
2. 查询文件的扩展名为（　　）
   A. PRG　　　　　　　B. FPX　　　　　　C. QPR　　　　　　D. QPX
3. 关于视图的不正确的描述是（　　）
   A. 通过视图可以对表进行查询　　　　B. 通过视图可以对表进行更新
   C. 视图就是一个虚拟表　　　　　　　D. 视图就是一个数据库
4. 以下关于查询的描述正确的是（　　）。
   A. 查询保存在项目文件中　　　　　　B. 查询保存在数据库文件中
   C. 查询保存在表文件中　　　　　　　D. 查询保存在查询文件中
5. 以下叙述正确的是（　　）
   A. 利用视图可以修改数据　　　　　　B. 利用查询可以修改数据
   C. 查询和视图具有相同的作用　　　　D. 视图可以定义输出去向

二、简答题

1. 视图与查询有何不同，各有什么优缺点？
2. 查询都可以什么形式输出？
3. 利用查询设计器创建查询的基本步骤？

第7章 Visual FoxPro 程序设计基础

本章学习 Visual FoxPro 中结构化程序设计思想及程序设计方法，运用学过的常量、变量、函数和表达式，以及各种操作命令和语句控制结构，结合实际问题的需要完成程序的编制、调试和运行。本章是学习和掌握 Visual FoxPro 程序设计的重要环节。

7.1 程序与程序文件

本节学习 Visual FoxPro 中结构化程序设计思想，包括程序、程序文件、算法和程序设计方法的理解；学习建立、修改、保存和运行程序的方法；学习在程序中经常会用到的命令、常用的输入输出命令的使用方法。

7.1.1 程序的基本概念

1. 程序和程序文件

程序（Program）是指能够完成一定任务的命令的有序集合。将程序以文件的形式保存到外部存储器上，并且加以命名，称为程序文件（Program File）。VPF 程序文件默认的扩展名为 .PRG。当运行程序时，系统会按照一定的顺序自动执行包含在程序文件中的命令。程序文件能够反复被运行。

程序文件方式有如下特点：

● 可以利用编辑器方便地输入、修改和保存程序。

● 可以被多次执行，而且一个程序在运行过程中还可以调用另一个程序。

● 可以使用各种语句组织程序结构。如流程控制语句（IF 分支语句、FOR 循环语句等）。

2. 算法

算法（Algorithm）是指一种解决问题的方法。它必须满足以下条件：

（1）输入项（Input）

具有 0 个或多个输入的外界量。

（2）输出项（Output）

至少有一个数据输出，它是程序执行后的结果。

（3）有穷性（Finiteness）

每条命令的执行次序必须是有限的。

（4）确定性（Definiteness）

每条命令的含义必须是明确的，无歧义的。

（5）可行性（Effectiveness）

每条命令执行的时间都必须是有限的。

算法一般采用流程框图、自然语言、计算机语言、数学语言、规定的符号等方式描述。

例 7-1 写出计算圆面积的算法。

设圆面积为 s，半径为 r，则面积 s = 3.14 * r * r。

算法：

(1) 定义 s，r 变量（说明：在 Visual FoxPro 中可以省略该步骤）；

(2) 输入 r 值；

(3) 计算 s = 3.14 * r * r；

(4) 输出 s；

(5) 结束程序。

有了算法，就可以根据算法将程序写出来。当然有些简单问题可以不用写算法而直接写出程序。一般来说我们解决问题遵循以下几步：

- 分析问题；
- 写出算法；
- 根据算法写出程序；
- 将程序输入计算机即建立程序文件；
- 调试执行程序，即反复修改程序，直到没有错误为止；
- 运行程序并输出结果。

3. 程序设计和程序设计方法

编制程序的过程称为"程序设计"。程序设计方法包括结构化程序设计和面向对象程序设计。

(1) 结构化程序设计（Structured Programming）是由迪克斯特拉（E. W. Dijkstra）在 1969 年提出，是以模块化设计为中心，将待开发的软件系统划分为若干个相互独立的模块，这样使得完成每一个模块的工作变得单纯而明确，为设计一些较大的软件打下了良好的基础。

它的主要观点是采用自顶向下、逐步求精的程序设计方法、模块化设计；使用三种基本控制结构构造程序，任何程序模块都可由顺序、选择、重复三种基本控制结构构造。

由于模块相互独立，因此在设计其中一个模块时，不会受到其他模块的牵连，因而可将原来较为复杂的问题化简为一系列简单模块的设计。模块的独立性还为扩充已有的系统、建立新系统带来了不少的方便，因为我们可以充分利用现有的模块作积木式的扩展。

(2) 面向对象程序设计（Object Oriented Programming，OOP）是一种计算机编程架构。OOP 的一条基本原则是计算机程序是由单个能够起到子程序作用的单元或对象组合而成。OOP 达到了软件工程的三个主要目标：重用性、灵活性和扩展性。为了实现整体运算，每个对象都能够接收信息、处理数据和向其他对象发送信息。

4. Visual FoxPro 结构化程序设计规则

(1) Visual FoxPro 的程序文件是由若干有序的命令行组成，且满足下列规则：

- 一行仅写一条命令，长度小于等于 2048 个字符，回车键结束。
- 一行写不下时，可分成几行书写。命令行可自动产生换行或人工在行尾加"；"号，作为续行连接符。
- 为便于阅读及检查程序，一般程序书写格式为左对齐方式，而对于分支语句或循环语句控制结构内的语句序列则采用逐级缩进若干格的嵌套式语句书写格式。

(2) 从功能上看程序结构，一般可以分为三个部分：

- 第一部分是程序的说明部分，一般用于说明程序的功能、文件名和一些环境设置命令等有关信息。

● 第二部分是程序进行数据处理的部分，依次为：输入原始数据部分、数据计算处理部分、输出计算结果三个步骤。

● 第三部分是程序的控制返回部分，它控制程序结束运行或返回到调用该程序的调用处。

7.1.2　Visual FoxPro 程序文件的建立与运行

1. 程序文件的建立和修改

Visual FoxPro 程序文件的建立和修改是同一种方法，可任意用下面二种方式操作：

(1) 菜单方式

单击"文件"｜"新建"菜单，选择"程序"命令即打开程序编辑器。

单击"文件"｜"打开"菜单，选择文件类型为程序的文件，即可修改已有的程序文件。

(2) 命令方式

格式 1：MODIFY　COMMAND　［＜路径＞］［＜程序名＞［.PRG］］

格式 2：MODIFY　FILE　［＜路径＞］［＜文件名 .PRG＞］

功能：打开 Visual FoxPro 的文本编辑窗口，在其中编辑或修改程序文件。

说明：用格式 2 生成程序文件时，要注意文件名后的扩展名 .PRG 必须写上。否则扩展名为 .TXT。如果缺省文件名时，则 Visual FoxPro 默认为"程序 1.PRG"。

用命令的方法可以编辑生成一个新的过程化的程序文件，也可以对已经存在的程序文件重新进行编辑或修改。

2. 程序文件的保存

在编辑器里输入并且编辑程序，之后即可保存程序文件。

选择"文件"｜"保存"菜单命令，或按下 CTRL＋W 键。如果文件已经保存，需要另外保存一份，选择"文件"｜"另存为"菜单，保存程序文件。

3. 程序的运行

(1) 菜单方式："程序"｜"运行"菜单选择要运行的程序文件，或者打开程序状态下，选择工具栏上的运行按钮 ，如图 7-1 所示。

图 7-1　Visual FoxPro 菜单及工具栏

(2) 命令方式：DO　［＜路径＞］＜程序名＞［.PRG］

Visual FoxPro 运行程序时，首先经过编译程序检查语法错误，有错误时则立即打开窗口反白显示程序中有错误的语句行，并用文字窗提示错误类型。如果检查无语法错误，则按照程序中语句的先后顺序依次运行，直到程序运行中遇到 CANCEL、DO、RETURN 或 QUIT 等命令语句时，则程序结束运行。

7.1.3　Visual FoxPro 常用的命令

1. 环境设置命令

● SET　TALK　ON ｜ OFF

设置命令在执行过程中的状态信息，ON 为显示命令信息（是默认值），OFF 为不显示命令信息。

● SET　SAFETY　ON ｜ OFF

当进行删除、替换、复制等操作时，是否关闭确认提示开关。

● SET　DEFAULT　TO

设置默认的驱动器。

● CLEAR

清洁屏幕，将光标移动到屏幕左上角。

● CLEAR　ALL

关闭所有打开的文件，释放所有内存变量，选择 1 号工作区。

● CANCEL

终止程序运行，清除所有私有变量，返回到命令窗口，有关私有变量的概念在本章后面将会详细介绍。

● RETURN

结束当前程序执行返回到调用它的上级程序，若无上级调用程序则返回到命令窗口。

● QUIT

退出 Visual FoxPro 系统，返回 WINDOWS 操作系统。

2. 注释命令

格式 1：NOTE ／ ＊＜注释字符序列＞

格式 2：&& ＜注释字符序列＞

说明：

（1）上述命令不执行任何操作，只是注释标记，用于说明程序或命令的功能等。

（2）注释内容不需要用引号括起，在执行时不显示。

（3）注释如在一行未写完，则在每一行前均需用 ＊ 符号标记。

（4）&& 可放在一个语句的后面，用于说明该语句的作用。这是程序中唯一可以在一个逻辑行写二个语句的命令。

3. 常用的输入/输出命令

（1）ACCEPT 字符串输入命令

格式：ACCEPT ［＜提示内容＞］TO 　＜内存变量名＞

功能：接受键盘键入的一个字符串并赋给指定的内存变量。

例 7 - 2　编写程序完成从键盘输入某课程编号，显示课程号、课程名、学时数和学分。

```
SET　TALK　OFF
CLEAR
USE　d：\课程
ACCEPT　"请输入课程号："　TO　kch
DISPLAY　课程号，课程名，学时数，学分　FOR 课程号＝kch
```

USE

SET TALK ON

RETURN

运行结果如图 7-2 所示。

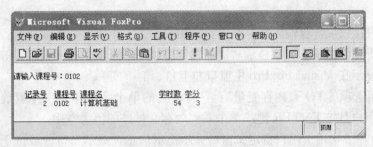

图 7.2 例 7-2 运行结果

（2）INPUT 表达式输入命令

格式：INPUT ［＜提示内容＞］ TO ＜内存变量名＞

功能：接受键盘键入的一个表达式并赋给指定的内存变量

说明：本命令允许输入字符类型、数值类型、日期类型、逻辑类型等不同类型的数据。输入不同数据类型时数据格式如表 7-1 所示。

表 7-1 INPUT 命令输入不同数据类型的格式

输入数据的类型	对应的数据的格式
字符型	数据两端要加定界符（单引号' '、双引号" "或方括号［ ］）
数值型	直接输入
日期型	按 {^YYYY/MM/DD} 或 {^YYYY-MM-DD} 格式
逻辑型	.T. 或 .F.

例 7-3 计算任意两数的平方和。

CLEAR

INPUT "请输入一个数:" TO x

INPUT "请输入另一个数:" TO y

z=x*x+y*y

? x,"的平方与", y,"的平方和为", z

RETURN

运行结果如图 7-3 所示。

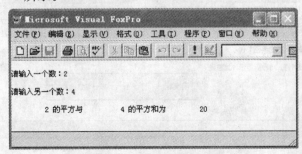

图 7-3 例 7-3 运行结果

（3）WAIT 命令

格式：WAIT　［＜提示信息＞］［TO ＜内存变量名＞］［WINDOW　［AT＜行＞，＜列＞］］［ TIMEOUT　＜数值表达式＞］

功能：显示提示信息，暂停程序执行，直到用户按任意键或单击时继续执行程序。

说明：

● 该命令只接收从键盘输入的一个字符，用户输入一个字符后无须回车。

● 若省略所有可选项，屏幕显示"键任意键继续……"默认提示信息，等待按任意键结束。提示信息显示在 Visual FoxPro 主窗口左上角。

● 若选择可选项［TO ＜内存变量＞］，将输入的单个字符作为字符型数据赋给指定的内存变量；若用户是按 ENTER 键或单击，＜内存变量＞的值为空串。

● WINDOW 子句用于用户自定义窗口显示提示信息，提示窗口一般位于主窗口的右上角，也可用 AT 短语指定显示位置。

● TIMEOUT 子句用来设定等待时间的秒数。一旦超时就不再等待用户按键，自动往下执行。

WAIT 语句主要用于以下两种情况：

① 暂停程序的运行，以便观察程序的运行情况，常用于调试程序中，检查运行的中间结果。

② 根据实际情况输入某个字符，控制程序的执行流程。

例 7-4　在程序中，用 WAIT 命令将输出结果显示在用户自定义窗口中。

NOTE　功能说明：求圆形的面积。

```
*   文件名：ymj.prg
CLEAR                              && 清屏幕
INPUT   "请输入圆的半径:"  TO  r   && 输入半径的值
WAIT   '请等待...3 秒后显示计算结果'   TIMEOUT 3   && 等待 3 秒该命令结束
s=PI () *r*r                       && 计算圆的面积
s=STR (s, 10, 2)                  && 将数值型转换为字符型
WAIT   WINDOW   '面积是:'+s+ '... 按任意键继续。'  AT  10, 30   &&
```
在屏幕坐标 10，30 处弹出窗口，按任意键结束该命令

```
RETURN                            && 返回调用处
```

运行结果如图 7-4 所示。

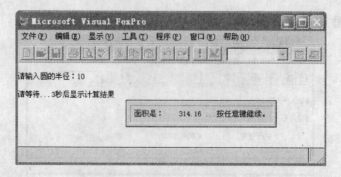

图 7-4　例 7-4 运行结果

ACCEPT、INPUT 和 WAIT 三条输入命令的比较如表 7 - 2 所示。

表 7 - 2　三条交互式输入命令的共同点和不同点

命令	共同点	不同点
ACCEPT	暂停程序运行，在屏幕上显示提示信息，等待接收用户输入的数据，并将输入的数据赋值给指定的内存变量。	仅接受字符型数据，不需要定界符，输入完毕后按回车键结束。
INPUT		可接受字符型、数值型、逻辑型、日期型，其数据的形式除数值型外，必须使用定界符，输入完毕按回车键结束。
WAIT		仅接受单个字符，且不需要定界符，输入完毕不需要按回车键，程序自动向下运行。或者由 TIMEOUT 控制等待时间。

7.2　程序设计的三种基本控制结构

Visual FoxPro 程序设计中，按照结构化程序设计的观点，任何算法功能都可以通过由程序模块组成的三种基本程序结构（顺序结构、选择结构和循环结构）的组合来实现。

结构化程序设计的基本思想是采用"自顶向下，逐步求精"的程序设计方法和"单入口单出口"的控制结构。自顶向下、逐步求精的程序设计方法从问题本身开始，经过逐步细化，将解决问题的步骤分解为由基本程序结构模块组成的结构化程序框图；"单入口单出口"的思想认为一个复杂的程序，如果它仅是由顺序、选择和循环三种基本程序结构通过组合、嵌套构成，那么这个新构造的程序一定是一个单入口单出口的程序。据此就很容易编写出结构良好、易于调试的程序来。

7.2.1　顺序结构程序设计

程序运行时，将按程序文件中命令语句的先后顺序，逐条依次执行。顺序结构可以看成是过程化程序设计的主要框架。例如前面的几个例子，就是顺序结构的程序。一般 Visual FoxPro 程序文件的主框架设计结构大都遵循：先赋值、再计算、最后输出结果的顺序结构。

例 7 - 5　在"学生"表中按入学成绩降序生成新表，显示新表中的内容。

```
CLEAR
SET  TALK  OFF
USE  d：\ 学生          && 打开学生表
SORT  TO  cjb  ON 入学成绩/D FIELDS 学号，姓名，性别，专业，入学成绩
USE                    && 关闭学生表
USE  cjb               && 打开生成的表 cjb
LIST                   && 显示 cjb 表的内容
USE                    && 关闭 cjb 表
RETURN
```

例 7 - 6　编程实现交换两个变量的值。

```
CLEAR
```

```
INPUT  "数 a=" to a
INPUT  "数 b=" to b
? "交换前数 a、b 分别是:", a, b
t=a                    && 将变量 a 的值赋值给变量 t
a=b                    && 将变量 b 的值赋值给变量 a
b=t                    && 将变量 t 的值赋值给变量 b
? "交换后数 a、b 分别是:", a, b
RETURN
```

7.2.2 选择结构程序设计

选择结构程序设计是根据选择结构语句中的"条件"判断的结果来控制程序的流程,从而程序可以实现按条件判断结果来选择处理不同的事件或跳转。选择结构语句可以看成是程序设计的灵魂。

选择结构语句中的"条件表达式"简称"条件"是由关系表达式或者逻辑表达式构成的,其结果值为"真"(.T.)或"假"(.F.),语句是根据"真"或"假"值来决定那些语句被执行,那些语句不被执行。Visual FoxPro 程序的选择结构有三种:单分支选择结构、双分支选择结构和多分支选择结构。

1. 单分支选择结构

格式:

IF <条件表达式>
　　<语句序列>
ENDIF

功能:程序运行到 IF 语句时,判断<条件表达式>是否成立,如果表达式为真(.T.),则执行语句序列中的各语句,之后执行 ENDIF 后的语句。如果表达式为假(.F.)则跳过语句序列,执行 ENDIF 后面的语句。简单分支结构流程图如图 7-5 所示。

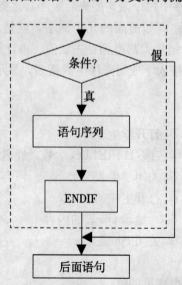

图 7-5　IF…ENDIF 单分支选择结构流程图

例 7-7　某种商品单价为 10 元，一次购买 100 件以上时，可享受 8％的优惠。试编程根据输入的单价和数量计算应付金额。

```
CLEAR
INPUT  "请输入购买商品的数量:"  TO  number
price＝10                        && 商品单价为 10 元
money＝price * number            && 金额＝单价 * 数量
IF  number＞=100                 && 判断购买 100 件以上
    money ＝ money * 0.92        && 享受 8％的优惠，否则不享受
ENDIF
? "应付金额:"＋STR (money, 8, 2)
RETURN
```

运行情况如图 7-6 所示。

2. 双分支选择结构

格式：

```
IF  ＜条件表达式＞
    ＜语句序列 1＞
ELSE
    ＜语句序列 2＞
ENDIF
```

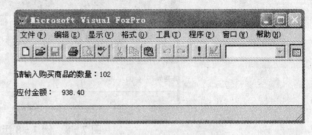

图 7-6　例 7-7 运行结果

功能：程序运行到 IF 语句时，判断＜条件表达式＞是否成立，如果表达式为真（.T.），则执行语句序列 1 中的各语句，之后执行 ENDIF 后的语句。如果表达式为假（.F.），则执行语句序列 2 中的各语句，之后执行 ENDIF 后的语句。选择分支结构流程图如图 7-7 所示。

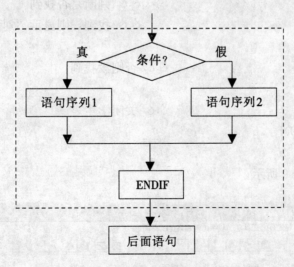

图 7-7　IF…ENDIF 双分支选择结构流程图

例 7-8　某城市出租车不超过 3 公里时一律收费 6 元，超过时则超过部分每公里加收 1.5 元。试编程根据里程数计算并显示出应付车费。

```
CLEAR
INPUT  "请输入行驶的里程数:"  TO  miles
IF   miles<=3                        && 出租车不超过3公里
    ? "车费为:6元"                    && 收费6元
ELSE
    price=6+ (miles-3) *1.5          && 超过部分每公里加收1.5元
    ? "车费为:"+STR (price, 6, 2)
ENDIF
RETURN
```

运行情况如图7-8所示。

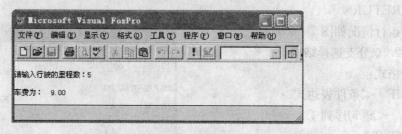

图7-8 例7-8运行结果

例7-9 请在学生表中查找姓名为"刘强"的基本情况。

```
SET  TALK  OFF
CLEAR
USE  d:\表\学生              && 打开学生表,学生表在d:\表\目录下
LOCATE  FOR  姓名="刘强"      && 定位查找姓名为"刘强"
IF  FOUND ()                 && 判断是否找到
    DISPLAY                   && 找到,则显示"刘强"的基本情况
ELSE
    ? "查无此人!"             && 否则没找到
ENDIF
USE                          && 关闭学生表
SET  TALK  ON
RETURN
```

运行情况如图7-9所示。

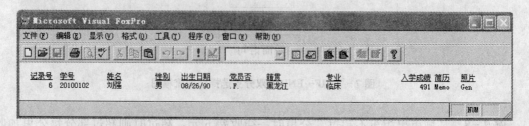

图7-9 例7-9运行结果

3. IF 语句的多重嵌套结构

选择结构的嵌套说明：只要在一个分支内嵌套，不出现交叉，满足结构规则，其嵌套的形式将有很多种。对于多层 IF 嵌套结构，要特别注意 IF 与 ELSE、ENDIF 的配对关系，一个 ELSE 必须与一个 IF 配合。一定要使用代码缩进，这样便于日后的阅读与维护。

格式：

```
IF  <条件表达式 1>
<语句序列 1>
ELSE
    IF  <条件表达式 2>
        <语句序列 2>
        ELSE
        <语句序列 3>
        ENDIF
ENDIF
```

功能：程序运行到 IF 语句时，判断<条件表达式 1>是否成立，如果表达式为真（.T.），则执行语句序列 1 中的各语句，之后执行 ENDIF 后的语句。如果表达式 1 为假（.F.），则进入 ELSE 和 ENDIF 区间，判断<条件表达式 2>是否成立，执行语句的方法同双分支选择结构，这里是嵌套结构，之后执行 ENDIF 后的语句。

例 7 - 10　计算分段函数。某移动公司采用分段计费话费，月通话时间 x（分钟）与相应话费 y（元）之间的函数关系如图 7 - 10 所示。

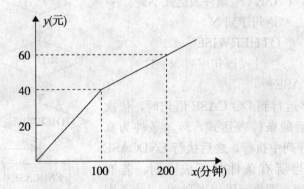

图 7 - 10　月通话时间 x（分钟）与相应话费 y（元）之间的函数关系图

$$y = \begin{cases} 0.4x \\ 0.2x+20 \\ 0.1x+20 \end{cases} \quad \begin{cases} 0 < x \leqslant 100 \\ 100 < x \leqslant 200 \\ x > 200 \end{cases}$$

```
CLEAR
INPUT  "请输入通话时间（秒）："  TO  x
IF  x<=0                        && 如果输入时间为负数
    ?"话费错误!"
ENDIF
```

```
IF   x<=100   AND   x>0              && 通话时间 0<x≤100
    y=0.4 * x
ELSE
    IF   x>100   AND   x<=200        && 通话时间 100<x≤200
        y=0.2 * x+20
    ELSE                             && 通话时间 x>200
        y=0.1 * x+20
    ENDIF
ENDIF
?"话费为:"，y                         && 输出话费
RETURN
```

4. 多分支选择结构

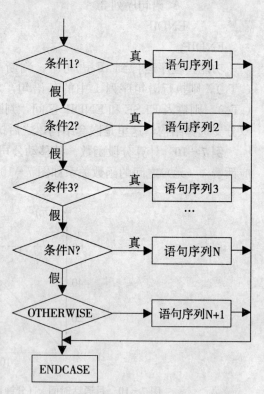

```
格式: DO   CASE
         CASE   <条件表达式 1>
         <语句序列 1>
         CASE  <条件表达式 2>
         <语句序列 2>
         CASE  <条件表达式 3>
         <语句序列 3>
         ……
         CASE   <条件表达式 N>
         <语句序列 N>
        [ OTHERWISE ]
            [<语句序列 N+1>]
     ENDCASE
```

功能：程序运行到 DO CASE 语句时，依次判断 CASE 之后的条件表达式，转入条件为真（.T.）的语句序列中执行，之后执行 ENDCASE 后面的语句。当所有条件都不成立时，若有 OTHERWISE 项，则执行语句序列 N+1，否则执行 ENDCASE 后面的语句。多分支结构流程图如图 7-11 所示。

图 7-11　DO CASE…ENDCASE 多分支选择结构流程图

例 7-11　编程计算银行存款整存整取应得的利息。利率表如表 7-3 所示。

表 7-3　银行存款整存整取利率表

利率项目	年利率（%）	利率项目	年利率（%）
三个月	2.25	二年	3.55
六个月	2.50	三年	4.15
一年	2.75	五年	4.55

```
CLEAR
INPUT  "本金（元）:"  TO  principal
INPUT  "存期（年）:"  TO  savings_time
DO  CASE
    CASE   savings_time＝5      && 由存期（年），判断不同的利率档
       interest_rates＝4.55      && 五年期利率为 4.55％
    CASE   savings_time＝3
       interest_rates＝4.15      && 三年期利率为 4.15％
    CASE   savings_time＝2
       interest_rates＝3.55      && 二年期利率为 3.55％
    CASE   savings_time＝1
       interest_rates＝2.75      && 一年期利率为 2.75％
    CASE   savings_time＝0.5
       interest_rates＝2.50      && 半年期利率为 2.50％
    OTHERWISE
       interest_rates＝2.25      && 三月期利率为 2.25％
ENDCASE
interest ＝ principal * savings_time * interest_rates /100     && 计算利息
?                            && 输出一个空行
? "应得利息:"＋STR（interest，8，2）
RETURN
```

7.2.3　循环结构程序设计

循环结构也称为重复结构，是程序在执行的过程中，其中的某段语句根据需要被重复执行若干次。被重复执行的语句段，通常称为循环体。Visual FoxPro 的循环语句有三类：基于条件的循环、基于计数的循环和基于表的循环。

1. 条件循环结构

格式 1：

DO WHILE ＜条件表达式＞
　　＜循环体＞
ENDDO

功能：程序运行到 DO WHILE 语句时，判断＜条件表达式＞是否成立，如果表达式为真（.T.），则执行循环体中的各语句，当执行到 ENDDO 时，返回到 DO WHILE 处继续判断条件表达式，一直到条件为假（.F.）时，退出循环，执行 ENDDO 后的语句。条件循环结构流程图如图 7-12 所示。

例 7-12　求 1＋2＋3＋...＋100 的累计值。

分析：即求 1＋2＋……＋100 的值。用 n 表示每一项，n 的初值为 1，终值为 100。由于每一项是前一项增

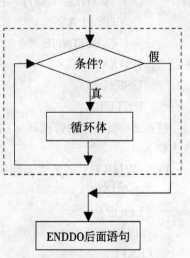

图 7-12　DO WHILE…ENDDO
条件循环结构流程图

加1，就有 n＝n＋1。求和用 s，s 初值为 0，只要 n＜＝100，重复做 s＝s＋n，n＝n＋1，直到 n＞100，输出 s 值。

算法：

（1）定义 s＝0，n＝1 它们都是数值型变量；

（2）判断 n＜＝100，为真做①、②步，否则转到（3）步

① s＝s＋n

② n＝n＋1 转（2）步；

（3）输出 s；

（4）结束。

程序：

```
CLEAR
s=0
n=1
DO  WHILE  n<=100
    s=s+n
    n=n+1
ENDDO
? "1 到 100 的和为:"+STR (s, 6)
RETURN
```

例 7-13　在学生表中，顺序查询并显示所有黑龙江并且入学成绩高于 470 分的学生记录。

```
CLEAR
CLOSE  ALL
USE 学生
LOCATE  FOR 籍贯＝"黑龙江" AND 入学成绩＞470
DO  WHILE  NOT  EOF ()
    DISPLAY
    CONTINUE
ENDDO
USE
RETURN
```

格式 2：循环体中带循环短路语句（LOOP）和循环退出语句（EXIT）的条件循环语句格式如下。

```
DO  WHILE  <条件表达式>
    <语句序列 1>
    [LOOP]
    <语句序列 2>
    [EXIT]
    <语句序列 3>
ENDDO
```

功能：判断 DO WHILE 中条件是否为真，如果为真，则执行语句序列，循环判断，直到条件为假，结束语句的执行，详细的语句功能见后面的说明。该结构流程图如图 7-13 所示。

说明：

①先判断＜条件＞是否为真（.T.）。

②如果＜条件＞为真（.T.），则执行 DO WHILE 和 ENDDO 之间的循环体，如果＜条件＞为假（.F.），则转去执行 ENDDO 之后的命令。

③每执行一遍循环体，程序自动返回到 DO WHILE 语句，再次判断条件是否为真（.T.）。

④EXIT 是无条件结束循环命令，又称循环退出语句，使程序跳出 DO WHILE……ENDDO 循环，转去执行 ENDDO 后的第一条命令。EXIT 只能在循环结构中使用，可以放在 DO WHILE……ENDDO 中的任何地方。

⑤LOOP 将控制直接转到 DO WHILE 语句，又称循环短路语句，而不执行 LOOP 和 ENDDO 之间的命令，同样，LOOP 语句只能在循环语句中使用。

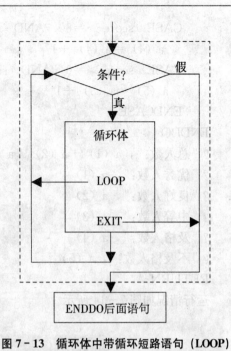

图 7-13　循环体中带循环短路语句（LOOP）和循环退出语句（EXIT）的条件循环流程图

例 7-14　编程完成如下功能：（1）循环输入多名学生的成绩，分别给出分数的等级，学生成绩为百分制，成绩的等级情况为：90～100 为优秀，80～89 为良好，70～79 为中等，60～69 为及格，0～59 为不及格。（2）分别统计不同成绩的人数。（3）输入错误成绩不计数。（4）输入-1 结束工作。

程序设计：

```
CLEAR
DIMENSION  a（5）                            && 定义数组 a（5）
a＝0                                        && 给数组 a 各元素赋初值
DO  WHILE .T.                              && 设置无限循环
    INPUT  "输入学生成绩:"  TO  score        && 输入成绩
    DO  CASE                               && 按输入成绩的情况分别讨论
    CASE  score ＝-1                        && 成绩为-1
       EXIT                                && 结束并退出循环
    CASE  score ＞100  OR  score ＜0         && 成绩大于 100 且小于 0
       LOOP                                && 不作处理且转到 DO WHILE
    CASE  score ＞＝90  AND  score ＜＝100
       a（1）＝a（1）＋1                        && 优秀人数增加 1
    CASE  score ＞＝80  AND  score ＜＝89
       a（2）＝a（2）＋1                        && 良好人数增加 1
    CASE  score ＞＝70  AND  score ＜＝79
       a（3）＝a（3）＋1                        && 中等人数增加 1
```

```
        CASE    score ＞=60    AND    score ＜=69
           a（4）＝a（4）＋1                        && 及格人数增加 1
        CASE    score ＞=0    AND    score ＜=59
           a（5）＝a（5）＋1                        && 不及格人数增加 1
     ENDCASE
ENDDO
? "总人数:", a（1）＋a（2）＋a（3）＋a（4）＋a（5）
? "优秀人数:", a（1）
? "良好人数:", a（2）
? "中等人数:", a（3）
? "及格人数:", a（4）
? "不及格人数:", a（5）
RETURN
```

运行情况如图 7 - 14 所示。

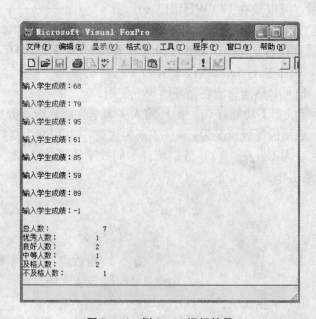

图 7 - 14　例 7 - 14 运行结果

2. 计数循环结构

格式:

FOR　<循环变量> ＝ <初值>　TO　<终值>　［STEP <步长值>］

　　<语句序列>

　　［LOOP］

　　［EXIT］

ENDFOR | NEXT

　　功能: 按指定的次数循环执行语句序列。程序运行到 FOR 语句时, 首先将循环变量的值设置成初值, 然后与终值比较（条件: 如果步长值为正数, 终值大于等于初值; 如果步长值为负数，终值小于等于初值），条件成立，则执行循环体中的各语句。当执行到 ENDFOR 时，返回到 FOR 处，循环变量修改为循环变量加上步长值（以后每次循环都执行该步骤），然后继续与终值进行比较，判断条件是否成立，成立则执行循环体，否则退出循环，执行 ENDFOR 后的语句。该结构流程图如图 7-15 所示。

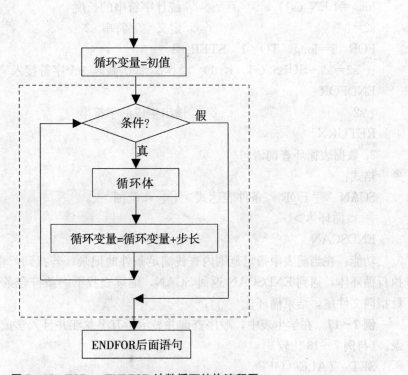

图 7-15 FOR...ENDFOR 计数循环结构流程图

说明：

① 循环变量：指定一个变量作为计数器，该变量预先可以不存在，FOR 命令会自动创建。这里，要求循环变量、初值、终值和步长值是数值型。

② 初值 TO 终值：即计数器的初始值和结束值，也就是指定循环的初始值和终止值。

③ STEP 步长值：设定计数器每次增加（初值小于终值，步长值为正数）或减少（初值大于终值，步长值为负数）的量。省略此子句，默认每次增加 1。

④ 循环次数：1+INT（（终值-初值）/步长的绝对值）。如果终值等于初值，则语句执行一次。

⑤ EXIT 和 LOOP：与 DO WHILE 一样，可以在循环体中使用。但是 LOOP 返回到 FOR 时，步长值要加入循环变量的值中。

例 7-15 用计数循环结构编程求 1+2+3+...+100 的累计值。

```
CLEAR
s=0
FOR  n=1  to  100
   s=s+n
ENDFOR
? "s="+STR (s, 6)
```

RETURN

例 7-16　倒序输出字符串。

CLEAR

s1="Hello Students!"　　&& 给定字符串存入变量 s1

long=LEN（s1）　　　　&& 统计字符串的长度

s2=""　　　　　　　　&& 定义空字符串 s2

FOR　i=long　TO　1　STEP-1

　s2=s2+SUBS（s1，i，1）　　&& 每次截取一个字符接入 s2 中

ENDFOR

? s2　　　　　　　　　&& 输出生成的字符串

RETURN

3. 数据表循环查询语句

格式：

SCAN　［FOR <条件表达式>］［<范围>］

　<循环体>

ENDSCAN

功能：在当前表中指定范围内查找满足条件的记录。若找到，将记录指针指向该记录，执行循环体，遇到 ENDSCAN 返回 SCAN，继续查找下一条符合条件的记录，直到记录指针指向文件尾，结束循环。

例 7-17　在学生表中，顺序查询并显示所有黑龙江并且入学成绩高于 470 分的学生记录。（与例 7-13 比较）

SET　TALK　OFF

CLEAR

USE　学生　　&& 打开学生表

SCAN　FOR 籍贯="黑龙江"　AND 入学成绩>470

　DISP

ENDSCAN

USE

SET　TALK　ON

RETURN

运行情况如图 7-16 所示。

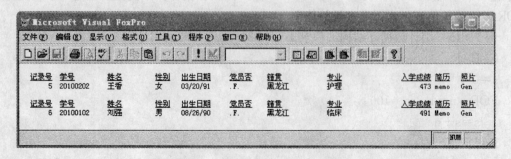

图 7-16　例 7-17 运行结果

4. 循环结构的嵌套

在一个循环结构的循环体内包含有其它循环结构，便形成了循环的嵌套。循环结构语句的嵌套必须遵守：

（1）必须保证各自语句语法结构的独立完整性，即有一个循环起始语句，必定有一个循环终止语句与之对应；

（2）避免循环头尾语句交叉；

（3）另外，要养成画连接线的习惯，即将每个语句的起始语句和终止语句连在一起读程序，检查语句是否完整；

（4）编辑和书写程序时要养成将循环体部分缩进。

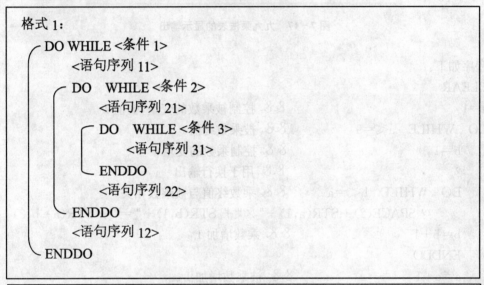

```
格式1：
DO WHILE <条件1>
    <语句序列11>
    DO   WHILE <条件2>
        <语句序列21>
        DO    WHILE <条件3>
            <语句序列31>
        ENDDO
        <语句序列22>
    ENDDO
    <语句序列12>
ENDDO
```

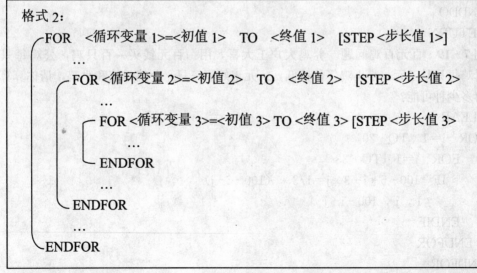

```
格式2：
FOR   <循环变量1>=<初值1>  TO  <终值1>  [STEP <步长值1>]
    ...
    FOR <循环变量2>=<初值2>  TO  <终值2>  [STEP <步长值2>
        ...
        FOR <循环变量3>=<初值3> TO <终值3> [STEP <步长值3>
            ...
            ENDFOR
        ...
    ENDFOR
    ...
ENDFOR
```

例7-18 输出九九乘法表。

运行情况如图7-17所示。

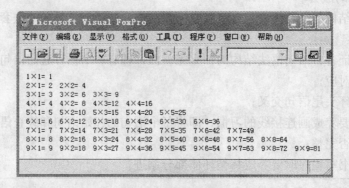

图7－17　九九乘法表的显示输出

程序如下：

```
CLEAR
a＝1                        && 控制被乘数的变量,初值1
DO  WHILE  a＜＝9           && 被乘数终值9
   b＝1                     && 控制乘数的变量
   ?                        && 用于换行输出
   DO  WHILE  b＜＝a        && 乘数终值与被乘数相关
      ?? SPACE(2)＋STR(a,1)＋"×"＋ STR(b,1)＋"＝"＋ STR(a * b,2)
   b＝b＋1                  && 乘数增加1
   ENDDO
   a＝a＋1                  && 被乘数增加1
ENDDO
RETURN
```

例7－19 百元百鸡问题。养鸡大户王大喜,用一百元钱买一百只鸡,公鸡每只五元整,母鸡每只是三元,小小鸡仔价钱低,一元正好买三只,公鸡母鸡和小鸡,请你算算各是几? 有多少种可能?

```
CLEAR
FOR  i＝1  TO  20
   FOR  j＝1  TO  33
   IF  100－5 * i－3 * j＝1/3 * (100－i－j)
      ? I , j , 100－i－j
   ENDIF
  ENDFOR
ENDFOR
RETURN
```

运行情况如图7－18所示。

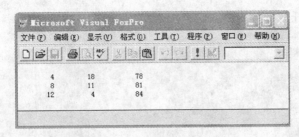

图 7 - 18 例 7 - 19 运行结果

5. 语句的嵌套

分支语句和循环语句都是由起始语句、语句序列和终止语句三部分构成的。其中语句序列又可以是分支语句或者是循环语句，这就构成了语句的嵌套。

语句的嵌套必须遵守：

（1）必须保证各自语句语法结构的独立完整性；

（2）避免各自头尾语句交叉；

（3）另外，要养成画连接线的习惯，即将每个语句的起始语句和终止语句连在一起读程序，检查语句是否完整；

（4）编辑和书写程序时要养成将语句体部分缩进。

语句的嵌套关系举例如下：

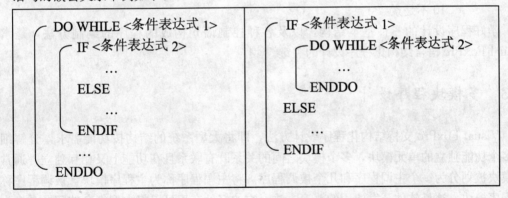

例 7 - 20 素数问题：输入任意自然数，判断它是否为素数。

分析：n 为任意自然数，判断 n 是否为素数的方法是："利用 n 被 $2 \sim \sqrt{n}$ 中任意一个自然数整除的方法，若都不能整除则 n 为素数，否则 n 不是素数。"

设循环变量 i，用 i 产生 $2 \sim \sqrt{n}$ 间的整数，在循环体内判断 n%i=0 是否为真，若为真，说明 n 能被 i 整除，n 就不是素数，结束循环；若为假则继续循环。循环结束后，判断 i>j（$j=\sqrt{n}$）是否为真，为真则说明 n 为素数，否则 n 不是素数。

为什么要用 i>j 作为最后的判断条件？这是因为若 n 能被 i 整除，此时的 i 一定小于等于 j，如果在循环之内 n 没有被 i 整除，那么最后一次循环时要做 i=i+1，然后循环才能结束，所以循环结束后 i 一定大于 j。

程序：

CLEAR

```
n=0
INPUT  "输入任意自然数："  TO  n
j=SQRT（n）
i=2
DO  WHILE  i<=j
  IF  n%i=0
    EXIT
    ENDIF
    i=i+1
ENDDO
IF  i>j
  ? n,"是素数"
ELSE
  ? n,"不是素数"
ENDIF
```

执行结果：

输入任意自然数：13

        13 是素数

输入任意自然数：10

        10 不是素数

学好程序设计的三种基本结构，以及各种控制语句构成的程序的编制方法，是掌握
Visual FoxPro 语言结构化程序设计的关键。

7.3　多模块程序设计

Visual FoxPro 支持结构化程序设计方法，即将大型系统的结构按功能需求，分解细化
成多个功能独立的单元模块，多个模块之间的关系既有联系且在功能上又相互独立。通常多
个模块被划分为一个主调程序和几个被调程序。将主调程序称为主程序模块，被调程序称为
子程序模块，这是软件开发使用的普遍方法。它的好处在于可以将大型复杂的问题分解为小
而简单的问题去解决，符合人的思维方式。可以将不同的模块分配给几个人同时开发，从而
可以缩短程序开发周期。由于子程序模块可以多次被调用又可以相互调用，提高代码的重用
率，也便于软件修改与维护，Visual FoxPro 和其他计算机开发工具一样具有多模块程序功
能，它实现子程序模块有三种方式：子程序、过程和自定义函数。

7.3.1　子程序设计与调用

1. 子程序的基本概念

Visual FoxPro 中的子程序是一个功能独立的、单独建立并保存在磁盘中的扩展名为
.PRG 的文件。子程序与主程序的主要区别是：主程序只能调用其他程序而不能被其他程
序调用，子程序既能被主程序调用也能调用其他的子程序，而且多个子程序可以相互
调用。

2. 子程序的建立

子程序的建立方法同主程序。

（1）菜单方式

单击"文件"｜"新建"菜单，选择"程序"命令即打开程序编辑器。

（2）命令方式

格式：MODIFY　COMMAND　［＜路径＞］［＜子程序文件名＞［. PRG］］

3. 子程序的调用

格式：DO　［＜路径＞］＜子程序文件名＞

功能：子程序是通过主程序调用而被执行的。在主程序中，当执行到该语句时，程序控制暂停主程序的执行，而转去执行由子程序文件名指定的子程序，子程序执行完毕，或者遇到 RETURN 语句，程序控制立即返回到主程序，执行该语句的下一条语句，继续执行程序的其他语句。主程序可以多次调用子程序，而子程序又可以调用另外的子程序，形成嵌套式的调用关系。子程序的调用过程如图 7 - 19 所示。

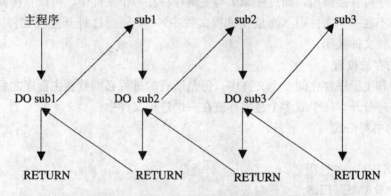

图 7 - 19　子程序的调用及嵌套调用示意图

例 7 - 21　用主程序调用子程序方式求任意数的阶乘。

```
* 主程序 main. prg
CLEAR
p＝0
INPUT　"输入一个自然数数，求它的阶乘："　TO　n
DO　jc                    && 调用子程序 jc. prg
? n,"的阶乘为"，p
RETURN


* jc. prg                 && 创建子程序 jc. prg，计算 n!
p＝1
FOR　i＝1　TO　n
　p＝p＊i
ENDFOR
RETURN
```

7.3.2 过程、过程文件与过程调用

在解决实际问题过程中，完成的任务不指一个或两个程序，而是多个甚至上百个程序被调用，这就有可能使打开的文件数超过系统限制，又使磁盘目录过于庞大，而使系统调用文件的效率降低。为解决上述问题，有必要将若干个子程序放在一个文件中，这个文件被称为过程文件（.PRG），文件中的子程序被称为过程。主程序通过打开过程文件来调用过程。下面分别介绍过程、过程文件和主程序的关系，以及主程序如何调用过程。

1. 过程的概念

过程是能够完成一定功能的程序模块，它和子程序的作用基本是一样的，调用关系也相同。它们主要区别是：

（1）过程可以和主程序存在同一个文件中，也可以将一个或多个过程单独存放在一个文件中，该文件称为过程文件；而子程序必须是一个文件，多个子程序要建立多个子程序文件。

（2）子程序可直接调用，而过程如果与主调程存在一个文件中，可以直接调用，但是如果与主调程存不在一个文件中（而是在过程文件中），必须通过打开过程文件才可以调用，调用完再将过程文件关闭。

2. 过程的存放位置

过程可以和主程序存在同一个文件中，但是所有的过程必须放在主程序之后。另外，过程可以和主程序分开，一个或多个过程存放在一个过程文件中。

3. 过程的书写格式

格式：

PROCEDURE ＜过程名＞
　　　［PARAMETERS ＜形参表＞］
　　　＜语句序列＞
　　　［RETURN ［＜表达式＞］］
［ENDPROC］

说明：

① PROCEDURE ＜过程名＞是过程说明语句，其中过程名是过程的标识，命名方式与变量命名方式相同，它是调用过程的入口。

② ［PARAMETERS ＜形参表＞］是当过程需要从调用它的程序块中接受参数时，使用此选项。

③ ［RETURN［＜表达式＞］］子句作用是返回表达式的值，若只有 RETURN 将返回逻辑真。若无此子句过程结束处自动执行一条隐含的 RETURN 命令。

④ ［ENDPROC］子句表示过程结束，一般可不选。

4. 过程的调用

格式 1：DO ＜过程名＞ ［WITH ＜实参表＞］

格式 2：＜过程名＞（ ）

功能：格式 1 调用由＜过程名＞指定的过程。WITH 子句是需要向过程传递参数。格式 2 将过程作为函数使用。

说明：过程的调用分为带参数的调用和不带参数的调用两种。其中带参数的调用要求过

程定义部分有参数说明语句，而不带参数的调用不要求过程有参数说明语句。这里首先介绍不带参数的过程调用，带参数的过程调用见 7.3.3 节。

Visual FoxPro 中过程的调用方式如同子程序调用，允许一个过程调用第 2 个过程；第 2 个过程调用第 3 个过程，依次类推，称为过程的嵌套调用。另外，过程可以反复被调用。每个过程都是用 RETURN 语句返回调用处（断点）的下一条语句继续执行。

例 7 - 22   编程求 3! +5! +7! =?

```
* 主程序 main. prg
CLEAR
n=3
DO  jc                    && 调用过程 jc
s1=n
n=5
DO  jc                    && 调用过程 jc
s2=n
n=7
DO  jc                    && 调用过程 jc
s3=n
s=s1+s2+s3
? "3! +5! +7! =", s
RETURN


* 过程 jc. prg
PROC  jc                  && 定义过程 jc, 计算 n!
p=1
FOR  i=1  TO  n
   p=p*i
ENDFOR
n=p
RETURN
```

5. 过程文件的书写格式

格式：

```
PROCEDURE  <过程名 1>
    [PARAMETERS  <形参表>]
    <语句序列 1>
    [RETURN  [<表达式>]]
PROCEDURE  <过程名 2>
    [PARAMETERS  <形参表>]
    <语句序列 2>
    [RETURN  [<表达式>]]
...
```

```
PROCEDURE  <过程名 N>
    [PARAMETERS  <形参表>]
    <语句序列 N>
    [RETURN  [<表达式>]]
```

说明：

① 每对 PRODUCRE 和 RETURN 之间的命令序列称为一个过程。

② 过程文件中可以包含多个过程，最多 128 个。同一过程文件中的过程名不能相同，如果有相同的过程名，则只有第一次出现的过程才有被调用的可能。不同过程文件中的过程名可以相同。

③ 过程文件中过程的位置不分先后。

6. 过程文件的打开

主程序调用过程文件中的过程，必须先打开过程文件。

格式：SET PROCEDURE TO   [<过程文件名列表>][ADDITIVE]

功能：打开由过程文件名列表指定的过程文件，过程名列表是用逗号分隔的过程文件名。

说明：

① 无任何选项将关闭所有打开的过程文件。

② 选 ADDITIVE 则在新打开过程文件时并不关闭前面打开的过程文件。

7. 关闭过程文件

过程文件中的过程使用后，必须关闭过程文件。

格式 1：CLOSE PROCEDURE

格式 2：SET PROCEDURE TO

格式 3：RELEASE PROCEDURE <过程文件名列表>

功能：格式 1、2 用于关闭所有过程文件。格式 3 用于关闭过程文件列表中的过程文件。

例 7-23 求长方形面积。要求主程序与过程不存放在一个文件中。

```
* 主程序 main. prg
SET  PROCEDURE  TO  gcwj     && 打开过程文件 gcwj. prg
long=0
wide=0
area=0
INPUT  "输入矩形的长:"  TO  long
INPUT  "输入矩形的宽:"  TO  wide
DO  sub                       && 调用过程
?"area =", area
CLOSE  PROCEDURE              && 关闭过程文件
RETURN


* 过程文件 gcwj. PRG, 包含一个过程 P1
PROCEDURE  sub && 定义    ，计算矩形面积
area = long * wide
```

RETURN

执行结果：

输入矩形的长：10

输入矩形的宽：20

area ＝　　200

7.3.3　过程调用中的参数传递

Visual FoxPro 中的过程分为有参数过程和无参数过程。无参过程见 7.3.2 节。有参过程必须具备下面的两点：

1. 有参数过程中的形式参数定义

格式：PARAMETERS　＜形参表＞

功能：该语句必须放在过程中除过程说明语句之外第一条语句。参数表可以是任何合法内存变量名。其中 PARAMETERS　＜参数表＞中的参数称为形式参数。形式参数必须为变量。

2. 程序与被调用过程间的参数传递

主程序调用过程，必须有如下的语句，实现参数的传递。

格式：DO　＜过程名＞　WITH　＜实参表＞

功能：＜实参表＞中的多个参数之间用逗号分开，称为实际参数。实际参数可以是变量、数组、常量、函数或者表达式。要求＜实参表＞中的参数必须与他所调用的过程的＜形参表＞中的参数有如下的对应关系，即参数的个数相同、类型和位置一一对应。

参数传递有两种方式：

● 按值传递：若实参为常量、函数、表达式、或者内存变量由圆括号括起来，则调用时实参只能向过程中的形参发送数据。过程调用按值传递如图 7-20 所示。

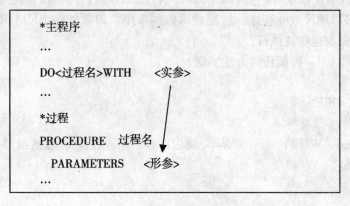

```
*主程序
…
DO<过程名>WITH　　＜实参＞
…
*过程
PROCEDURE　过程名
　PARAMETERS　　＜形参＞
…
```

图 7-20　过程调用按值传递示意图

● 按引用传递：若实参为内存变量或数组，可以实现双向传递数据，即调用时发送数据给形参，返回时形参值传递给实参。过程调用按应用传递如图 7-21 所示。

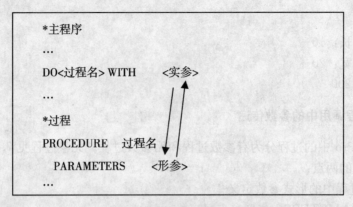

图 7 - 21   过程调用按引用传递示意图

3. 过程的结束返回

格式：RETURN ［＜表达式＞ / TO MASTER / TO ＜过程名＞ ］

功能：将程序控制权返回给调用程序。

参数描述：

［＜表达式＞］：将指定的表达式的值返回给调用程序。如果省略 RETURN 命令或省略返回表达式，则自动将"真"（.T.）返回给调用程序。

［TO MASTER］：将控制权返回给最高层的调用程序。

［TO ＜过程名＞］：将控制权返回给由过程名指定的过程。

说明：

● RETURN 终止程序、过程或函数的运行，并将控制权返回给调用程序、最高层次调用程序、另一个程序或命令窗口。

● 执行 RETURN 命令时，Visual FoxPro 释放 PRIVATE 类型的内存变量。

● 通常，RETURN 放在程序、过程或函数的末尾，如果省略 RETURN 命令，一个隐含的 RETURN 命令也将被执行。

例 7 - 24   求 10!，按值传递方法实现。

```
＊主程序
SET TALK OFF
p＝0
DO  factorial  WITH  10        && 调用过程，并将数值 10 发送给形参 n
?"10 的阶乘:"，p
RETURN

PROCEDURE  factorial          && 定义过程 factorial，计算 n 的阶乘
PARA  n                       && 定义形参 n
p＝1
FOR  i＝1  TO  n
    p＝p＊i
ENDFOR
```

```
RETURN                        && 返回到调用处
```

例 7 - 25　求 n!，按引用传递方法实现。

```
* 主程序
SET  TALK  OFF
CLEAR
INPUT  "请输入一个正整数："  TO  a
? a,"的阶乘是："
DO  factorial  WITH  a        && 调用 factorial，将变量 a 中的值发送给形参 n
?? a                          && 调用返回，同时变量 a 获得形参中的 n 的值
RETURN

PROCEDURE  factorial
PARA  n
p=1
FOR  i=1  TO  n
    p=p*i
ENDFOR
n=p                          && 将阶乘的值存入形参变量 n 中
RETURN
```

运行情况如图 7 - 22 所示。

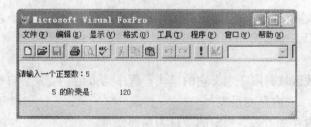

图 7 - 22　例 7 - 25 运行结果

7.3.4　内存变量作用域

内存变量的作用域是指该变量在各程序模块内发挥作用的有效范围。在多模块程序结构中，在一个模块中定义的变量不一定在另一个模块中有效。Visual FoxPro 按变量的作用域不同，分为公共（PUBLIC）变量或者称为全局变量、公有变量，私有（PRIVATE）变量，局部（LOCAL）变量三种。

1. 公共变量

公共变量是在任何模块中都能使用的变量，即它的有效区域是所有程序，它必须是先由 PUBLIC 定义为全局变量后才能使用。

格式：PUBLIC　＜内存变量表＞

功能：定义＜内存变量表＞指定的变量为全局变量，多于两个变量时，用逗号分隔。

例如：PUBLIC　a，b，c　　　　&& 定义 a，b，c 3 个公有变量
　　　　DISPLAY　MEMORY　　　&& 查看内存变量情况

说明：

● 公共变量定义方式有两种：①用 PUBLIC 定义，必须先定义，后赋值，定义后初值为 .F.。②在命令窗口中未经说明而直接创建的变量。另外，已经在上级模块将某变量定义为其他类型，那么在被调用模块不能再定义为 PUBLIC 类型变量。

● 公共变量有效期：变量一旦定义为公共变量，它将一直有效，直到公共变量被释放。

● 公共变量释放方式有两种：①退出 Visual FoxPro。②用 RELEASE 命令释放。

例如：RELEASE　a，b　　　　&& 释放 a，b 2 个公有变量
　　　　DISPLAY　MEMORY　　&& 查看内存变量情况

2. 私有变量

私有变量是在本模块及其调用模块中有效，凡是没有经过定义的或用 PRIVATE 定义的变量都是私有变量。

格式：PRIVATE　＜内存变量表＞

功能：定义＜内存变量表＞指定的变量为私有变量。

例如：PRIVATE　d，e，f　　　&& 定义 d，e，f 3 个私有变量
　　　　DISPLAY　MEMORY　　　&& 查看内存变量情况

说明：

● 私有变量定义方式有两种：①用 PRIVATE 定义。②在程序中未经说明而直接创建的变量。

● 同名变量屏蔽：当用 PRIVATE 定义的变量与调用该模块的上级模块中的变量同名，其上级模块中的同名变量被屏蔽，直至本级模块运行结束而释放该变量为止，上级模块变量恢复有效。

● 私有变量有效期及释放：①当定义私有变量的程序模块运行完毕，变量自动释放，有效期终止。②用 RELEASE 命令释放。

3. 局部变量

局部变量的有效区域只限于定义它的模块。程序结束后，变量会自动释放。

格式：LOCAL　＜内存变量表＞

功能：定义＜内存变量表＞指定的变量为局部变量。

说明：

● 同名变量屏蔽：当用 LOCAL 定义的变量与调用该模块的上级模块中的变量同名，其上级模块中的同名变量被屏蔽，直至本级模块运行结束，上级模块变量恢复有效。

例 7 - 26　全局，私有，局部变量的应用。

```
＊主程序
CLEAR
PUBLIC　a，b，c            && a，b，c 是公有变量
LOCAL　e                 && e 是局部变量
a＝1
b＝2
c＝3
```

```
d=5                          && d是私有变量
e=6
DO p1                        && 调用过程 p1
?"在主程序中："
?"a=", a,"b=", b,"c=", c,"d=", d,"e=", e
RETURN


PROCEDURE  p1
PRIVATE  a                   && a是私有变量，屏蔽主程序同名变量
LOCAL   c, e                 && c屏蔽主程序同名变量
a=20
f=6
e=30
c=100
?"在p1中："
?"a=", a,"b=", b,"c=", c,"d=", d,"e=", e,"f=", f
DO p2                        && 调用过程 p2
RETURN


PROCEDURE  p2
?"在p2中："
?"c=", c
RETURN
```

运行情况如图 7 - 23 所示。

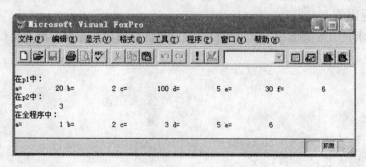

图 7 - 23　例 7 - 26 运行结果

7.3.5　自定义函数

1. 函数的概念

　　函数与子程序，过程一样，是一个独立的子模块，用以解决实际问题。Visual FoxPro 函数分为系统函数和自定义函数，系统函数是由系统定义好的，用户直接调用即可。自定义函数由用户定义，用 FUNCTION 语句说明、用 RETURN 语句返回函数表达式计算的结果，作为函数的值，它的程序段可以和主调程序存在同一个文件中，也可以放在过程文件

中。函数一经定义，调用方式与标准函数相同，它可以有参数传递，可以有返回值。

2. 定义函数的书写格式

格式：

```
FUNCTION  <函数名>
[PARAMETERS  <形参表>]
    <命令序列>
    RETURN  <表达式>
[ENDFUNC]
```

或者

```
FUNCTION  <函数名>（[<形参表>]）
    <命令序列>
    RETURN  <表达式>
[ENDFUNC]
```

说明：

①FUNCTION<函数名>是函数说明语句，其中函数名是函数的标识，命名方式同过程名，它是调用函数的入口。

②[PARAMETERS <形参表>]或者（[<形参表>]）是说明函数的参数部分，可以有 0～n 个参数；

③RETURN <表达式> 子句是返回函数的值，若无表达式 RETURN 返回逻辑真（.T.）。若不选此子句在函数结束处自动执行一条隐含的 RETURN 命令。

④[ENDFUNC] 是表示函数的结束，一般不选用。

3. 函数的调用

格式：函数名（[<实参表>]）

功能：调用由函数名指定的自定义函数，同时将实际参数的值传递给形式参数，函数调用结束后获得返回值。

例 7-27 求长方形的面积，要求用自定义函数计算面积，主程序输入长和宽并输出面积。

```
* 主程序
CLEAR
x=0
y=0
s=0
INPUT  "输入长:"  TO  x
INPUT  "输入宽:"  TO  y
s=rec_area(x,y)          && 调用函数 rec_area,参数为 x,y,返回结果存入变量 s
?"s=", s
RETURN


* 计算长方形面积函数
FUNCTION  rec_area        && 定义函数 rec_area
PARAMETERS  a, b          && 形参为 a, b
```

c=a＊b
RETURN　c　　　　　　　＆＆ 返回 a＊b 的值
执行结果：
输入长：10
输入宽：20
s=　　200

7.4　程序举例

为了更好的掌握 Visual FoxPro 中结构化程序设计思想和程序设计方法、技能，本节列举了一些比较典型的程序例题供参考和训练，并且在每个程序中列出了程序分析或者技巧解析，以帮助读者理解程序设计的思路。

7.4.1　数值计算类程序设计

例 7 - 28　输入一个三位数，将它反向输出。如输入 256，输出应为 652。
CLEAR
INPUT　"输入一个三位数："　TO　m
a1=m％10　　　　　　　　　　　＆＆ 取出个位数
a2=INT（m/10)％10　　　　　　　＆＆ 取出十位数
a3=　INT（m/100)　　　　　　　　＆＆ 取出百位数
?"反向输出为:"
??STR(a1,1)＋STR(a2,1)＋STR(a3,1)　　＆＆ 反向连接输出
RETURN
运行情况如图 7 - 24 所示。

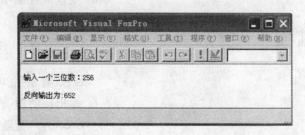

图 7 - 24　例 7 - 28 运行结果

技巧解析
（1）分解 3 位数 m 的个位数语句结构：a1=m％10，利用整数除以 10 取余数的办法。
（2）分解 3 位数 m 的十位数语句结构：a2=INT（m/10)％10，利用整数除以 10 取整，之后再除以 10 取余数的办法。
（3）分解 3 位数 m 的百位数语句结构：a3=INT（m/100)，利用整数除以 100 取整的办法。
（4）取出三个数字之后分别转换成以为的字符连续输出的办法：STR（a1，1）＋STR（a2，1）＋STR（a3，1）。

例 7 - 29 求 n!

程序分析：n! 为计算 1×2×…N 的积。设 n! 的结果为 t，t 的初值为 1，表示每一项的变量为 i，i 的初值为 1。当 i<=n 时，反复执行 t=t*i，i=i+1，当 i>n 时循环结束，输出 t 的值。

```
CLEAR
t=1
i=1
INPUT  "输入 n:"  to  n
DO   WHILE  i<=n
      t=t*i
      i=i+1
ENDDO
? t
```

执行结果：

输入 n：=3

6

例 7 - 30 斐波那契数列 (Fibonacci) 问题。用迭代法求数列前 n 项，数列为：0，1，1，2，3，5，8，13，...n。

程序分析：数列除第 1，2 两项外，其他项均为前两项之和。产生每一项的方法相同，因此用循环。

```
CLEAR
INPUT   "请输入 n 的值:"   TO   n
a=0                                         && 第 1 项
b=1                                         && 第 2 项
k=2                                         && 变量 k 控制项数
? "数列前", n,"项为:", a, b
DO   WHILE  k<n
    k=k+1
    c=a+b                                   && 第 3~n 项
    ?? c                                    && 输出每一项
    a=b                                     && 为产生新的项准备被加数
    b=c                                     && 为产生新的项准备加数
ENDDO
RETURN
```

例 7 - 31 输入任意整数，求它的所有因子（因子不包括该数本身）。

程序分析：设 n 为任意整数，i 为 1~n-1 之间整数，判断 MOD (n, i) =0 为真，说明 n 能被 i 整除，i 为 n 的一个因子，否则 i 不是 n 的因子。

```
CLEAR
INPUT   "输入 n:"  to  n
FOR  i=1  TO  n-1
```

```
    IF  MOD (n, i) ＝0
       ? i
    ENDIF
ENDFOR
RETURN
```

执行结果：

输入 n：10

```
    1
    2
    5
```

例 7－32　求 101～200 间的所有素数。素数问题参见例 7－20。

```
CLEAR
FOR  n＝101  TO  200
    j＝SQRT (n)
    FOR  i ＝ 2  TO  j
      IF  n％i＝0
          EXIT
      ENDIF
    ENDFOR
    IF  i ＞j
      ? n
    ENDIF
ENDFOR
RETURN
```

7.4.2　字符、图形处理类程序设计

例 7－33　打印杨辉三角形，包括 10 行 10 列，并且是金字塔形。

杨辉三角形，又称贾宪三角形，帕斯卡三角形，是二项式系数在三角形中的一种几何排列。有如下的性质：

(1) 每行数字左右对称，由 1 开始逐渐变大，然后变小，回到 1。

(2) 第 n 行的数字个数为 n 个。

(3) 第 n 行数字和为 $2^{(n-1)}$。

(4) 每个数字等于上一行的左右两个数字之和。可用此性质写出整个杨辉三角形。公式为：$C_i^n = C_{i-1}^{n-1} + C_i^{n-1}$。

(5) 将第 2n＋1 行第 1 个数，跟第 2n＋2 行第 3 个数、第 2n＋3 行第 5 个数……连成一线，这些数的和是第 2n 个斐波那契数。将第 2n 行第 2 个数，跟第 2n＋1 行第 4 个数、第 2n＋2 行第 6 个数……这些数之和是第 2n－1 个斐波那契数。

(6) 第 n 行的第一个数为 1，第二个数为 $1 \times (n-1)$，第三个数为 $1 \times (n-1) \times (n-2)/2$，第四个数为 $1 \times (n-1) \times (n-2)/2 \times (n-3)/3$…依此类推。

(7) 两个未知数和的 n 次方运算后的各项系数依次为杨辉三角的第 n 行。

10 行 10 列的杨辉三角如图 7 - 25 所示。

图 7 - 25　杨辉三角 （10X10）

```
CLEAR
DIMENSION  a(10,10)                        && 定义二维数组
FOR  i=1  TO  10
  ?
  ?? SPACE((10-i)*5/2)
  FOR  j=1  TO  i
    IF  (i=j OR j=1)
        a(i,j)=1                           && 由性质(1)可得
    ELSE
        a(i,j)=a(i-1,j)+a(i-1,j-1)         && 由性质(4)可得
    ENDIF
    ?? STR(a(i,j),5)
   ENDFOR
ENDFOR
RETURN
```

技巧解析

（1）由性质（1）和性质（4）可列出杨辉三角图形。

（2）用二维数组存放数据。

（3）双重循环控制生成图形，外循环控制行数，内循环控制列数，且每行最大列数与该行数相关。

例 7 - 34　图形问题。输出国际象棋棋盘。

程序分析：用 i 控制行，j 来控制列，根据 i+j 的和的变化来控制输出黑方格，还是白方格。

运行情况如图 7 - 26 所示。

```
CLEAR
FOR  i=0  TO  8
  ?
  FOR  j=0  TO  8
  IF   (i+j)%2=0
    ?? '■'
  ELSE
```

图 7 - 26　例 7 - 34 运行结果

```
    ??"    "
  ENDIF
 ENDFOR
ENDFOR
RETURN
```

7.4.3　日期处理类程序设计

例 7 - 35　日期问题。输入某年某月某日，判断这一天是这一年的第几天？

程序分析：以 3 月 5 日为例，应该先把前两个月的天数加起来，然后再加上 5 天即本年的第几天，特殊情况，闰年且输入月份大于 3 时需考虑多加一天。

```
CLEAR
INPUT  "Please  Input  Year（年）:"  TO  year
INPUT  "Please  Input  Month（月）:"  TO  month
INPUT  "Please  Input  Day（日）:"  TO  day
DO CASE                              && 先计算某月以前月份的总天数
  CASE  month=1
    ts=0
  CASE  month=2
    ts=31
  CASE  month=3
    ts=59
  CASE  month=4
    ts=90
  CASE  month=5
    ts=120
  CASE  month=6
    ts=151
  CASE  month=7
    ts=181
  CASE  month=8
    ts=212
  CASE  month=9
    ts=243
  CASE  month=10
    ts=273
  CASE  month=11
    ts=304
  CASE  month=12
    ts=334
  OTHERWISE
```

```
          ?"Data Error!"
ENDCASE
ts=ts+day                              && 再加上某天的天数
IF    (year%400=0 OR (year %4=0 AND year %100! =0))
      leap=1                           && 是闰年标记
ELSE
      leap=0                           && 不是闰年标记
ENDIF
IF    (leap=1 AND month>2)            && 是闰年且月份大于 2，总天数加 1
      ts=ts+1
ENDIF
?"是这年的第"，ts,"天"
RETURN
```

7.4.4 综合问题程序设计

例 7 - 36 排列组合问题。有 1、2、3、4 个数字，能组成多少个互不相同且无重复数字的三位数？都是多少？

程序分析：可填在百位（i）、十位（j）、个位（k）的数字都是 1、2、3、4。组成所有的排列，去掉不满足条件的排列。

```
CLEAR
n=0
FOR   i=1   TO   4                     && 以下为三重循环
   FOR   j=1   TO   4
     FOR   k=1   TO   4
       IF   (i! =k AND i! =j AND j! =k)    && 确保 i、j、k 三位互不相同
         ? STR(i,1)+STR(j,1)+STR(k,1)       && 输出三位数排列结果
         n=n+1
       ENDIF
     ENDFOR
   ENDFOR
ENDFOR
?"共计:"，n,"个"
RETURN
```

例 7 - 37 分别用子程序，过程，函数的方法求 1! +2! +3! +⋯+n!。

1. 子程序方法

```
* 主程序 1
s=0
INPUT   "输入 n:"   TO   n
DO   jc1   WITH   s, n
?"s="，s
```

```
RETURN

* 子程序 jc1. prg
PARAMETERS  s, n
s=0
t=1
FOR  i=1  TO  n
  t=t*i
  s=s+t
ENDFOR
RETURN
```

执行结果：

输入 n：3

s＝9

2. 过程方法

```
* 主程序 2
s=0
INPUT  "输入 n:"  TO  n
DO  jc2  WITH  s, n
?"s=", s
RETURN

* 定义过程
PROCEDURE  jc2
PARAMETERS  s, n
t=1
FOR  i =1  TO  n
  t=t*i
  s=s+t
ENDFOR
RETURN
```

执行结果：

输入 n：3

s＝ 9

3. 函数方法

```
* 主程序 3
s=0
INPUT  "输入 n:"  TO  n
s=jc3 ( n )
?"s=", s
```

```
RETURN

* 定义函数
FUNCTION jc3
PARAMETERS  n
t=1
FOR  i=1  TO  n
  t=t*i
  s=s+t
ENDFOR
RETURN s
```

执行结果：

输入 n：3

s= 9

例 7-38 传递数组的应用。

```
CLEAR
DIMENSION  a (5)                    && 定义数组 a，有 5 个元素
FOR  i=1  TO  5                     && 为数组 a 赋值
  a (i) =i
ENDFOR
s=0
DO  p1  WITH  a,s                   && 调用过程 p1，将数组 a 和变量 s 作为参数
FOR  i=1  TO  5                     && 输出数组 a 的值
  ?? a (i)，SPACE (2)
ENDFOR
?"s="，s                            && 输出变量 s 的值
RETURN

PROCEDURE  p1                       && 定义过程 p1
PARAMETERS  b，s                    && 将数组 b 和变量 s 作为参数
FOR  i=1  TO  5
    b (i) =2*b (i)                  && 将数组 b 的值乘以 2
    s=s+b (i)
ENDFOR
RETURN
```

执行结果：

2   4   6   8   10

s=   30

例 7-39 排序问题：对 10 个数进行排序。

程序分析：

方法一：

冒泡法排序：依次比较相邻的两个数，将小数放在前面，大数放在后面。即在第一趟：首先比较第 1 个和第 2 个数，将小数放前，大数放后。然后比较第 2 个数和第 3 个数，将小数放前，大数放后，如此继续，直至比较最后两个数，将小数放前，大数放后。至此第一趟结束，将最大的数放到了最后。在第二趟：仍从第一对数开始比较（因为可能由于第 2 个数和第 3 个数的交换，使得第 1 个数不再小于第 2 个数），将小数放前，大数放后，一直比较到倒数第二个数（倒数第一的位置上已经是最大的），第二趟结束，在倒数第二的位置上得到一个新的最大数（其实在整个数列中是第二大的数）。如此下去，重复以上过程，直至最终完成排序。

由于在排序过程中总是小数往前放，大数往后放，相当于气泡往上升，所以称作冒泡排序。

用二重循环实现，外循环变量设为 i，内循环变量设为 j。外循环重复 9 次，内循环依次重复 9，8，...，1 次。每次进行比较的两个元素都是与内循环 j 有关的，它们可以分别用 a[j] 和 a[j+1] 标识，i 的值依次为 1，2，...，9，对于每一个 i，j 的值依次为 1，2，...10 - i。

冒泡排序示意图如图 7 - 27 所示。

```
a(1)   87                                              68
a(2)   85                                              76
a(3)   89                                           78 78
a(4)   84                                     79 79 79
a(5)   76                               82 82 82 82
a(6)   82                         84 84 84 84 84
a(7)   90                   85 85 85 85 85 85
a(8)   79             87 87 87 87 87 87 87
a(9)   78          89 89 89 89 89 89 89 89
a(10)  68    90 90 90 90 90 90 90 90 90
             第  第  第  第  第  第  第  第  第
             1   2   3   4   5   6   7   8   9
    原       趟  趟  趟  趟  趟  趟  趟  趟  趟
    始       排  排  排  排  排  排  排  排  排
    数       序  序  序  序  序  序  序  序  序
    据       结  结  结  结  结  结  结  结  结
             果  果  果  果  果  果  果  果  果
```

图 7 - 27　冒泡排序示意图

```
CLEAR
DIMENSION  a (10)                      && 定义数组，10 个元素
FOR  i=1  TO  10                        && 循环输入 10 个数
    INPUT  "请输入第"+STR (i) +"个数:"  TO  a (i)
ENDFOR
FOR  i=1  TO  9                         && 两两数循环比较，用双层循环
    FOR  j=1  TO  9
       IF   (a [j] >a [j+1])            && 比较两数，使小数在前
         t=a [j]
           a [j] =a [j+1]
```

```
              a [j+1] =t
      ENDIF
   ENDFOR
ENDFOR
? "排序后的数组为:"
FOR  i=1  TO  10                    && 循环输出 10 个数
     ?? a (i)
ENDFOR
RETURN
```

方法二:

选择法排序:首先以一个元素为基准,从一个方向开始扫描,比如从左至右扫描,以 a [1] 为基准。接下来从 a [1],…, a [10] 中找出最小的元素,将其与 a [1] 交换。然后将基准位置右移一位,重复上面的动作,比如,以 a [2] 为基准,找出 a [2] ～a [10] 中最小的,将其与 a [2] 交换。一直进行到基准位置移到数组最后一个元素时排序结束(此时基准左边所有元素均递增有序,而基准为最后一个元素,故完成排序)。

这里,从后 9 个比较过程中,选择一个最小的与第一个元素交换,下次类推,即用第二个元素与后 8 个进行比较,并进行交换。

```
CLEAR
DIMENSION  a (10)
FOR  i=1  TO  10
     INPUT  "请输入第"+STR (i) +"个数:"  TO  a (i)
ENDFOR
FOR  i=1  TO  9
  k=i                               && 以第 k=i 数为基准
  FOR  j=i+1  TO  10                && 从第 i+1 至 10 中找最小的
   IF  a [j] <a [k]
      k=j
     ENDIF
  ENDFOR
IF  k! =i                          && 找到最小的,与第 k 交换
     t=a [i]
     a [i] =a [k]
     a [k] =t
     ENDIF
ENDFOR
?"排序后的数组为:"
FOR  i=1  TO  10
     ?? a [i]
ENDFOR
RETURN
```

7.5　程序的调试器

在软件开发中，在对软件进行测试时，一般常见的错误分为两种，一种为语法错误，一种为逻辑错误。语法错误在测试过程中，开发工具系统能立刻发现，并显示出错误信息，开发者也容易加以改正，很容易发现，但对于逻辑错误来说测试就困难一些。例如：算法乘法的程序，把乘号误写为加号，程序在测试中一切正常，但运算结果是错误的，这种逻辑型错误就不那么容易发现。这就给测试工作带来一定难度。针对这类问题 Visual FoxPro 开发工具为开发者提供了调试器，调试器可以完成对被测试程序的跟踪，设断点，监视，跟踪输出结果等功能。方便快捷协助开发者找到逻辑错误的位置达到改正逻辑错误的目的。下面对调试器作一介绍。

1. 打开调试器

菜单"工具"｜"调试器"或命令窗口中输入 DEBUG 命令打开调试器，如图 7.28 所示：

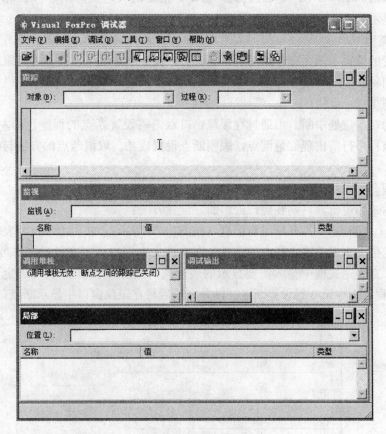

图 7 - 28　调试器

它有文件、编辑、调试、工具、窗口、帮助 6 个主菜单，一个工具栏，工具栏中从左至右为打开、继续执行、取消、跟踪、单步、跳出、运行到光标处、跟踪窗口、监视窗口、局部窗口、调用堆栈窗口、输出窗口、切换、断点、清除所有断点、断点对话框、切换编辑日志、切换事件跟踪按钮。

2. 调试器工作环境

调试器有跟踪、监视、局部、输出、调用堆栈 5 个窗口。这些窗口都可以通过窗口菜单调出来。

（1）跟踪窗口

用于显示正在调试执行的程序文件。要打开一个需要调试的程序，可从"调试器"窗口的"文件"｜"打开"菜单命令，在打开对话框中选择所需程序。

（2）监视窗口

用于指定表达式在程序测试执行过程中其值的变化情况。

（3）局部窗口

用于显示模块程序中内存变量的名称、取值和类型。

（4）调用堆栈窗口

用于显示当前处于执行状态的程序、过程和方法。若正在执行的是一个子程序，则显示主程序与子程序的名称。

（5）输出窗口

用于显示由 DEBUGOUT ＜表达式＞命令，指定的表达式的值，一般用于程序调试过程中数据的显示。

3. 断点类型

断点设置的位置一般是程序编写有误的部分，设置断点后可以逐行进行跟踪监视。断点类型有下面四种：

（1）类型 1

类型 1 为在定位处中断。可通过在跟踪窗口双击需设置断点的程序行的左端灰色区域。可以看到在该程序行前出现红色圆点，表明断点设置成功。取消断点的方法与设置断点的方法相同。

（2）类型 2

如果表达式为逻辑真，则在定位处中断。设置方法：

"工具"｜"断点"，打开断点对话框（如图 7.29 所示），在类型下拉列表框中选出对应的类型，在定位文本框中输入断点的位置，在文件文本框中指定文件，文件可为程序文件，过程文件等。在表达式框中输入需要显示的表达式，点击"添加"，再"确定"。如输入程序 1，6 表示程序 1 中第 6 行设置断点。设置完毕后将在跟踪窗口中显示断点。

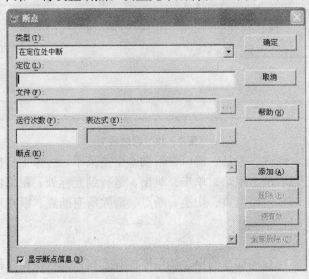

图 7-29　断点对话框

（3）类型 3

当表达式为真时中断，设置方法为："工具"｜"断点"，在类型下拉列表框选相应类型，在表达式框中输入相应的表达式，添加，确定。

（4）类型 4

当表达式的值改变时中断。设置方法为："工具"｜"断点"，在类型下拉列表框中选相应的断点类型，在表达式框中输入相应的表达式，添加，确定。若所需表达式已在监视窗口中指定，则在该表达式前显示断点。

例 7 - 40　编写一个程序求 1－20 之间能被 3 整除的数，然后用调试器进行调试。设类型 1 与类型 3 断点。

```
* 程序：
CLEAR
FOR  i=1  TO  20
  IF  i3=INT（i/3）
      DEBUGOUT  i
      ? i
  ENDIF
ENDFOR
```

4. 调试程序步骤

（1）在调试器窗口中打开程序

● 打开调试器窗口："工具"｜"调试器"。

● 将程序显示在跟踪窗口中："文件"｜"打开"，在打开窗口中选"程序 1"，按"确定"按钮。

（2）设断点

● 双击程序第 6 行左侧出现断点标识，类型 1 设置完成。

●"工具"｜"断点"，在类型下拉列表框中选对应类型，在表达式框中输入：i/3＝INT（i/3），添加，确定

（3）设置监视表达式

在监视窗口中的监视文本框中输入 i/3＝INT（i/3）确定。

（4）开始调试

"调试"｜"运行"，在断点中断时重复点击继续执行命令按钮。本题可出现 6 次中断。在实际应用中，一个程序在调试时设置断点的类型要根据具体情况而定。

（5）执行结果：

在输出窗口分别看到：3. 6. 9、12. 15. 18

习　题　7

一、选择题

1. 建立或修改命令文件的命令是（　　）。

　A. CREATE　COMMAND　　　B. MODIFY　COMMAND

   C. MODI　PROGRAM　　　　　D. 以上都不对

2. 打开过程文件的命令是（　　）。

   A. OPEN　PROCEDURE　　　　B. SET　PROCEDURE

   C. USE　　　　　　　　　　　　D. DO

3. 命令文件的扩展名是（　　）。

   A. scx　　　　　　　　　　　　B. fpt

   C. prg　　　　　　　　　　　　D. mpr

4. 退出 Visual FoxPro 系统，返回操作系统的命令是（　　）。

   A. CANEAL　　　　　　　　　B. RETURN

   C. QYIT　D　　　　　　　　　C. LOSE　ALL

5. 对 PUBLIC 定语的变量叙述正确的是（　　）。

   A. 只能在建立它的模块中使用

   B. 只能在建立它的模块及下属模块中使用

   C. 在任何模块中都可以使用

   D. 只能在下属模块中使用

二、程序填空

1. 求 1＋2＋3＋……＋99

```
s=0
_____ (1)
DO  WHILE  i<=99
_____ (2) _____
_____ (3) _____
ENDDO
? s
RETURN
```

2. 求 1! ＋2! ＋……＋100!

```
s=0
t=1
FOR  i=1  TO  100
_____ (1) _____
_____ (2) _____
ENDFOR
? s
RETURN
```

三、写出下列程序的运行结果

```
1. * p7 _ 1. prg
s=0
x=3
```

```
y=4
DO sub WITH x, y, s
? "s=", s
RETURN
* sub1. prg
PARA x, y, s
s=x*2*y
RETURN
2. * p7 _ 2. prg
CLEAR
x=1
y=2
s=f1 (x, y)
? "s=", s
RETURN
FUNCTON f1
PARA x, y
z=3*x + 6*y
RETURN z
3. * p7 _ 3. prg
DIME a (3)
a (1) =2
a (2) =3
a (3) =4
s=f (@a)
? "s=", s
RETURN
FUNCTION f
PARA b
s=b (1) +b (2) +b (3)
RETURN s
4. * p7 _ 4. prg
x=1
y=2
s=0
DO sub2 WITH x, y, s
? "s=", s
RETURN
PROCEDURE sub2
PARA x, y, s
```

```
x=2 * x
y=2 * y
RETURN
5. * p7_5 , prg
FOR  i = -4  TO  4
  ?? SPACE （20+ABS （i））
  FOR  j=1  TO  9-2 * ABS （i）
    ?? " * "
  ENDFOR
  ?
ENDFOR
RETURN
```

四、编写程序

1. 输入 x 的值求分段函数的值。

$$y=\begin{cases} 3x-1 & x>0 \\ |x|+2 & \text{其他} \end{cases}$$

2. 显示输出入下的图形。

```
* * * * * * *
 * * * * *
  * * *
   *
  * * *
 * * * * *
* * * * * * *
```

3. 求 $S_n=a+aa+aa\cdots\cdots a$。a 为 1 至 9 之间的整数。如 n=4，a=3，$S_4=3+33+333+3333$。a 与 n 由键盘输入。

4. 求 S=1-3+5-7+9……99 的值。

5. 根据学生表中入学成绩对学生入学成绩进行等级评定。入学成绩在 600 分以上的且包括 600 分为 A 级，入学成绩在 [500，600] 之间 B 级，入学成绩在 [400，500] 之间 C 级，要求输出学生的学号，姓名，入学成绩等级。

6. 求 1 至 100 之间的素数。

7. 打印出所有的"水仙花数"，所谓"水仙花数"是指一个三位数，其各位数字立方和等于该数。

8. 一球从 100 米高度自由落下，每次落地后反跳回原高度的一半；再落下，求它在第 10 次落地时，共经过多少米? 第 10 次反弹多高?

9. 有一分数序列：2/1，3/2，5/3，8/5，13/8，21/13... 求出这个数列的前 20 项之和。

10. 删除字符串中的数字字符。例如输入字符串：Hello nice 27 you!，则输出：Hello nice you!。

第 8 章　表单设计与应用

在应用程序中，可以利用表单来查看和输入数据。根据实际情况，可以通过可视方式或编程方式来定制表单，从而建立满足用户要求的特定环境。表单是 Visual FoxPro 最常见的界面，各种对话框和窗口都是表单的不同表现形式，可以在表单或应用程序中添加各种控件，以提高人机交互能力，使用户能直观方便地输入或查看数据，完成信息管理工作。

8.1　面向对象程序设计的概念

面向对象程序设计（Object - Oriented Programming，简称 OOP），是当前程序设计方法的主流，是程序设计在思维方式、方法上的一次巨大进步。面向对象程序设计将数据及对数据的操作放在一起，作为相互依存、不可分割的整体来处理，采用数据抽象和信息隐藏技术。它将对象及对象的操作抽象成一种新的数据类型——类，并且考虑不同对象之间的联系和对象类的重用性。概括为"对象＋消息＝面向对象的程序"。面向对象程序设计的特点是：可以方便地组装对象成为应用程序，而不必关心每一个对象的细节；程序代码书写更加精练；代码的维护和代码的重复使用更加方便，适宜构造大型程序。

8.1.1　Visual FoxPro 的对象与类

1. 对象

对象（Object）是指客观世界中具体的实体。可以把一名学生或者一辆汽车看作是一个对象。一个对象还可以包含其他对象，这样的对象叫做容器对象。例如汽车可以包含发动机、车轮等对象。每个对象具有自己不同的属性、事件和方法。例如一辆汽车是黑色的、可以乘坐 4 个人等，这是汽车的属性；汽车可以前进、后退，这是汽车的事件和方法。

2. 类

类（Class）是一组具有相同特性的对象的性质描述。是对一种对象的归纳和抽象，这些对象具有相同的性质、相同种类的属性以及方法。类好比是一类对象的模板，有了类定义后，基于类就可以生成这类对象的任何一个对象。这些对象虽然采用相同的属性来表示状态，但它们在属性上的取值完全可以不同。这些对象一般有着不同的状态，且彼此相对独立。

例如，可以为学生创建一个类。在"学生"类的定义中，需要描述的属性可能包括学号、姓名、性别、出生日期等，需要描述的方法可能有注册、考试、毕业等，基于"学生"类，我们可以生成任何一个学生对象。对生成的每个学生对象，都可以为其设置相应的属性值。

通常，我们把基于某个类生成的对象称为这个类的实例。可以说，任何一个对象都是某个类的一个实例。

子类（Subclass）是以其他类定义为起点而对某一特殊对象所建立的新类。一个子类可以拥有派生它的类的全部功能，即具有继承性，并且在此基础上，可添加其他控件或功能。

即一般子类的成员应包括：从其父类继承的成员和由子类自己定义的成员。

对每个类而言，派生该类的类为其父类，该派生类为其子类。此外，由于继承性的存在，如果某个类中发现问题就不需要逐个修改它的子类。只需将这个类本身作适当修改即可，子类将继承任何父类所做的修改。

例如，可以定义基于"学生"类的"中学生"、"大学生"、"研究生"子类，"中学生"、"大学生"、"研究生"除了继承"学生"类的属性和方法外，还有自己的属性和方法，如"中学生"子类中可以设置"班主任"、"科别"；"大学生"子类中可以设置"专业"、"学制"等。

类还具有封装性、继承性等特征，这些特征有利于提高程序代码的可重用性和易维护性。

（1）封装性

封装（Encapsulation）指包含并隐藏对象信息。例如在驾驶汽车的时候，不需要知道发动机是怎样运转、车轮是如何驱动的，因为汽车的各个零部件已经被封装成一个统一的对象，我们只需要知道如何驾驶汽车就可以了。封装的优点在于隐藏了对象内部的细节，让用户能够集中精力来使用对象的特征，方便了对复杂对象的管理。

（2）继承性

继承（Inheritance）性是指通过继承关系利用已有的类构造新类。在 Visual FoxPro 中，允许由父类派生出多个子类。在操作中，子类能够自动继承它的父类的属性和方法；同时对父类的改动也能够自动反映到它的所有子类中。继承性减少了代码的编写工作，节省了用户的时间和精力，也是合理地进行代码维护的重要措施。

Visual FoxPro 提供了一系列的基本对象类，简称基类（Base Class）。用户不仅可以在基类的基础上创建各种对象，还可以在此基础上创建用户自定义的新类，从而简化对象和类的创建过程，进而达到简化应用程序设计的目的。

Visual FoxPro 的各种基类可以分为两大类，即：容器类与控件类。

（1）容器类

容器（Container）类是能够包含其他对象的类。容器对象称为父对象，其包含的对象称为子对象。例如，表单对象作为容器，可以包含命令按钮、文本框等子对象。容器内还可以包含容器类对象，例如表单容器内包含表格、页框等容器类对象。表 8 - 1 列出了 Visual FoxPro 中常用的容器类。

表 8 - 1　**Visual FoxPro** 中主要的容器类

容器类名	含义	说明
Column	（表格）列	可以容纳表头等对象
CommandGroup	命令按钮组	只能容纳命令按钮
Form	表单	可以容纳页框、容器控件、容器或自定义对象
FormSet	表单集	可以容纳表单、工具栏
Grid	表格	只能容纳表格列
OptionGroup	选择按钮组	只能容纳选项按钮
Page	页	只能容纳控件、容器和自定义对象
PageFrame	页框	只能容纳页
ToolBar	工具栏	可容纳任意控件、页框和容器

（2）控件类

控件（Control）是指容器类对象内的一个图形化的、能与用户进行交互的对象。控件类对象不能容纳其他对象。例如，命令按钮、选择按钮、复选框、文本框、标签等控件对象。

表 8-2　Visual FoxPro 中的控件类

控件名称	含义	说明
CheckBox	复选框	创建一个复选框
ComboBox	组合框	创建一个组合框
Command-Button	命令按钮	创建一个单一的命令按钮
EditBox	编辑框	创建一个编辑框
Image	图像	创建一个显示 . bmp 文件的图像控件
Label	标签	创建一个用于显示正文内容的标号
Line	线条	创建一个能够显示水平线、垂直线或斜线的控件
ListBox	列表框	创建一个列表框
Option-button	选项按钮	创建一个单一的选项按钮
Shape	形状	创建一个显示方框、圆或者椭圆的形状控件
Spinner	微调	创建一个微调控件
TextBox	文本框	创建一个文本框
Timer	计时器	创建一个能够规则地执行代码的计时器

8.1.2　属性、事件和方法

不同的对象具有不同的属性、事件和方法。可以把属性看作是对象的特征，把事件看作是对象能够响应和识别的动作，把方法看作是对象的行为。

1. 属性

属性（Property）用来表示对象的特征。对学生这一对象来说，学号、姓名、性别都可以看作是对象的属性。对一段文本，我们可以用文本内容、字型、字体、字号、段落格式等属性来进行描述。

一个对象创建以后，它的各个属性就具有了默认值，在 Visual FoxPro 程序设计中，可以通过对象的属性窗口为对象设置属性值，也可以用命令方式对某个对象的属性值进行设置。为对象设置属性的命令格式如下：

格式：＜对象引用＞.＜属性＞=＜属性值＞

例 8-1　将当前表单 Thisform 的标签 Label1 设置为宋体、30 号、加粗，内容为"标签属性设置"，相应的命令如下：

Thisform. Label1. FontName="宋体"

Thisform. Label1. FontSize=30

Thisform. Label1. FontBold=. T.

Thisform. Label1. Caption＝"标签属性设置"

2. 事件

事件（Event）指由用户或系统触发的一个特定的操作。例如若用鼠标单击命令按钮，将会触发一个 Click 事件。一个对象可以有多个系统预先规定的事件。一个事件对应一个程序，称为事件过程。事件一旦被触发，系统就会执行与该事件对应的过程。过程执行结束后，系统重新处于等待某事件发生的状态，这种程序执行方式称为应用程序的事件驱动工作方式。

事件包括事件过程和事件触发方式两方面。事件过程的代码应该事先编写好。事件触发方式可以分为 3 种：由用户触发，例如单击命令按钮事件；由系统触发，例如计时器事件，将自动按设定的时间间隔发生；由代码触发，例如用代码来调用事件过程。如果没有为对象的某些事件编写程序代码，当事件发生时系统将不会发生任何操作。例如在命令按钮的 Click 事件中不编写程序代码，用户即使单击该按钮，也不会产生任何操作。表 8－3 列出了 Visual FoxPro 中常用的事件。

表 8－3　**Visual FoxPro** 中常用的事件列表

事件	触发时机	事件	触发时机
Load	创建对象前	MouseUp	释放鼠标键时
Init	创建对象时	MouseDown	按下鼠标键时
Activate	对象激活时	KeyPress	按下并释放某键盘键时
GotFocus	对象得到焦点时	Valid	对象失去焦点前
Click	单击鼠标左键时	LostFocus	对象失去焦点时
DbClick	双击鼠标左键时	Unload	释放对象时

3. 方法

对象的行为或动作被称为方法（Methods），方法程序（Methods Program）是 Visual FoxPro 为对象内定的通用过程，能使对象执行一个操作。方法程序过程代码由 Visual Fox-Pro 定义，对用户是不可见的。表 8－4 列出了 Visual FoxPro 中一些常用的方法。

表 8－4　**Visual FoxPro** 部分常用方法程序

方法	用途	方法	用途
Box	在表单对象中画一个矩形	Show	显示指定表单
Clear	清除控件中的内容	ReadMethod	返回一个方法中的文本
Cls	清除表单上的图形或文本	Refresh	重画表单或控件，刷新所有数据
Draw	重画表单对象	Release	从内存中释放表单或表单集
Hide	隐藏表单、表单组或工具	SetFocus	使指定控件获得焦点

方法程序是对象能够执行的操作，是与对象紧密相关的一个程序过程。如果一个对象已经建立，就可以在应用程序中执行该方法对应的过程。

格式：＜对象引用＞．＜方法＞

例 8-2　调用当前表单的方法，使文本框 Text1 获得焦点，然后刷新表单，并且按任意键后释放表单。

Thisform. Text1. SetFocus

Thisform. Refresh

WAIT　　　　&& 按任意键后继续

Thisform. Relesse

4. 对象引用

在面向对象的程序设计中常常需要引用对象，或引用对象属性、事件与方法程序。在 Visual FoxPro 中，对象的引用由两种方式：绝对引用和相对引用。

（1）绝对引用：从最高容器开始逐层向下直到某个对象为止的引用称为绝对引用。

（2）相对引用：从当前对象出发，逐层向高一层或第一层直到另一个对象的引用称为相对引用。使用相对引用常用到表 8-5 所示的关键字。

表 8-5　Visual FoxPro 对象引用的关键字

属性或关键字	引用
Parent	当前对象的直接容器对象
This	当前对象
Thisform	当前对象所在的表单
ThisformSet	当前对象所在的表单集

例 8-3　在当前表单 Thisform 中有一个命令按钮组 CommandGroup1，该命令按钮组有两个命令按钮 Command1 和 Command2。

如果在命令按钮 Command1 的 Click 事件代码中修改该按钮的标题，可以使用如下命令：

This. Caption="确定"

如果在命令按钮 Command1 的 Click 事件代码中修改按钮 Command2 的标题，可以使用如下命令：

Thisform. Commandgroup1. Command2. Caption="取消"　&& 绝对引用

或者

This. Parent. Command2. Cption="取消"　&& 相对引用

8.2　创建表单

创建表单的过程，就是定义控件的属性，确定事件或方法和编写代码的过程，通过对表单的创建和设计可以有效地提高编程效率。

8.2.1　设计表单的过程和方法

表单的设计过程跟程序的设计过程类似，首先也是要生成一个新的表单，在新建的空白表单上进行设计，保存设计的表单，然后运行表单，设计过的表单我们也可以进行修改，修改和运行是相辅相成的，通过运行我们可以看到表单的最终效果。

1. 生成表单的方法

(1) 使用表单向导。

(2) 使用表单设计器创建新表单或修改已有的表单。

完成表单的设计工作后，可以将其保存起来供以后使用。表单文件的扩展名为 .SCX。

2. 保存表单的方法

(1) 在表单设计器中，选择"文件"菜单中的"保存"命令。

(2) 按组合键 Ctrl＋W。

(3) 单击表单设计器窗口的关闭按钮，或选择菜单中"文件"菜单中的"关闭"命令。若表单为新建或者被修改过，系统会询问是否要保存表单，回答"是"即保存表单。

3. 修改表单的方法

(1) 修改项目管理器中的表单的方法：在"项目管理器"窗口中选择"文档"选项卡，选择需要修改的表单文件，然后单击"修改"按钮。

(2) 单击"文件"菜单中的"打开"命令，然后在"打开"对话框中选择需要修改的表单文件，单击"确定"按钮。

(3) 使用命令：MODIFY　FORM　［＜表单文件名＞］

如果命令中指定的文件不存在，系统将启动表单设计器创建一个新表单。

4. 运行表单的方法

(1) 单击表单设计器工具栏上的"运行"按钮。

(2) 在项目管理器中选择要运行的表单，单击"运行"按钮。

(3) 使用命令：DO　FORM　＜表单文件名＞

(4) 当表单设计器窗口尚未关闭时，可在表单的空白处单击鼠标右键，在快捷菜单中执行"执行表单"命令。

8.2.2　利用表单向导创建表单

与 Visual FoxPro 的其他向导一样，表单向导通过提出一系列关于你想要的表单的问题，按步骤让你参与创建表单的整个过程。表单向导的设计宗旨是便于使用，但是，有表单向导创建的只能是数据表单。

Visual FoxPro 提供了两类表单向导：一种是基于单个表的表单，另一种是一对多的表单。

1. 用表单向导创建单表表单

例 8-4　用表单向导创建单表表单"学生信息表"，如图 8-1 所示。

操作步骤：

(1) 在 Visual FoxPro 系统的主菜单下，打开"文件"菜单，选择"新建"，进入"新建"对话框。

(2) 在"新建"窗口，选择"表单"，再按"向导"按钮，进入"向导选取"对话框，选择第一项"表单向导"，如图 8-2 所示。

图 8-1　学生信息表表单

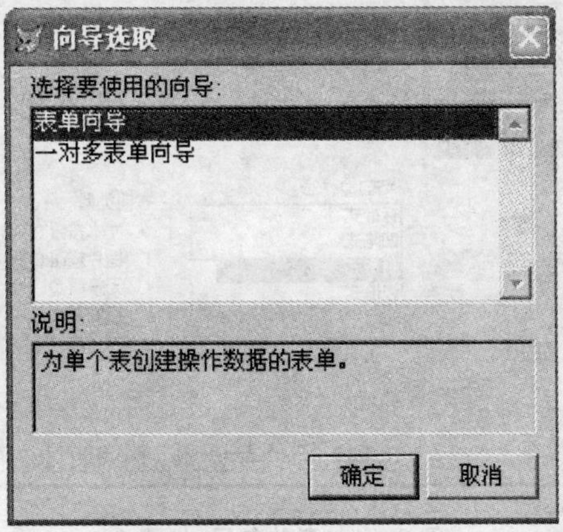

图 8-2　表单向导选取

　　(3) "步骤 1" 对话框如图 8-3 所示。选定需要的数据库、表及相关的字段，单击右箭头命令按钮，将你想要的字段移到选定字段列表中，字段的次序可按你的需要来定。单击 "下一步" 进入步骤 2。

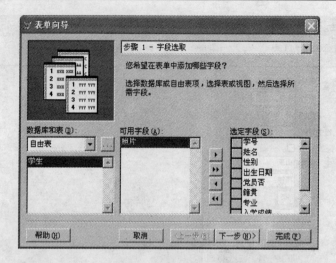

图 8-3　表单向导-步骤 1

（4）"步骤 2"对话框如图 8-4 所示。在"样式"列表框中选择表单样式，此处选择"阴影式"，"按钮类型"使用默认选项。单击"下一步"，进入步骤 3。

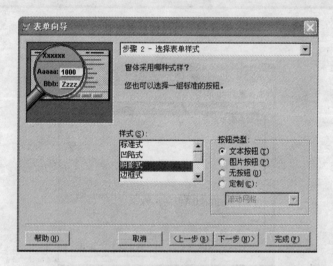

图 8-4　表单向导-步骤 2

（5）"步骤 3"对话框如图 8-5 所示。在"可用的字段或索引标识"列表框中选择字段"学号"建立索引（如果该表已按某一字段建立了索引，则可以略去本操作，直接进入下一步骤）。

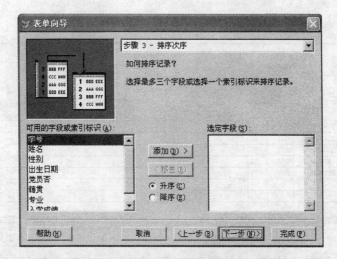

图 8-5　表单向导-步骤 3

（6）"步骤 4"对话框如图 8-6 所示。在"键入表单标题"文本框中输入表单的标题；然后选择表单的保存方式；最后按"完成"按钮，保存表单并运行，运行结果如图 8-1 所示。

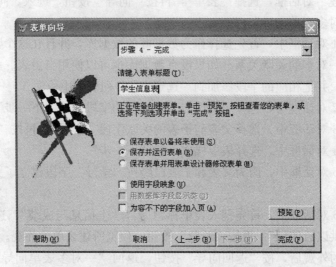

图 8-6　表单向导-步骤 4

2. 用表单向导创建一对多数据表单

该向导可以创建一个表单来显示单个父表的记录和对应的子表记录。它创建的表单父表记录在表单的上半部分，有单独的控件构成；子表的记录在表单的下半部分，用一个表格控件来显示。其创建的过程与单表表单向导大体相同。

例 8-5　用表单向导创建一对多表单"学生信息与成绩"，如图 8-7 所示。

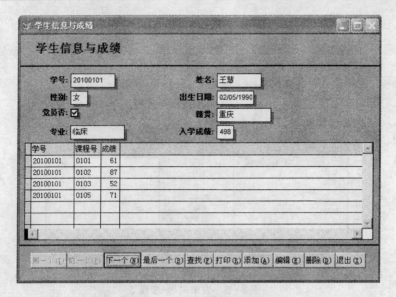

图 8-7　学生信息与成绩表单

操作步骤：

（1）在 Visual FoxPro 系统的主菜单下，打开"文件"菜单，选择"新建"，进入"新建"对话框。

（2）在"新建"对话框，选择"表单"，再按"向导"按钮，进入"向导选取"对话框，选择第二项"一对多表单向导"。

（3）在步骤 1 对话框中，首先选择作为数据源的数据库，并且在这个数据库中必须有两个表已经建立了一对多的关联关系。如果没有数据库也可以使用自由表。此处我们选择"学生表"作为父表，并把相应的字段添加到"选定字段"列表框中。

（4）在步骤 2 对话框中，选择子表选课表中出现的字段，按"下一步"。

（5）在步骤 3 对话框中，选择父表与子表的关联字段"学号"，再按"下一步"。

（6）在步骤 4 对话框中，选择表单样式，按"下一步"。

（7）在步骤 5 对话框中，因为父表和子表已经按"学号"字段建立了关联，所以直接进入到下一步操作。

（8）在步骤 6 对话框中，首先键入表单标题为"学生信息与成绩"，选择表单的保存方式为"保存表单供以后使用"；再按"预览"按钮，预览所建表单的外观。

当预览表单的外观后，按"返回向导"按钮，返回"一对多表单向导"步骤 6 对话框，再按"完成"按钮保存表单，这时一对多表单"学生信息与成绩"建立完成。

由表单向导建立的表单，它自身的属性、事件和方法，及它所容纳的对象的属性、事件和方法，都由系统提供。可以通过表单设计器对已有的属性、事件和方法进行修改和添加，同时也可以向表单添加新对象。

8.2.3　利用表单设计器设计表单

1. 表单设计器的启动

在 Visual FoxPro 系统中，主要是使用系统提供的表单设计器创建新的表单，可以在命令方式和菜单方式下进行

（1）命令方式

格式：CREATE　FORM　　［＜表单文件名＞］

例 8 - 6　使用表单设计器设计表单"表单示例"

CREATE　FORM　表单示例.SCX

（2）菜单方式

选择"文件"｜"新建"命令，弹出"新建"对话框，在"新建"对话框中选择"表单"，再单击"新建文件"按钮，弹出"表单设计器"窗口。如图 8 - 8 所示。

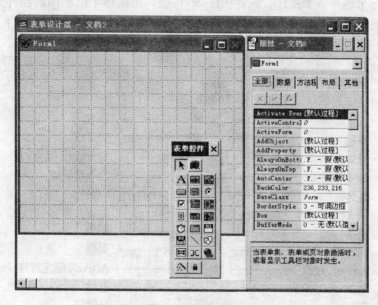

图 8 - 8　表单设计器

2. 表单设计器的组成

表单创建完成后，可进入表单设计器进行修改。表单设计器由如下部分组成：

（1）表单界面（Form Canvas）

可以放置其他控件，属于容器类。如图 8 - 9 所示。

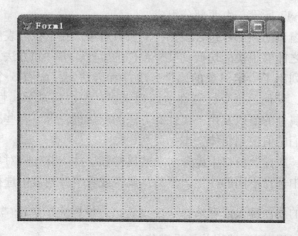

图 8 - 9　表单界面

（2）表单控件工具栏（Form Controls）

每个表单可以看成是由多个对象组成的屏幕界面。要设计出具有一定功能且满足要求的表单，必须把适当的控件添加到表单中，将控件添加到表单上的方法是：在控件工具栏上单击要添加的控件，单击表单界面上想让控件驻留的位置，即可添加一个控件。Visual Fox-Pro 给控件设定一个默认的大小，可以通过拖拽控件四周的控制块来调整其到合适的大小。如果要取消对某个对象控件的选定，只需在该控件的外部单击鼠标左键即可。要想删除控件，可以先选中要删除的控件，方法是：用鼠标单击该控件来选中一个控件，也可以按住鼠标左键拖动鼠标来选择多个控件，或者按住 Shift 键，用鼠标单击不同的控件来选择多个控件。选定对象后，按 Del 键或执行"编辑"菜单中的"清除"命令来删除控件。"表单控件"工具栏如图 8-10 所示。

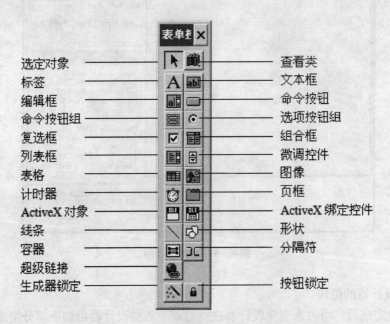

标签说明（左列）：
选定对象、标签、编辑框、命令按钮组、复选框、列表框、表格、计时器、ActiveX 对象、线条、容器、超级链接、生成器锁定

标签说明（右列）：
查看类、文本框、命令按钮、选项按钮组、组合框、微调控件、图像、页框、ActiveX 绑定控件、形状、分隔符、按钮锁定

图 8-10 "表单控件"工具栏中的按钮

（3）属性窗口（Properties Windows）

属性窗口如图 8-11 所示。由两部分组成：

①对象框：位于窗口的顶部，包含表单中的所有对象。在下拉列表中以分层格式显示窗体中的各个对象，使之能够很快的切换到某个控件的属性、事件和方法。

②属性设置框：列出了指定对象的属性、事件和方法，并配有 5 个标签，即全部、数据、方法程序、布局、其他。每个标签都由两列组成，左边列显示属性、事件和方法的名称；右边列用于显示属性的值以及用于属性和方法的默认过程等。有些属性、事件和方法在设计时是只读的，它们的值使用斜体文本。

属性的设置：在"属性"窗口中设置对象的属性和事件，首先从对象列表框中选择相应的对象，或者在表单中选择不同的控件，然后从属性或者事件列表中选择一个属性，接着在属性设置框中为选中的属性键入或者选择一个设置值。设置完毕单击" ✓ "按钮或按回车键确定，单击" ✗ "按钮则取消当前的设定值。

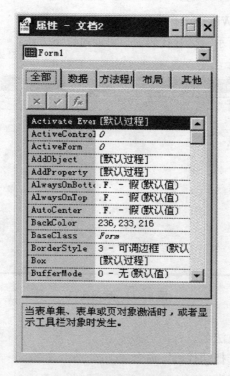

图 8-11 表单属性窗口

通过"属性"窗口，还可以用表达式或者函数的结果来设置属性值。在"属性"窗口中单击"*fx*"按钮即可打开表达式生成器，从中可以建立属性表达式。或者在属性设置框中键入一个等号命令和一个表达式。

表单的常用属性如表 8-6 所示。

表 8-6 表单常用属性

属性	说明
AutoCenter	指定表单显示时是否自动在 Visual FoxPro 主窗口内居中
BackColor	设置背景颜色
BorderStyle	指定表单的边框样式
Caption	指定表单的标题
Height	指定表单的高度
Left	指定表单左边框与 Visual FoxPro 主窗口之间的距离
Top	指定表单顶边框与 Visual FoxPro 主窗口之间的距离
Width	指定表单的宽度
Icon	指定表单的图标
Picture	指定表单的背景图片
MaxButton	指定表单是否有最大化按钮
MinButton	指定表单是否有最小化按钮
WindowState	指定表单窗口在运行时刻是最大化还是最小化

（4）代码窗口（Code Windows）

代码窗口如图 8-12 所示。打开代码窗口可通过以下方法：

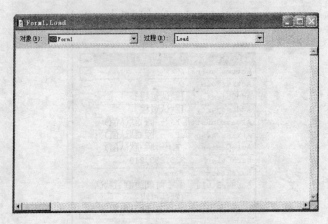

图 8-12　代码窗口

①双击属性窗口中的方法名。

②从"显示"菜单中选择"代码"命令。

③在对象上双击鼠标左键。

④右键单击对象，在快捷菜单中选择"代码"命令。

要编辑事件和方法代码，首先确定对象，然后选择一个事件或方法，在编辑窗口中编写一段事件触发或方法调用时要执行的代码。

（5）数据环境设计器（Data Environment Designer）

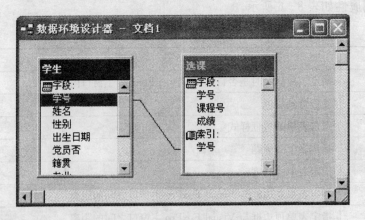

图 8-13　数据环境设计器窗口

数据环境设计器如图 8-13 所示。每个表单都包含一个数据环境。数据环境是包含表、视图以及表之间关联的对象。在 Visual FoxPro 中，可以使用数据环境设计器来设计数据环境，并将其与表单集或表单一起存储。引入数据环境的目的在于：

①打开或者运行表单使其自动打开表和视图。

②可以通过数据环境中的所有字段来设置控件的 ControlSource 属性。

③关闭或者释放表单时自动关闭表和视图。

打开数据环境设计器可以通过在"显示"菜单中选择"数据环境"菜单项，或在表单上单击右键选定"数据环境"。

若要将表或视图添加到数据环境中，可以选定"数据环境"菜单，选择"添加"，或在数据环境设计器中单击鼠标右键选择"添加"。

可以将数据环境设计器中的字段、表和视图等拖到表单中，即可以通过数据环境来建立表单中的对象。从数据环境中将字段和表拖动到表单时会创建相应的控件。

表之间的关联是数据环境中的一项重要内容。对于数据库中具有永久关联的表，当将其加入到数据环境设计器中时，这些关联也会自动加入到数据环境中；而对于没有永久关联的表，则可以在数据环境设计器中建立关联。要在数据环境设计器中设置表之间的永久关联，可以将某一字段从主表中拖到关联表的匹配索引标记上。如果没有索引标记来响应主表中的字段，则系统将提醒我们创建一个索引标记。一旦设置了一个关联后，就会在表之间用一条线来指示表之间的关联关系。

（6）其他工具栏

①调色板工具栏（Color Palette）：如图 8 - 14 所示，用来设置表单及其控件上的颜色。

②布局工具栏（Layout）：如图 8 - 15 所示，用来对表单上的控件进行正确对齐和缩放，修改重叠对象的相对堆放次序，并可调整控件大小。

图 8 - 14　调色板工具栏

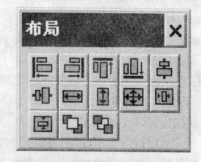

图 8 - 15　布局工具栏

③表单设计器（Form Designer）：如图 8 - 16 所示，用于指明显示其他表单设计器的工具栏。依次是：设置 tab 键次序、数据环境、属性窗口、代码窗口、控件工具栏、调色板工具栏、布局工具栏、表单生成器、自动格式。

图 8 - 16　表单设计器工具栏

8.3　表单控件

在 Visual FoxPro 中用户操作的界面被称为表单，设计表单的过程就是设计程序界面的过程。可以在界面上安排图像和文字等的显示窗口、数据输入窗口、对话框等操作单元，使用户能够进行交互操作。显示在表单上的数据是作为表单中的一个控件而存在的，表单中的控件分为两种类型：一类是数据表控件，该控件的 ControlSource 属性被设置为数据表字段的当前值，至于在表单中显示的形式，例如文本框、编辑框、复选框、表格等，这与表的字段类型有关；另一类是非数据表控件，如页框、图像等。

8.3.1　标签（Label）控件

标签控件用来显示一行文本信息，但文本信息不能编辑，常用来输出标题、显示处理结果和标记窗体上的对象。标签一般不用于触发事件。Label 控件常用属性如下：

- Caption：显示文本内容，最多允许 256 个字符。
- Autosize：指定标签是否可随其中的文本的大小而改变。
- BackStyle：指定标签的背景是否透明。0 - 透明，可看到标签后面的东西；1 - 不透明，背景由标签设置。
- Alignment：指定文本在标签中的对齐方式。0 - 左对齐、1 - 右对齐、2 - 居中对齐。
- ForeColor：指定标签中文本的颜色。
- FontSize：标签中文本的字号大小。
- FontName：标签中文本的字体。
- FontBold：标签中文本是否加粗。
- Left：标签左边界与表单左边界间的距离。
- Width：设定对象的宽度。
- Visible：指定标签是否可见。

例 8 - 7　设计如图 8 - 17 所示的表单。在表单中添加两个标签控件，分别是 Label1 和 Label2，设置相关的属性。表单的属性设置如下：

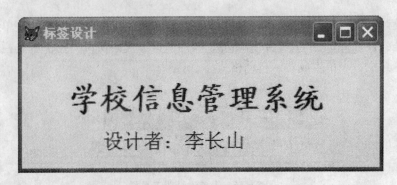

图 8 - 17　标签设计实例

Caption：标签设计

Height：122

Width：360

Top：76

Left：113

标签的属性设置参见表 8 - 7 所示

表 8 - 7　标签控件 Label1 和 Label2 的属性设置

属性	Label1	Label2
AutoSize	. t.	. t.
Caption	学校信息管理系统	设计者：李长山
FontBold	. t.	. f.
FontName	楷体	宋体
FontSize	24	16
ForeColor	0，0，255	0，0，0

8.3.2　文本框（TextBox）控件

文本框是一个文本编辑区域，可用于输入、编辑、修改和显示正文内容。标签和文本框都是用于显示文本。它们的最主要区别是：标签中的文本是只读文本，而文本框中的文本为可编辑文本。文本框可用于接受用户输入，并显示输出。

1. 文本框常用属性

● Alignment：设定文本框的内容是左对齐、右对齐、居中还是自动对齐。

● ControlSource：设定文本框的数据源。

● Enabled：指定文本框是否响应用户引发的事件。

● InputMask：设置文本框的文本输入格式。常用的输入掩码如表 8 - 8 所示。

● PasswordChar：设置用户输入口令时显示的字符，例如"＊"。

● ReadOnly：设置文本框的文本是否只读。

● Value：指定当前控件的状态，默认为"无"，表示字符型，若输入数值型数据，需要将此属性赋数值型初值。

● Name：指定在代码中文本框控件的名称。

表 8 - 8　掩码一览表

掩码设置	作用
A	只允许输入字母
X	允许任何字符
9	对于字符型数据只允许数字字符；对于数值型数据只允许是数字和正负号
♯	允许数字、正负号和空白
$	以货币格式显示数值型数据
*	将前导 0 的显示改为 * 号，只适用于数值数据
.	指定小数点的位置
,	用来分隔小数点左边的数字（即每三位一撇的金额表示方法）

注：一个掩码只影响一个字符

2. 文本框的常用事件

● GotFocus：当文本框对象接收焦点时触发该事件。

● InteractiveChange：当更改文本框对象的文本值时触发该事件。

● LostFocus：当文本框对象失去焦点时触发该事件。

● Valid：当文本框对象失去焦点之前时触发该事件。

3. 文本框常用的方法

设置获得焦点的方法（SetFocus），就是将焦点放到文本框控件上。例如，语句 Thisform. Text1. SetFocus，可以使表单的 Text1 文本框获得焦点。

例 8 - 8　如图 8 - 18 所示，求两数的和。表单上有三个文本框，分别是 Text1、Text2 和 Text3，要求当焦点离开 Text2 时，把 Text1 的值加上 Text2 的值赋给 Text3

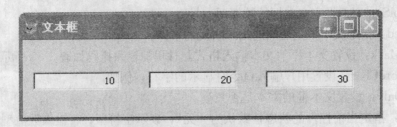

图 8 - 18　利用文本框求两数和

设计步骤：

把三个文本框的 Value 属性设置成"0"。布局可以参考图 8 - 18。在 Text2 的失去焦点事件（LostFocus）中添加如下代码：

Thisform. Text3. Value = Thisform. Text1. Value + Thisform. Text2. Value

例 8 - 9　在表单中利用文本框显示课程表中的数据信息，如图 8 - 19 所示。

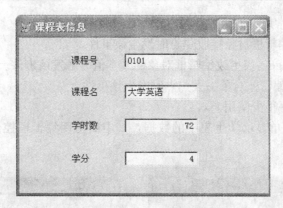

图 8-19　课程表信息

设计步骤：

（1）新建一个空白表单并把表单的 Caption 属性设置成"课程表信息"。

（2）在表单的数据环境中添加课程表。

（3）在表单上放置 4 个标签控件和 4 个文本框控件，参考图 8-19 设置 4 个标签控件的 Caption 属性分别为"课程号"、"课程名"、"学时数"、"学分"。设置 4 个文本框控件的 ControlSource 属性分别为"课程 . 课程号"、" 课程 . 课程名"、"课程 . 学时数"、"课程 . 学分"。

（4）调整表单的布局，保存并运行表单。

8.3.3　编辑框（EditBox）控件

与文本框一样，编辑框也用来输入、编辑数据，但它有自己的特点：

（1）编辑框实际上是一个完整的字处理器，利用它能够选择、剪切、粘贴以及复制正文；可以实现自动换行；能够有自己的垂直滚动条；可以用箭头键在正文里面移动光标。

（2）编辑框只能输入、编辑字符型数据，前面有关文本框的属性（不包括 Password-Char 属性）对编辑框同样适用。

1. 编辑框的其他属性

● AllowTabs：指定编辑框控件中能否使用 Tab 键。该属性在设计时和运行时均是可用的，仅适用于编辑框。

● ControlSource：设定编辑框的数据源。

● ScrollBars：指定编辑框是否具有滚动条。当属性值为 0 时，编辑框没有滚动条；当属性值为 2（默认值）时，编辑框包含垂直滚动条。该属性在设计时可用，在运行时可读写。除了编辑框，还适用于表单、表格等控件。

● SelStart：返回用户在编辑框中所选文本的起始点位置或插入点位置（没有文本选定时）。有效取值范围在 0 与编辑区中的字符总数之间。

● SelLength：返回用户在控件的文本输入区中所选定字符的数目，或指定要选定的字符数目。

● SelText：返回用户编辑区内选定的文本，如果没有选定任何文本，则返回空串。

以上三种属性配合使用，可完成设置插入点位置、控制插入点的移动范围、选择字串等的一些任务。

2. 编辑框控件的常用事件

● GotFocus：当编辑框对象接收焦点时发生该事件。

● InteractiveChange：当更改编辑框对象的文本值时触发该事件。

● LostFocus：当编辑框对象失去焦点时发生该事件。

编辑框的方法程序很少使用。

例 8 - 10 设计表单显示学生表中的数据，其中简历用编辑框控件。运行界面如图 8 - 20 所示。

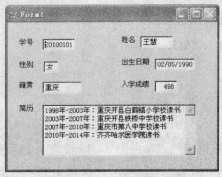

图 8 - 20 运行状态　　　　　　　　图 8 - 21 编辑状态

操作步骤：

（1）打开表单设计器，在表单数据环境中添加"学生.dbf"表。

（2）在数据环境中把学生表中相应的字段拖拽到表单上面。

（3）设置表单中各控件的布局。

（4）运行表单。

设计界面参见图 8 - 21。本题也可以利用标签、文本框、编辑框控件，通过设置各控件的属性来实现显示数据的功能。在文本框（Text）和编辑框（Edit）控件中我们通过设置 ControlSource 属性来和表里的某个字段建立联系，显示表中的相应数据。

8.3.4 命令按钮（CommandButton）控件

命令按钮典型地用来启动某个事件代码、完成特定功能，如关闭表单、移动记录指针等。

1. 命令按钮常用属性

● Default：属性值为 .T. 的命令按钮称为"确认"按钮。命令按钮的 Default 属性默认值为 .F. 。一个表单内只能有一个"确认"按钮。

● Cancel：属性值为 .T. 的命令按钮称为"取消"按钮。命令按钮的 Cancel 属性默认值为 .F. 。在"取消"按钮所在的表单激活的情况下，按 Esc 键可以激活"取消"按钮，执行该按钮的 Click 事件代码。

● Enabled：指定表单或控件能否响应由用户引发的事件。默认值为 .T. ，即对象是有效的，能被选择，能响应用户引发的事件。

● Visible：指定对象是可见还是隐藏。默认值为 .T. ，即对象是可见的。如果该值设为 .F. ，则命令按钮在设计时是可见的，运行以后不可见。

● Caption：设置命令按钮的标题。要用热键的方式来控制其触发事件，此时可在命令按钮的 Caption 属性中写入" \ ＜"语句，其后跟热键名来指定一个热键，如果想用字母"C"作为一个"关闭"命令按钮的启动热键，则可将其 Caption 属性设置为"关闭（ \ ＜C)"。

● Picture：指定命令按钮中显示的图像文件。

● ToolTipText：设置命令按钮的提示信息。在运行时将鼠标在该命令按钮上停留一会时，便出现在 ToolTipText 属性中所设置的文字提示，使用户马上明白该命令按钮的功能。

2. 命令按钮常用事件

Click：当用户单击命令按钮时触发该事件。

KeyPress：当用户按下并释放某个键时触发该事件。

RightClick：当用户右击命令按钮时触发该事件。

例 8 - 11 在上例 8 - 10 的基础上利用命令按钮实现表记录的浏览。如图 8 - 22 所示。

操作步骤：

(1) 在上例表单中添加 5 个命令按钮，分别是 Command1、Command2、Command3、Cmmand4 和 Command5，对应的 Caption 属性分别是："首记录"、"上一条"、"下一条"、"末记录"和"退出 \ ＜Q"，在"退出"按钮中，我们设置"Q"为快捷键。

(2) 在 Command1 的 Click 事件中输入如下代码：

```
Select  学生                    && 选择学生表
Go  top                        && 把记录指针移到表中第一条记录上
Thisform. Refresh              && 刷新表单
```

在 Command2 的 Click 事件中输入如下代码：

```
Select  学生
If  ！bof ()                   && 如果记录指针没到文件头
Skip  - 1                      && 记录指针上移一条
Else
Go  bottom                     && 否则记录指针移到表中最后一条记录上
Endif
Thisform. Refresh
```

在 Command3 的 Click 事件中输入如下代码：

```
select  学生
If  ！eof ()                   && 如果记录指针没到文件尾
Skip                           && 下移一条记录
Else
Go  top                        && 否则记录指针移到第一条记录上
Endif
Thisform. Refresh
```

在 Command4 的 Click 事件中输入如下代码：

```
Select  学生
Go  bottom                     && 把记录指针移到最后一条记录上
Thisform. Refresh
```

在 Command5 的 Click 事件中输入如下代码：

Thisform. Release

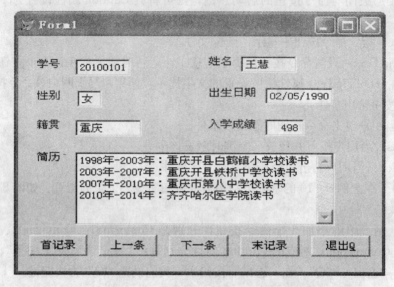

图 8 - 22　利用命令按钮移动记录指针

8.3.5　命令按钮组（CommandGroup）控件

Visual FoxPro 除了提供命令按钮控件外，还提供了命令按钮组控件。命令按钮组是一种容器，具有层次性，在其下一层可以设置一组命令按钮对象。命令按钮组的作用实质是把一组相关的命令按钮组合在一起，使逻辑控制的关联性得以加强。

1. 命令按钮组常用属性

● AutoSize：指定命令按钮组是否根据其内容自动调整大小。

● ButtonCount：设置包含的命令按钮的个数。

2. 命令按钮组常用事件

● Click：当用户单击命令按钮组时触发该事件。

● KeyPress：当用户按下并释放某个键时触发该事件。

● RightClick：当用户右击命令按钮组时触发该事件。

一般来说，命令按钮组控件的方法程序较少使用。

命令按钮组也可以用生成器来设置，操作方法如下：

（1）在表单控件工具栏中选择命令按钮组控件，在表单的适当位置单击鼠标，放置命令按钮组控件。

（2）在表单的命令按钮组上单击鼠标右键，在弹出的快捷菜单中选择"生成器"。

（3）在"命令组生成器"的"1. 按钮"选项卡中可以设置命令按钮组中命令按钮的个数，每个命令按钮的名称以及是否显示图形；在"2. 布局"选项卡中可以设置命令按钮组的排列方式。如图 8 - 23 所示。

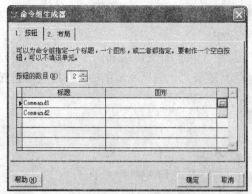
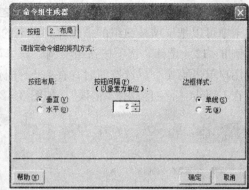

图 8-23 命令组生成器界面

8.3.6 选项按钮组（OptionGroup）控件

选项按钮组（OptionGroup）是包含选项按钮的容器。用户只能从中选择一个按钮。当用户选择某个选项按钮时，该按钮即成为被选中状态，而选项组中的其他选项按钮，不管原来是什么状态，都变为未选中状态。被选中的选项按钮中会显示一个圆点。

1. 选项按钮组常用属性

● ButtonCount：指定选项组中选项按钮的数目。默认值是 2，即包含两个选项按钮。

● Buttons：用于存取选项组中每个按钮的数组。

● ControlSource：为选项组制定要绑定的数据源。

● Value：用于指定选项组中哪个选项按钮被选中。

2. 选项按钮组生成器

同样，借助系统提供的选项按钮生成器，我们可以方便地在表单上生成该控件并设置相应属性。

用鼠标右键单击表单中"选项按钮组"控件，在弹出的菜单中选择"生成器"，此时，打开了"选项按钮组生成器"对话框，如图 8-24 所示

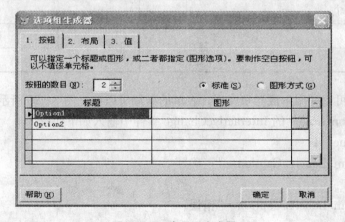

图 8-24 选项组生成器

在"按钮"选项卡中可设置选项按钮的个数，其中的"标准"、"图形方式"用于选择其中单选按钮的形式，可设置若干单选按钮的标题和图形。"布局"选项卡可以设置选项按钮

的布局方式是垂直的还是水平的，以及按钮之间的间距和是否给选项按钮组加边框。"值"选项卡中可以把选项按钮组的值保存到选定的字段中。

例 8-12 设计"选项按钮组实例"表单，包含一个选项按钮组和四个标签。表单功能是当用户单击第 4 个单选按钮时，在 Label4 标签上显示"正确"，当用户单击其他单选按钮时，在 Label4 标签上显示"错误"，如图 8-25，8-26 所示。

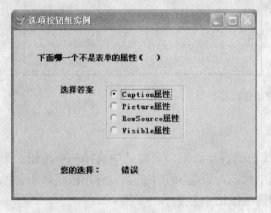
图 8-25 运行状态一

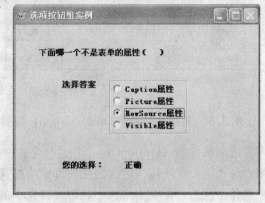
图 8-26 运行状态二

操作步骤：

（1）新建表单。

（2）添加 4 个标签控件，一个单选按钮组控件。

（3）在"属性窗口"，定义表单和标签控件的主要属性如表 8-9 所示：

表 8-9 表单和标签控件属性设置表

属性名称	Form1	Label1	Label2	Label3	Label4
Caption	选项按钮组实例	下面哪一个不是表单的属性（）	选择答案	您的选择	
AutoCenter	. T.	—	—	—	—
AutoSize	—	. T.	. T.	. T.	. T.
FontBold	—	. T.	. T.	. T.	. T.

单选按钮组可以利用生成器来实现，表单的布局可以参见图 8-25 所示。

（4）在 OptionGroup1 的 InteractiveChange 事件中输入如下代码：

```
If    this. value＝4
     Thisform. Label4. Caption＝"正确"
Else
     Thisform. Label4. Caption＝"错误"
Endif
```

（5）保存并运行此表单。

8.3.7 复选框（CheckBox）控件

复选框（CheckBox）通常用来启动一个事件，如关闭一个表单、添加一个记录或打印报表等操作。以便由用户控制启动时机。一般通过鼠标或键盘操作来触发复选框的事件程序。

复选框和选项按钮组不一样，在选项按钮组中只能选择一个单选按钮，而复选框组（由多个复选框组成）可以选择多项；另外大家要注意复选框不是容器类控件，它只有一个可选按钮。当选定某一一项时，与该选项对应的"复选框"中会出现一个对号。

复选框控件的"Value"属性有三种状态：当"Value"属性值为 0（或逻辑值为 .F.）时，表示没有选择复选框；当"Value"属性值为 1（或逻辑值为 .T.）时，表示选中复选框；当"Value"属性值为 2（或 NULL）时，为不确定状态。

1. 复选框控件的常用属性

● Caption：指定复选框的标题。

● ControlSource：确定复选框的控制源。

● Value：确定复选框的当前状态。

2. 复选框控件的常用事件

● Click：当用户单击复选框时就触发该事件。

● RightClick：当用户右击复选框时就触发该事件。

● InteractiveChange：使用键盘或鼠标改变复选框的值时触发该事件。

例 8-13 设计"复选框控件实例"表单，包含一个标签和四个复选框，使用复选框控制标签显示方式。如图 8-27，8-28 所示。

图 8-27 编辑状态

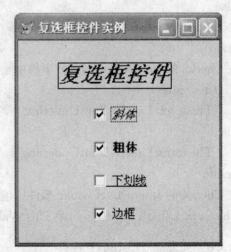

图 8-28 运行状态

操作步骤：

（1）新建表单。

（2）添加标签控件 Label1 和复选框控件 Check1、Check2、Check3、Check4。

（3）在"属性窗口"定义表单、标签及复选框控件的主要属性如表 8-10 所示。

表 8-10 表单、标签和复选框控件属性设置表

属性名称	Form1	Label1	Check1	Label2	Label3	Label4
Caption	复选框控件实例	复选框控件	斜体	粗体	下划线	边框
AutoCenter	. T.	—	—	—	—	—
AutoSize	—	. T.	. T.	. T.	. T.	. T.
FontBold	—	—	—	. T.	—	—
FontItalic	—	—	. T.	—	—	—
FontUnderline	—	—	—	—	. T.	—
FontSize	—	18	10	10	10	10

（4）在 Check1 的 InteractiveChange 事件中输入如下代码：

```
If    this. value＝1
        Thisform. Label1. FontItalic＝. T.
Else
        Thisform. Label1. FontItalic＝. F.
Endif
```

在 Check2 的 InteractiveChange 事件中输入如下代码：

```
If    this. value＝1
        Thisform. Label1. FontBold＝. T.
Else
        Thisform. Label1. FontBold＝. F.
Endif
```

在 Check3 的 InteractiveChange 事件中输入如下代码：

```
If    this. value ＝1
        Thisform. Label1. FontUnderline＝. T.
Else
        Thisform. Label1. FontUnderline＝. F.
Endif
```

在 Check4 的 InteractiveChange 事件中输入如下代码：

```
Thisform. Label1. BorderStyle＝This. Value
```

8.3.8　列表框（ListBox）控件

列表框（ListBox）用于显示一系列数据项，用户可以从中选择一项或多项。列表框不允许用户输入新的数据项。在列表框对象中，必须首先考虑其数据源，因为它确定了列表框的数据来源。可以通过 RowSourceType 属性设置其数据源的方式，列表框的各种数据源类型的设置如表 8-11 所列。

表 8 - 11 列表框的各种数据源类型及其说明

数据源类型	说明
无	运行时通过 Additem 或 AddlistItem 方法来加入数据项
1 - 值	直接设定显示的数据项内容，各数据项之间用逗号分隔开
2 - 别名	使用 ColumnCount 属性在数据表中选择字段
3 - SQL	SQL SELECT 命令用于创建一个临时表或一个表
4 - 查询（．QPR）	指定有 QPR 扩展名的文件名
5 - 数组	设置列属性可以显示多维数组的多个列
6 - 字段	用逗号分隔的字段列表
7 - 文件	用当前目录列，这时在 RowSource 属性中指定文件类型
8 - 结构	由 RowSource 指定的表的字段填充列
9 - 弹出式菜单	包含此设置时为了向下的兼容性

列表框数据来源的类型确定以后，我们还要确定列表框的数据源，也就是要设置 RowSource 属性。两者之间常见的搭配如表 8 - 12 所示。

表 8 - 12 RowSourceType 属性与 RowSource 属性的常用搭配表

RowSourceType 属性	RowSource 属性
1 - 值	用逗号分开的若干数据项的集合
5 - 数组	使用一个已定义的数组名
6 - 字段	字段名
7 - 文件（列出指定目录的文件清单）	磁盘驱动器或文件目录
8 - 结构（列出数据表的结构）	表名

1. 列表框控件的常用属性
- BoundColumn：确定多列列表中哪一列与 Value 属性和数据源绑定。
- ColumnCount：指定列表框中列的个数。
- ListCount：统计列表框中所有数据项个数。
- MultiSelect：确定在列表框中是否能进行多项选择。
- RowSourceType：确定 RowSource 属性的类型和数据的来源。
- RowSource：确定列表框中的数据源。
- Value：确定列表框的当前状态。

2. 列表框控件的常用事件
- Click：当用户单击列表框时触发该事件。

3. 列表框控件的常用方法程序
- AddItem：向列表框中添加一个数据项。
- RemoveItem：从列表框中移去一个数据项。

例 8 - 14 设计"列表框控件"表单，如图 8 - 29 所示，在表单中有一个列表框控件

List1 和一个文本框控件 Text1，运行表单后列表框里显示古诗"白日依山尽，黄河入海流，欲穷千里目，更上一层楼"，单击列表框，在文本框中显示选中的诗句。

操作步骤：

（1）新建表单。

（2）在表单中添加列表框 List1 和文本框 Text1。

（3）在"属性窗口"中定义表单、列表框和文本框的属性。设置表单的 Caption 属性为"列表框控件实例"。列表框 List1 的 RowSourceType 属性为"1-值"，RowSource 属性为"白日依山尽，黄河入海流，欲穷千里目，更上一层楼"。

（4）在列表框 List1 的 Click 事件中输入如下代码：

Thisform. Text1. Value＝This. Value

（5）保存并运行表单。

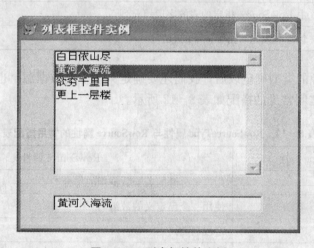

图 8－29　列表框控件实例

8.3.9　组合框（ComboBox）控件

组合框（ComboBox）相当于文本框和列表框的组合。可以利用组合框通过选择数据项的方式快速、准确地进行数据的输入。

组合框有两种表现形式，一种是下拉组合框，另一种是下拉列表框，这是通过设置 Style 属性实现的。这两种方式的区别在于，利用下拉组合框可以通过键盘输入内容，而在下拉列表框中只能选择列表框中的值，而无法进行输入。

组合框对象中，必须首先考虑其数据源，因为它确定了组合框的数据来源，可以通过 RowSourceType 属性设置其数据源的方式，组合框的各种数据源类型的设置如表 8－10 所示。

1. 组合框控件的常用属性

● InputMask：在下拉组合框中指定允许键入的数值类型。

● RowSource：确定组合框中数据的来源。

● RowSourceType：确定 RowSource 属性的类型。

● Style：指定组合框为下拉组合框还是下拉列表框，缺省设置为下拉组合框。

● Text：返回输入到组合框中文本框部分的文本值，在运行时为只读。

- Value：确定组合框的当前状态。

2. 组合框控件的常用事件

- Click：当用户单击组合框时触发该事件。
- InteractiveChange：在使用键盘或鼠标更改组合框的值时触发该事件。
- KeyPress：当用户按下并释放某个键时触发该事件。

3. 组合框控件常用方法程序

- AddItem：向组合框中添加一个数据项。
- RemoveItem：从组合框中移去一个数据项。

例 8 - 15　如图 8 - 30 所示，选择专业，查找学生表中相关专业的学生信息。

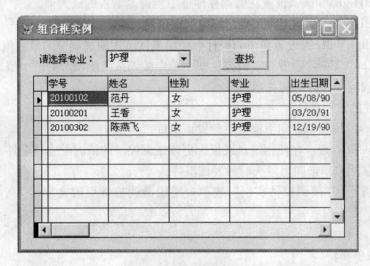

图 8 - 30　组合框控件实例

操作步骤：

（1）新建一个空白表单，把表单的 Caption 属性设置成"组合框实例"。

（2）在表单的数据环境中添加"学生"表，并把"学生"表从数据环境中拖拽到表单上，生成如图 8 - 30 所示的学生表格来显示学生信息。

（3）在表单上添加一个标签控件 label1，把 label1 的 Caption 属性设置成"请选择专业："。添加一个组合框 combo1，把 combo1 的 RowSourceType 属性设置成"1 - 值"，RowSource 属性设置成"临床，护理，精神"。添加一个命令按钮控件 command1，把 command1 的 Caption 属性设置成"查找"。

（4）在 command1 的 Click 事件中输入如下代码：

Select　学生

Set　filter　to 专业＝Alltrim（Thisform. Combo1. Value）

Thisform. Refresh

（5）调整表单的布局，保存并运行表单。

8. 3. 10　微调（Spinner）控件

微调控件用于接受给定范围内的数值输入。使用微调控件，一方面可以代替键盘输入接受一个值，另一方面可以在当前值的基础上做微小的增量或减量调节。

可以通过微调控件的上箭头或下箭头，或者在微调控件框内输入一个值，设定微调控件的值。微调控件在使用时通常利用其属性进行数值上下限的设置。在缺省状态下，其基准上限为 2147483647，下限为 -2147483647。上下限数值又分为"微调上下限"和"直接输入上下限"，其中直接输入的上下限可以大于微调所设置的上下限设置。微调控件分两种方式的上下限设置的作用是通过微调控件的上下按钮可以微调具有较小范围的数值，而对于超过微调范围内的数值，则可直接通过键盘来进行输入。

1. 微调控件的常用属性

● Increment：设置微调控件向上向下箭头的微调量，缺省值为 1.00。

● KeyboardHighValue：设置在微调控件框中用键盘输入的最大值。

● KeyboardLowValue：设置在微调控件框中用键盘输入的最小值。

● SpinnerHighValue：设置在微调控件框中单击微调按钮能调节的最大值。

● SpinnerLowValue：设置在微调控件框中单击微调按钮能调节的最小值。

● Value：确定控件的当前状态。

2. 微调控件的常用事件

● DownClick：用户单击向下箭头时触发该事件。

● InteractiveChange：在使用键盘或鼠标更改微调控件的值时触发该事件。

● UpClick：用户单击向上箭头时触发该事件。

例 8 - 16 设计"微调控件实例"表单，使用微调控件更改文字的大小，如图 8 - 31 所示。

操作步骤：

（1）新建表单。

（2）添加标签控件 Label1 和微调控件 Spinner1。

（3）在"属性窗口"定义表单、标签和微调控件的主要属性如表 8 - 13 所示：

表 8 - 13　表单、标签和微调控件主要属性设置表

属性名称	Form1	Label1	Spinner1
Caption	微调控件实例	微调控件实例	—
AutoSize	—	．T．	—
Increment	—	—	2.00
KeyboardHighValue	—	—	36
KeyboardLowValue	—	—	7
SpinnerHighValue	—	—	36.00
SpinnerLowValue	—	—	7.00

（4）在 Spinner1 的 InteractiveChange 事件中输入如下代码：

Thisform. Label1. FontSize＝This. Value

（5）保存表单并运行。

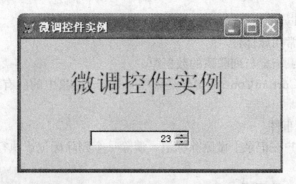

图 8-31 微调控件实例

8.3.11 表格 (Grid) 控件

表格 (Grid) 控件是一个容器对象，类似浏览窗口，它具有网格结构，有垂直滚动条和水平滚动条，可以同时操作和显示多行数据。一个表格对象由若干列 (Column) 对象组成，列由列标题和列控件组成。列标题 (Header1) 的默认值为显示字段的字段名，允许修改。表格、列、列标题和列控件都有自己的属性。

将表格添加到表单中的方法有以下两种。

方法 1：如果要为一个表创建表格控件，可以先将该表添加到表单的数据环境中，然后在数据环境中，用鼠标拖动该表的标题栏到表单窗口后释放，表单窗口即会产生一个类似于 Browse 窗口的表格。如果选择的数据不是表里所有字段，也可以在数据环境中，按住 Ctrl 键用鼠标左键单击需要的字段，然后把选中的字段拖到表单上，形成一个包含需要的字段的表格。

方法 2：可以在控件工具栏中选择表格按钮，并在表单窗口中拖动鼠标得到所期望的大小，然后利用表格生成器或表格的属性窗口来设置表格的属性。

用户可以为整个表格设置数据源，该数据源是通过 RecordSourceType 与 RecordSource 两个属性指定的，前者为记录源类型，后者为记录源。RecordSourceType 属性的取值如表 8-14 所示

表 8-14 RecordSourceType 属性设置

设置	说明
0	表。自动打开 RecordSource 属性设置中指定的表
1	（默认值）别名。按指定方式处理记录源。
2	提示。在运行时向用户提示记录源。
3	查询 (.QPR)。RecordSource 属性设置指定一个 .QPR 文件

1. 表格控件常用属性
- ColumnCount：指定表格包含的列数。
- CurrentControl：指定列队对象的控件哪一个被用来显示活动单元格的值。
- DeleteMark：指定在表格控件中是否出现删除标记列。
- RecordSource：指定表格的记录源。

● RecordSourceType：确定表格记录源的类型。

表格中包含列的常用属性：

● ControlSource：指定与列联系的数据源。

● Sparse：指定 CurrentControl 属性是影响 Column 对象中的所有单元格，还是只影响活动单元格。

2. 表格控件常用事件

● Deleted：当用户在记录上做删除标记、清除一个删除标记或执行 DELETE 命令时触发该事件。

3. 表格控件常用方法程序

● Refresh：刷新表格中显示的记录。

例 8-17 利用表格控件显示学生表信息，如图 8-32 所示。

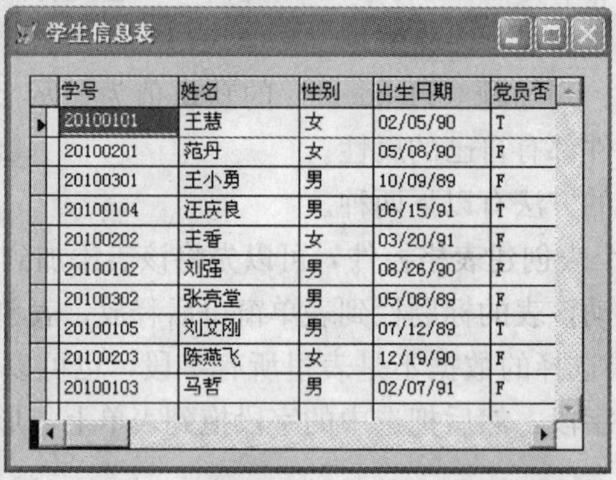

学号	姓名	性别	出生日期	党员否
20100101	王慧	女	02/05/90	T
20100201	范丹	女	05/08/90	F
20100301	王小勇	男	10/09/89	F
20100104	汪庆良	男	06/15/91	T
20100202	王香	女	03/20/91	F
20100102	刘强	男	08/26/90	F
20100302	张亮堂	男	05/08/89	F
20100105	刘文刚	男	07/12/89	T
20100203	陈燕飞	女	12/19/90	F
20100103	马哲	男	02/07/91	F

图 8-32 利用表格控件显示学生表信息

操作步骤：

(1) 新建表单。

(2) 在表单的“数据环境”中添加“学生”表。

(3) 把“学生”表从表单的数据环境中拖到表单上，调整适当大小。把表单的 Caption 属性设置成“学生信息表”。

(4) 保存并运行表单

本题也可以通过设置表格 Grid1 的 RecordSourceType 和 RecordSource 属性来显示学生表中的数据。或者确定表格的列数（ColumnCount），在对每一列（Column）的 Control-Source 属性进行设置，让其显示学生表中的某一字段的信息。

8.3.12 图像（Image）控件

图像控件（Image）的功能是在表单上显示图像文件（.bmp、.gif、.jpg 和 .ico 文件格式均可），主要用于图像显示而不能对它们进行编辑。通过使用图像控件，可以使应用程序的界面显得更富有生机和活力。

1. 图像控件常用属性

● BackStyle：确定图像是透明的还是不透明的。

● BorderColor：确定图像颜色。

● Picture：指定显示在控件上的图形文件或字段。

● Stretch：指定控件中图像的调整方法，以适应图像控件区域的大小。其值有：

0-剪裁：就是当图像在控件区域显示不下时，将剪裁一部分以适应图像控件大小；

1-等比填充：就是图像将随着图像控件区域的大小而变化，按照原始比例调整大小，以适应图像控件的大小；

2-变比填充：就是图像将随着图像控件区域的大小而变化，但不是按照原始比例调整大小，其比例完全随图像控件的形状变化而变化。

2. 图像控件的事件和方法程序较少使用。

例 8-18 设计"图像控件实例"表单，通过单选按钮的选择控制图像的显示方式。如图 8-33，图 8-34 所示。

图 8-33 编辑状态   图 8-34 运行状态

操作步骤：

（1）新建表单。

（2）添加图像控件 Image1 和单选按钮组控件 OptionGroup1。

（3）在"属性窗口"设置表单、图像及单选按钮组控件的属性，主要属性如表 8-15 所示。

表 8-15 表单、图像和单选按钮组框控件主要属性设置表

属性名称	Form1	Image1	OptionGroup1	Option1	Option2	Option3
Caption	图像控件实例	—	—	剪裁	等比填充	变比填充
BorderStyle	—	—	1-固定单线	—	—	—
ButtonCount	—	—	3	—	—	—
Picture	—	Fox. bmp	—	—	—	—
Value	—	—	1	—	—	—

（4）在 OptionGroup1 控件的 Click 事件中输入如下代码：

Thisform. Image1. Stretch＝This. Value - 1

（5）保存并运行表单。

8.3.13 计时器（Timer）控件

在应用程序中，有时需要通过时间间隔自动触发一些事件，以达到实际应用要求。Visual FoxPro 提供了计时器（Timer）控件，利用计时器控件，可以通过时间间隔的属性设置及事件过程的编制，完成实际应用中的任务。计时器控件在运行时是不可见的。

1. 计时器控件常用属性

● Interval：设置计时器的时间间隔，单位是毫秒。

● Enabled：指定计时器是否响应用户引发的事件。

2. 计时器常用的事件

● Timer：当经过 Interval 属性指定的毫秒数时就触发该事件。

例 8-19 设计"计时器控件实例"表单，显示当前时间，可通过命令按钮控制开始和停止，如图 8-35，图 8-36 所示。

图 8-35　编辑状态

图 8-36　运行状态

操作步骤：

（1）新建表单。

（2）添加标签控件 Label1，命令按钮控件 Command1、Command2 及计时器控件 Timer1。

（3）在"属性窗口"设置表单、标签和计时器控件的属性，主要属性如表 8-16 所示。

表 8-16　控件主要属性设置表

属性名称	Form1	Label1	Timer1	Command1	Command2
Caption	计时器控件实例	＝time（）	—	开始	停止
Interval	—	—	1000	—	—
Enabled	—	—	—	. F.	—
FontSize	—	18	—	—	—
FontBold	—	. T.	—	—	—

（4）在计时器 Timer1 控件的 Timer 事件中输入如下代码：

Thisform. Label1. Cption＝time（）

在 Command1 的 Click 事件中输入如下代码：

Thisform. Timer1. Enabled＝. T.

Thisform. Command2. Enabled＝. T.

This. Enabled＝. F.

在 Command2 的 Click 事件中输入如下代码：

Thisform. Timer1. Enabled＝. F.

Thisform. Command1. Enabled＝. T.

This. Enabled＝. F.

（5）保存并运行表单。

8.3.14　页框（PageFrame）控件

页框（PageFrame）是包含页面的容器对象，而页面可以包含控件。页框控件实际上是选项卡界面。在表单中，一个页框可以有两个以上的页面，它们共同占有表单中的一块内存区域，在任何时刻只有一个活动页面，而只有活动页面中的控件才是可见的。页框定义了页面的总体特性：大小和位置、边框类型和活动页面等。

1. 页框控件常用属性

● PageCount：确定页框的总页数。

● Tabs：确定是否显示选项卡。

● TabStyle：确定选项卡的显示方式。为 0 时将所有选项卡两端对齐显示；为 1 时选项卡左对齐显示。

2. 页框控件常用事件及方法程序

一般来说，页框控件的事件较少使用。

页框控件常用的方法程序如下：

● Refresh：刷新活动页面。

例 8-20　设计"页框控件实例"表单，在表单中添加一个页框控件 Pageframe1，显示 2 页选项卡，名称分别为"前两句"和"后两句"，在"前两句"选项卡中显示"锄禾日当午，汗滴禾下土"，在"后两句"选项卡中显示"谁知盘中餐，粒粒皆辛苦"。如图 8-37，图 8-38 所示。

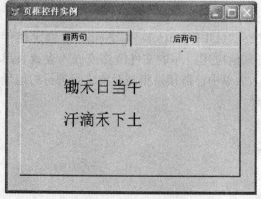

图 8-37　运行状态 1

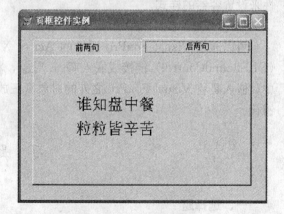

图 8-38　运行状态 2

操作步骤：

（1）新建表单。

（2）添加页框控件 Pageframe1 及其包含的 4 个标签控件。

（3）在"属性窗口"定义各控件属性如表 8-17 所示。

（4）保存并运行表单。

表 8-17　控件主要属性设置表

控件名称	Caption	PageCount	FontSize	FontName
Form1	页框控件实例	—	—	—
Pageframe	—	2	—	—
Page1	前两句	—	—	—
Page2	后两句	—	—	—
Page1. Label1	锄禾日当午	—	18	宋体
Page1. Label2	汗滴禾下土	—	18	宋体
Page2. Label1	谁知盘中餐	—	18	宋体
Page2. Label2	粒粒皆辛苦	—	18	宋体

8. 3. 15　其他控件

1. 线条（Line）控件

通过线条控件可以在表单上画斜线、水平线和垂直线等各种类型的线条。可以通过 LineSlant 属性改变斜线的方向。

2. 形状（Shape）控件

通过形状控件可以在表单上画出各种类型的形状，如：矩形、正方形、圆角正方形、椭圆和圆。形状类型由 Curvature、Width、Height 属性来指定。

3. 容器（Container）控件

可以包含其他对象，并且允许编辑和访问所包含的对象。可以通过设置 SpecialEffect 属性来设置容器的样式。

4. Active X 控件和 Active X 绑定控件

可以通过 Visual FoxPro 提供的 Active X 控件（OLEControl）和 Active X 绑定控件（OLEBoundControl）链接或嵌入 OLE 对象，将其他应用程序的文件链接或嵌入表或表单中，嵌入是将 Visual FoxPro 之外的对象真正放入表单中。链接是指与对象之间进行的地址链接。

习　题　8

一、选择题

1. 对于表单及控件的绝大多数属性，通常 Caption 属性只用来接收（　　）。

　　A. 数值型数据　　　　　　　　　B. 字符型数据

　　C. 逻辑型数据　　　　　　　　　D. 以上数据类型都可以

2. 在运行表单时，下列有关表单事件引发次序正确的是（　　）。

　　A.　Activate -> Init -> Load　　　　　　B. Load -> Activate -> Init

　　C. Activate -> Load -> Init　　　　　　D. Load -> Init -> Activate

3. 将文本框的 PasswordChar 属性值设置为星号（＊），当在文本框中输入"电脑
　2004"时，文本框中显示的是（　　）。

　　A. 电脑 2004　　　　　　　　　　　　　B. ＊＊＊＊＊

　　C. ＊＊＊＊＊＊＊＊　　　　　　　　　　D. 错误设置，无法输入

4. 在命令按钮组中，决定命令按钮数目的属性是（　　）。

　　A. ButtonCount　　　　B. Buttons　　　　C. Value　　　　D. ControlSource

5. 假设一个表单里有一个文本框 Text1 和一个命令按钮组 CommandGroup1，命令按钮
　组中包含 Command1 和 Command2 两个命令按钮。如果要在 Command1 命令按钮的
　某个方法中访问文本框的 Value 属性值，下列式子中，不正确的是（　　）。

　　A. Thisform. Text1. Value　　　　　　B. Thisform. Parent. Value

　　C. Parent. Text1. Value　　　　　　　D. This. Parent. Text1. Value

6. 在表单中有命令按钮 Command1 和文本框 Text1，将文本框的 InputMask 属性值设
　置为 ＄9，999.9，然后在命令按钮的 Click 事件中输入代码：Thisform. Text1. Value
　＝1234.5678，当运行表单时，单击命令按钮，此时文本框中显示的内容为（　　）。

　　A. ＄1，234.5　　　B. ＄1234.5678　　C.1234.5678　　D. ＊＊＊＊.＊

7. 将编辑框的 ReadOnly 属性值设置为 .T.，则运行时此编辑框中的内容（　　）。

　　A. 只能读　　　　　　　　　　　　　　B. 只能用来编辑

　　C. 可以读也可以编辑　　　　　　　　　D. 对编辑框设置无效

8. 在表单中，有关列表框和组合框内选项的选择，正确的叙述是（　　）。

　　A. 列表框和组合框都可以设置成多重选择

　　B. 列表框和组合框都不可以设置成多重选择

　　C. 列表框可以设置多重选择，而组合框不可以

　　D. 组合框可以设置多重选择，而列表框不可以

9. 下列关于表格的说法中，正确的是（　　）。

　　A. 表格是一种容器对象

　　B. 表格对象由若干列对象组成，每个列对象包含若干个标头对象和控件

　　C. 表格、列、标头和控件有自己的属性、方法和事件

　　D. 以上说法均正确

10. 在表单 MyForm 中通过事件代码，设置标签 Lbl1 的 Caption 属性值设置为：计算
　　机等级考试，下列程序代码正确的是（　　）

　　　A. MyForm. Lbl1. Caption＝"计算机等级考试"

　　　B. This. Lbl1. Caption＝"计算机等级考试"

　　　C. Thisform. Lbl1. Caption＝"计算机等级考试"

　　　D. Thisform. Lbl1. Caption＝计算机等级考试

11. 下列关于组合框的说法中，正确的是（　　）

　　　A. 组合框中，只有一个条目是可见的

　　　B. 组合框不提供多重选定的功能

　　　C. 组合框没有 MultiSelect 属性的设置

　　D. 以上说法均正确

二、填空题

1. 在表单中要使控件成为可见的，应设置控件的_____属性。

2. 确定列表框内的某个条目是否被选定，应使用的属性是_____。

3. 在文本框中，_____属性指定在一个文本框中如何输入和显示数据，利用_____属性指定文本框内显示占位符。

4. 设计表单时，要确定表单中是否有最大化按钮，可通过表单_____属性进行设置。

5. 要返回页框中的活动页号，应设置页框的_____属性。

6. 为表格控件指定数据源的属性是_____。

7. 将设计好的表单存盘时，系统将生成扩展名分别是 scx 和_____的两个文件。

三、操作题

1. 建立表单，表单中有两个命令按钮，按钮的 name 属性值分别为 cmdin 和 cmdout，标题分别为"进入"和"退出"。

2. 设计一个表单，该表单为表文件"学生 . dbf"的输入界面，表单上还有一个标题为"关闭"的按钮，单击该按钮，则退出表单。

第 9 章　报表与标签设计

在数据库应用系统中，除了要为用户提供各种数据的操作和查询功能，还经常需要将数据及数据处理结果以用户要求的格式打印出来用于存档和交流，Visual FoxPro 通过报表和标签来完成数据的打印功能。报表是 Visual FoxPro 最重要的打印输出文件，标签则是类似名片的一种特殊形式的报表。

Visual FoxPro 提供了向导和设计器工具，使用户不用编程就能方便地设计报表和标签，而且可以将文字、图形、图片等插入其中，以及使用线条、矩形框等画出符合用户习惯的报表和标签。

本章主要介绍报表和标签的创建过程以及运行它们的方法。

9.1　报表设计

报表主要包括两个部分：数据源和布局。数据源是报表数据的来源，报表的数据源通常是数据库中的表或自由表，也可以是视图、查询或临时表。视图和查询对数据库中的数据进行筛选、排序、分组，在定义了一个表、一个视图或查询之后，便可以创建报表。

Visual FoxPro 提供了 3 种创建报表的方法：使用报表向导创建报表、使用报表设计器创建自定义报表、使用快速报表创建简单规范的报表。

9.1.1　报表向导

"报表向导"是创建报表的最简单的方法，利用报表向导建立的报表数据源可以来自数据库表或自由表，也可以来自一个视图或临时表。报表向导提示用户回答简单的问题，按照"报表向导"对话框的提示进行操作即可。启动报表向导有 3 种方法：

● 选择"文件" | "新建"命令，打开"新建"对话框，在文件类型中选择"报表"单选按钮，然后单击向导按钮。

● 选择"工具" | "向导"命令，然后从其级联菜单中选择"报表"选项。

● 执行工具栏上的"报表向导"图标按钮。

不管采用哪种方法，当使用向导方式创建报表时都将打开一个"向导选取"对话框窗口。如果数据源是一个表，应选取"表单向导"选项，如果数据源包括父表和子表，则应选取"一对多表单向导"选项。

1. 单一报表

如果用户需要使用单个表中的字段信息建立报表，可以建立一对一报表。

例 9-1　利用"报表向导"创建如图 9-1 所示的"学生名册"报表。

图 9-1　"学生名册"报表

　　(1) 选择"文件"|"新建"命令，在新建对话框中选择文件类型为"报表"，单击"向导"按钮，打开"向导选取"对话框，如图 9-2 所示。

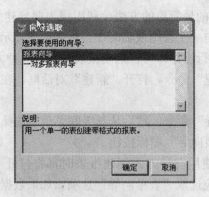

图 9-2　"向导选取"对话框

　　(2) 选择"表单向导"，单击"确定"按钮，系统进入"报表向导"的"步骤 1-字段选取"对话框。单击"数据库和表"下拉列表框，选取"自由表"，打开"学生"自由表。在"可用字段"框中，选取表的全部或部分字段，通过移动按钮，移到"选定字段"框中，如图 9-3 所示。

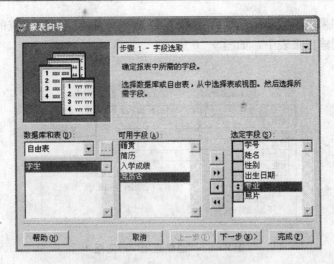

图 9-3　"字段选取"对话框

　　（3）对记录进行分组：单击"下一步"按钮，系统进入"报表向导"的"步骤 2-分组记录"对话框，选择"性别"和"专业"作为分组字段。用户最多可以建立三层分组层次。如图 9-4 所示。

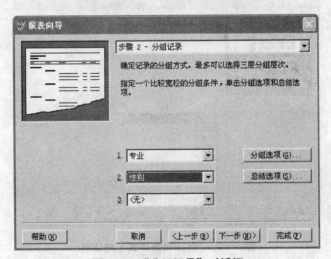

图 9-4　"分组记录"对话框

　　如果是数值型字段，可以选择"分组选项"按钮，从中可以选择与用来分组的字段中所含的数据类型相关的筛选级别，如图 9-5 所示。

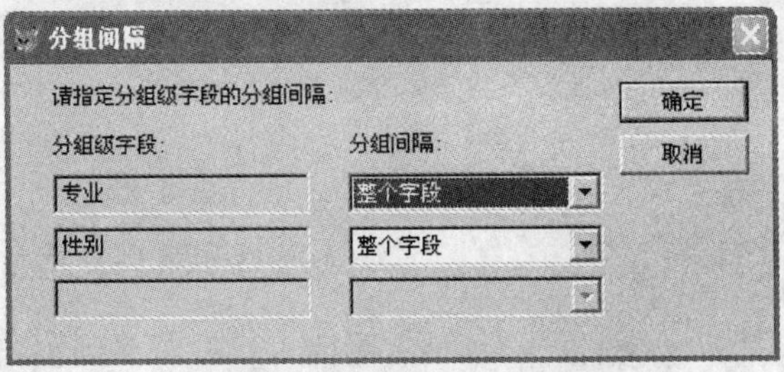

图 9-5　"分组间隔"对话框

在步骤 2 中如果单击"总结选项",从中可以选择对基本字段取相应的特写值,如平均值,总计并添加到输出报表中,如图 9-6 所示。

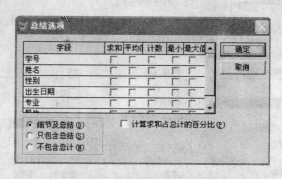

图 9-6 "总结选项"对话框

（4）选择报表样式：单击"下一步"按钮,系统进入"报表向导"的"步骤 3-选择报表样式"对话框,选择报表样式为"经营式",如图 9-7 所示。

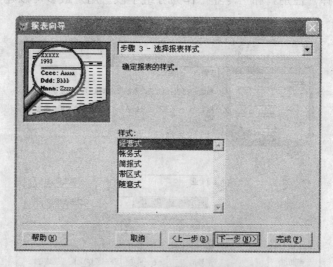

图 9-7 "选择报表样式"对话框

（5）定义报表布局：单击"下一步"按钮,系统进入"报表向导"的"步骤 4-定义报表布局"对话框。在"字段布局"中单击"列"或"行",则相应的报表为列报表或行报表,如图 9-8 所示。

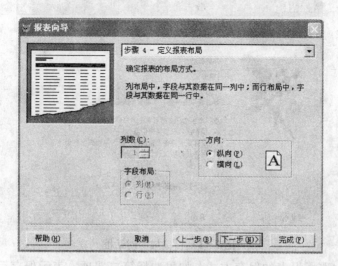

图 9-8　"定义报表布局"对话框

（6）排序记录：单击"下一步"按钮，系统进入"报表向导"的"步骤 5-排序记录"对话框。在"可用的字段或索引标识"列表框中，选择排序字段，然后单击"添加"按钮，将其转移到"选定字段"列表框中。如图 9-9 所示，按"学号"字段进行升序排序。

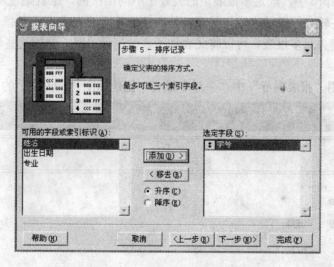

图 9-9　"排序记录"对话框

（7）输入报表标题和确定保存方式：单击"下一步"按钮，系统进入"报表向导"的"步骤 6-完成"对话框。在"报表标题"文本框中，用户可修改报表标题，如图 9-10 所示，报表标题为"学生"。

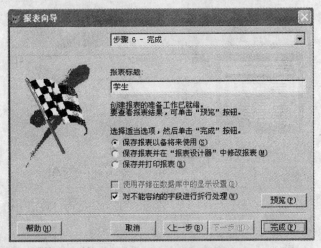

图 9 - 10 "完成"对话框

在单选按钮中选择报表的保存方式，如果选择第二选项，表示保存后进入"报表设计器"。单击"预览"按钮，可以显示报表，用户若不满意可按"上一步"返回前面修改。单击"完成"按钮，屏幕显示"另存为"对话框，缺省的文件名为"学生名册 . frx"，单击"保存"按钮，保存报表文件。

2. 一对多的报表

在 Visual Foxpro 中，规定多报表中的表处于不同层次的，也就是说所引用的表的地位是不平等的，处在较高等级的表成为父表，处在较低等级的表成为子表。一般来说，父表是唯一的。通过创建一对多报表，可以将父表和子表的记录关联，并用这些表中相应的字段创建报表。

例 9 - 2 利用"报表向导"中"一对多报表"创建如图 9 - 11 所示的"成绩单"报表。

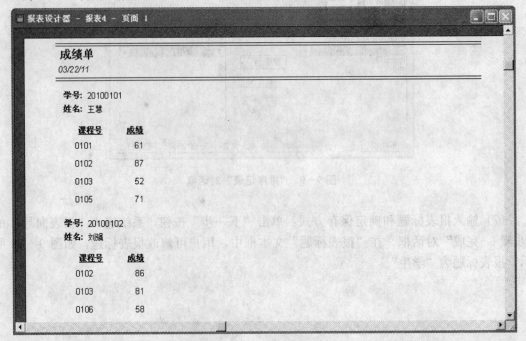

图 9 - 11 "成绩单"报表

　　（1）选择"文件"｜"新建"命令，在弹出的对话框中选择文件类型为"报表"，单击"向导"按钮，出现"向导选取"对话框，选择"一对多报表向导"。

　　（2）从父表选取字段：选取"学生"作为父表，在"可用字段"列表框中，选取表的部分字段，通过移动按钮，移到"选定字段"列表框中，如图 9-12 所示。

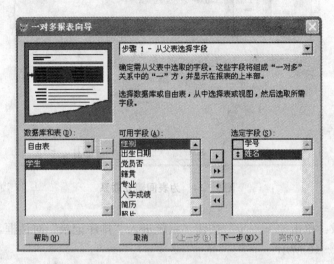

图 9-12　从"父表"选取字段对话框

　　（3）从子表选取字段：选取"成绩"作为子表，在"可用字段"列表框中，选取表的全部字段，通过移动按钮，移到"选定字段"列表框中，如图 9-13 所示。

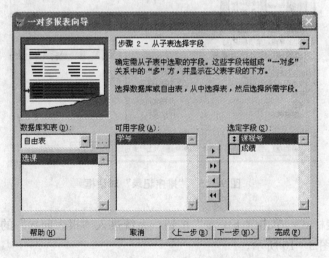

图 9-13　从"子表"选取字段对话框

　　（4）为表建立关系：以"学生"表和"成绩"表中的"学号"字段建立联系，如图 9-14 所示。

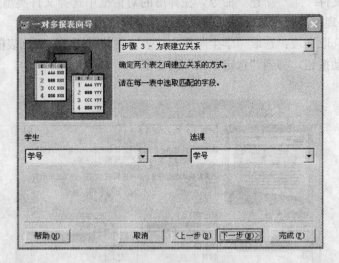

图 9 - 14　为表间建立联系

（5）排序记录：单击"下一步"按钮，系统进入"排序记录"对话框，设置"学号"字段为升序，如图 9 - 15 所示。

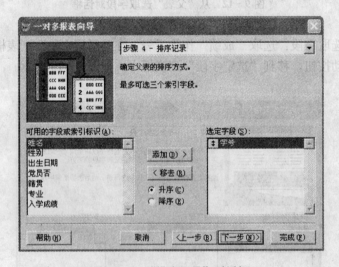

图 9 - 15　"排序记录"对话框

（6）选择报表样式：单击"下一步"按钮，系统进入"报表向导"的样式选取界面，选择"经营式"，如图 9 - 16 所示。

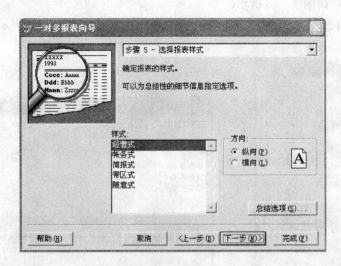

图 9-16　"选择报表样式"对话框

（7）输入报表标题和确定保存方式：单击"下一步"按钮，系统进入"报表向导"的完成阶段。在"报表标题"文本框中，输入报表标题为"成绩单"，如图 9-17 所示，单击"完成"按钮，保存"成绩单"报表。

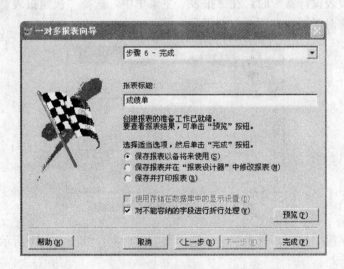

图 9-17　"完成"对话框

9.1.2　"快速报表"创建报表

"快速报表"是自动建立一个简单报表布局的快速工具。用户可以使用系统提供的"快速报表"功能，来初步生成报表，如果需要修改，再利用"报表设计器"对该报表进行调整。

例 9-3　利用"快速报表"生成"学生信息报表"。

（1）选择"文件"｜"新建"命令，在弹出的对话框中选择"报表"单选按钮，单击

"新建文件"按钮，如图 9-18 所示。

（2）显示"打开"对话框，选择要使用的自由表，如图 9-19 所示，单击"确定"
按钮。

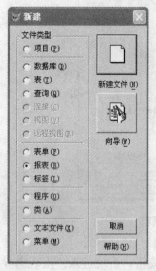

图 9-18   "新建"对话框

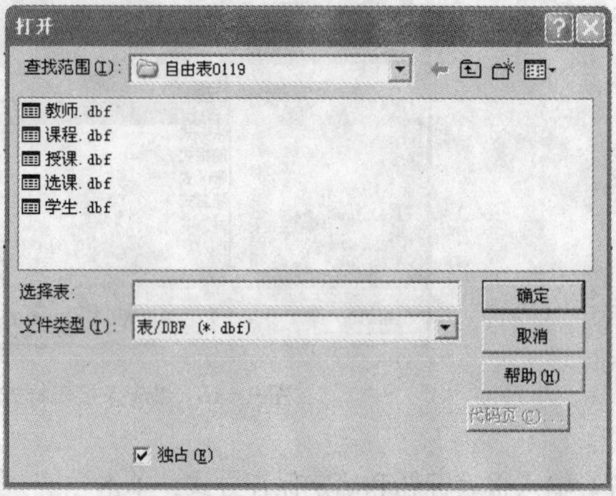

图 9-19   "打开"对话框

（3）打开"报表设计器"时，在"报表"主菜单中，选择"快速报表"命令，系统屏幕
显示"快速报表"对话框，如图 9-20 所示。

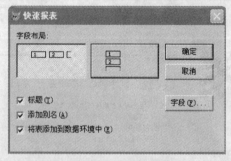

图 9-20   "快速报表"对话框

（4）单击"字段"按钮，进入"字段选择器"对话框，如图 9-21 所示。

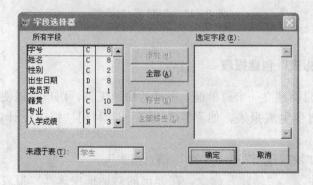

图 9-21   字段选择器

（5）在"字段选择器"中，可以选择所需要的字段，然后单击"确定"按钮。

（6）单击"确定"按钮，如图 9 - 22 所示。

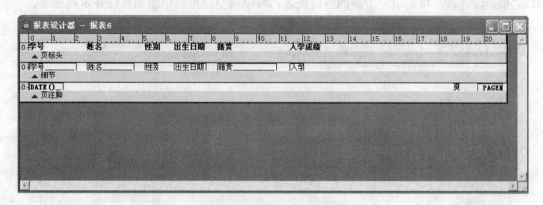

图 9 - 22 "报表设计器"窗口

（7）关闭"报表生成器"，打开设计完的报表，然后选择"预览"，可以预览生成的报表，如图 9 - 23 所示。

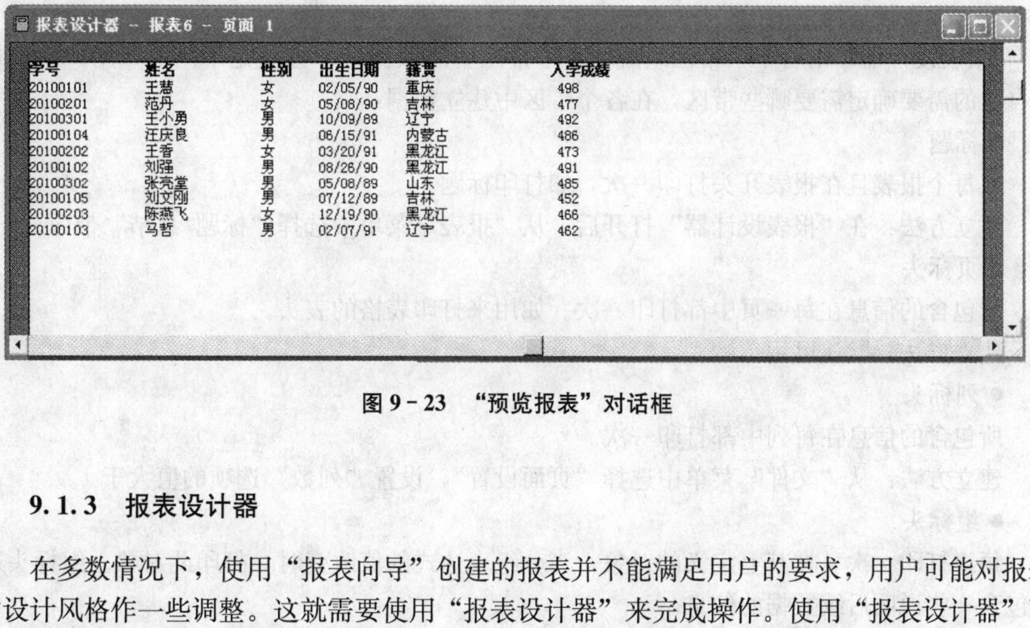

图 9 - 23 "预览报表"对话框

9.1.3 报表设计器

在多数情况下，使用"报表向导"创建的报表并不能满足用户的要求，用户可能对报表的设计风格作一些调整。这就需要使用"报表设计器"来完成操作。使用"报表设计器"可以生成新的空白报表，然后根据需要添加控件或修改已有的报表，加强了报表的视觉效果和可读性。

1. 打开报表设计器

● 命令方式：CREATE REPORT

● 菜单方式：选择"文件"｜"新建"命令，在弹出的"新建"对话框中，在选择"报表"选项，然后单击"新建文件"命令按钮。

打开报表设计器的同时，不但有"报表"菜单条自动添加到系统菜单上，还有"报表控制"工具栏、"报表设计器"工具栏也被默认显示在 VFP 主窗口中。

选择"新建"按钮，屏幕显示"新建报表"对话框，如图 9-12 所示。在"新建报表"对话框中，选择"新建报表"按钮，则系统将显示"报表设计器"对话框，如图 9-24 所示。"报表设计器"将显示一个新的空白报表，可以向空白报表中添加控件并定制报表。

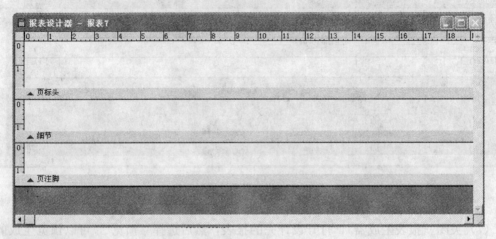

图 9-24　报表设计器

2. "报表设计器"中的带区

"报表设计器"由若干个带区组成，各个带区中的数据打印方法是不同的，用户应该根据自己的需要确定需要哪些带区，在各个带区中建立数据：

● 标题

在每个报表且在报表开头打印一次，如打印标题。

建立方法：在"报表设计器"打开后，从"报表"菜单中选择"标题/总结"带区。

● 页标头

所包含的信息在每一页中都打印一次。如用来打印表格的表头。

建立方法：默认可用。

● 列标头

所包含的信息在每列中都打印一次。

建立方法：从"文件"菜单中选择"页面设置"，设置"列数"选项的值大于 1。

● 组标头

每组打印一次。在其上定义的对象，当分组表达式的值改变时，打印此对象。组标头通常包含一些说明后续数据的信息。

建立方法：从"报表"菜单中选择"数据分组"。

● 细节

其上的定义对象一般包含来自表中的一行或多行记录，每行打印一次。如打印表格中的数据行。

建立方法：默认可用。

● 组注脚

每组打印一次。在其上定义的对象，当分组表达式的值改变时，打印此对象。组标脚通常包含组数据的计算结果值，如数据分组中的各组数据。

建立方法：从"报表"菜单中选择"数据分组"。

● 列注脚

所包含的信息在每列中都打印一次。

建立方法：从"文件"菜单中选择"页面设置"，设置"列数"选项的值大于1。

● 页注脚

其上定义的对象每一页面打印一次。

建立方法：默认状态下已有。

● 总结

每份报表打印一次。一般在报表的最后出现一次，如打印总结、统计数据。

建立方法：从"报表"菜单中选择"标题/总结"带区。

使用"报表设计器"，可以设计更灵活更复杂的报表，当打开"报表设计器"时，系统自动提供一个"报表控件"工具栏和"报表设计器"工具栏。一般有 3 个带区：页标头、细节、页注脚。当选择"报表"菜单中的"标题/总结"命令时，将出现"标题"带区，如图 9 - 25 所示。

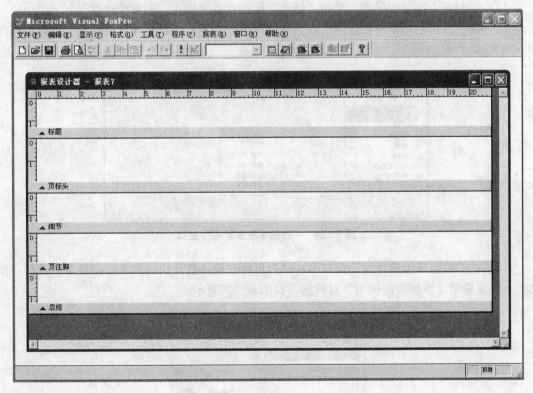

图 9 - 25 "报表设计器"对话框

3. 在"报表设计器"上的常用操作

● 设置报表上对象的位置

单击"报表控件"工具栏中的"选定对象"按钮

单击要移动位置的报表对象，则屏幕出现被选定的标志。

用鼠标拖曳被选中的对象到所需的位置，然后释放鼠标。

● 设置报表上字段的长度

在报表细节带中，选定要设置的字段对象。

在对象 8 个方向的控制黑点上，根据需要缩放调整字段对象大小。

● 删除报表的对象

单击"报表控件"工具栏中的"选定对象"按钮 ![选定对象按钮]

单击要删除的对象，再按 Del 键。

● 移动报表带

在要移动的带上按下鼠标键上下拖动鼠标，到适当位置后，释放鼠标，则报表带被移动。

4. 设置报表的数据源

报表数据源通常是数据库中的一些表，也可以是视图、查询或自由表等。可以通过"数据环境"菜单，添加表或视图，也可以为一个表添加索引，从而使得数据的输出更为有序。利用"数据环境"菜单添加表或视图的操作步骤如下：

（1）打开一个已有的报表，选择"修改"按钮，系统进入"报表设计器"。

（2）在"显示"菜单中，选择"数据环境"命令，显示"数据环境设计器"窗口，如图 9-26 所示。

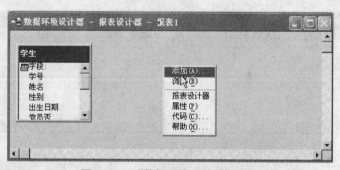

图 9-26　"数据环境设计器"窗口

（3）在"数据环境设计器"窗口中，单击鼠标右键，打开快捷菜单，在菜单中选择"添加"，屏幕显示"添加表或视图"对话框，如图 9-27 所示。

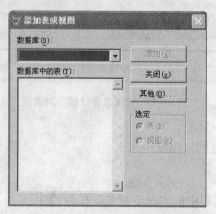

图 9-27　"添加表或视图"对话框

● 在"添加表或视图"对话框中，选择需要加入的表，选择"其他"按钮，添加表完毕，单击"关闭"按钮。

5. 报表控件的使用

报表控件是表达字段信息及报表界面的基本单位，对控件的操作和布局关系到整个报表的显示效果。在打开"报表设计器"时，"报表控件"工具栏会自动显示。如果没有显示，选择"显示"菜单的"报表控件"工具栏命令，打开"报表控件"工具栏，如图 9-28 所示。

图 9-28　"报表控件"工具栏

"报表控件"工具栏中的控件可以添加到报表布局中，用来显示及设计报表中的内容。添加控件的方法是单击需要的控件控钮，把鼠标指针移到报表上，然后单击报表来放置控件或把控件拖动到适当大小。此工具栏包括如下按钮：

选定对象控件：移动或更改控件的大小。在创建了一个控件后，会自动选定"选定对象"按钮，除非选择"按钮锁定"按钮。

标签控件：创建一个标签控件，用于保存不希望改动的文本。双击标签，打开"文本"窗口，选择"打印条件"按钮，则打开"打印条件"窗口。通过"文本"窗口和"打印条件"对话框的设置，确定标签打印条件和打印格式。

域控件：创建一个字段控件，用于显示表字段、内存变量或其他表达式的内容。双击域控件，打开"报表表达式"对话框，可以通过"报表表达式"对话框定义报表中字段控件的内容。

线条控件：设计时用于画各种线条样式。双击线条控件，打开"矩形/线条"对话框，可以通过"矩形/线条"对话框定义线条。

矩形控件：用于画矩形。双击线条控件，打开"矩形/线条"对话框，可以通过"矩形/线条"对话框定义矩形。

圆角矩形控件：用于画椭圆和圆角矩形。双击圆角矩形控件，打开"圆角矩形"对话框，可以通过"圆角矩形"对话框设定圆角矩形。

图片/Activex 绑定控件：用于显示图片或通用数据字段的内容。双击图片/ActiveX 绑定控件，打开"报表图片"对话框，可以通过"报表图片"对话框绑定图片/ActiveX 绑定控件的图片。

按钮锁定控件：允许添加多个同种类型的控件，而不需重复选择此控件。

6. 其他设置

● 字体字号设定

可以为选定的对象设定字体字号，操作方法是先选定对象，后选择"格式"菜单中的"字体"选项，通过"字体"对话框进行字体字号设定。"字体"对话框如图 9-29 所示。

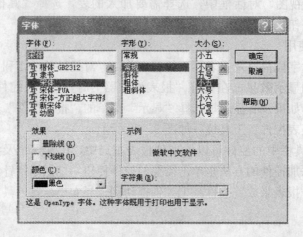

图 9 - 29　"字体"对话框

● 设定线条粗细

如果要设定线条粗细，可以先选定对象，后选择"格式"菜单中的"绘图笔"选项，从"绘图笔"选项的子菜单中选定线条磅数。

● 设定报表设计区域大小

如果要改变报表设计区域大小、左边距、列数等，可以选择"文件"菜单中的"页面设置"选项，在"页面设置"对话框设置设计页面的相应选项，如图 9 - 30 所示。

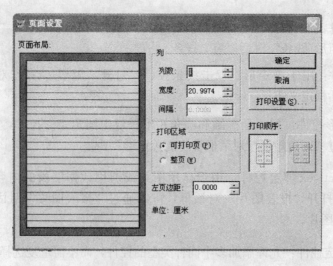

图 9 - 30　"页面设置"对话框

单击"页面设置"对话框中的"打印设置"命令按钮，则打开"打印设置"对话框，可设置纸张大小和方向等，如图 9 - 31 所示。

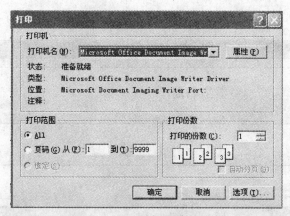

图 9 - 31 "打印设置"对话框

例 9 - 4 使用"报表设计器"创建"学生名册"报表，如图 9 - 32 所示。

学号	姓名	性别	照片	专业
20100101	王慧	女		临床
20100201	范丹	女		护理
20100301	王小勇	男		精神

图 9 - 32 "学生名册"报表

（1）选择"文件"｜"新建"命令，在弹出的对话框中选择"报表"单选按钮，单击"新建文件"按钮，打开"报表设计器"，如图 9 - 33 所示。

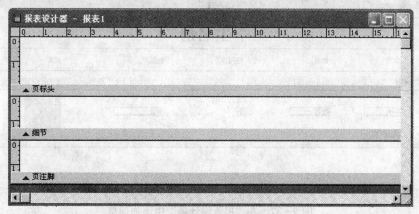

图 9 - 33 默认状态下"报表设计器"

（2）使用"标签"控件在页标头区域带键入"学生名册"，如图 9-34 所示。

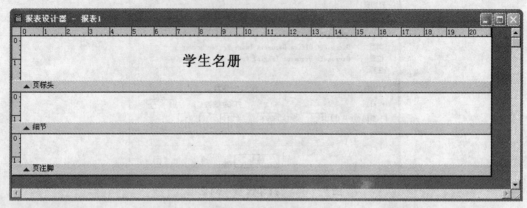

图 9-34 文本输入

（3）在细节区域需要添加学生的具体信息，这些具体的信息需要由数据环境中导入。执行"显示"｜"数据环境"命令，如图 9-35 所示。

打开"数据环境"对话框，如图 9-36 所示。

**图 9-35 "数据
环境"菜单**

图 9-36 "数据环境"对话框

（4）在"数据环境"中将需要显示的字段拖拽到"报表设计器"的细节带中，如图 9-37 所示。

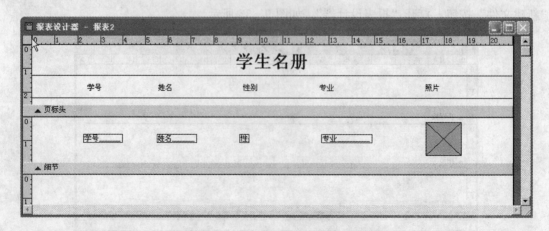

图 9-37 在"报表设计器"中添加信息

（5）选择"报表"｜"数据分组"命令，如图 9 - 38 所示。
打开"数据分组"对话框，如图 9 - 39 所示。

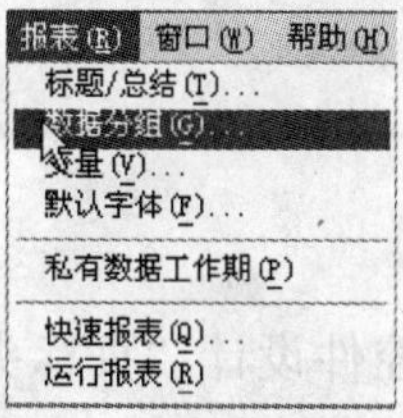

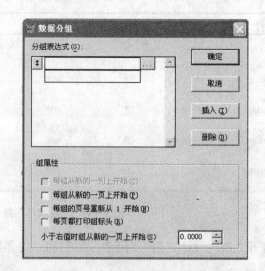

图 9 - 38 "数据
分组"菜单

图 9 - 39 "数据分组"对话框

（6）在"表达式生成器"中添加"专业"字段进行分组，如图 9 - 40 所示。预览后保存
报表。

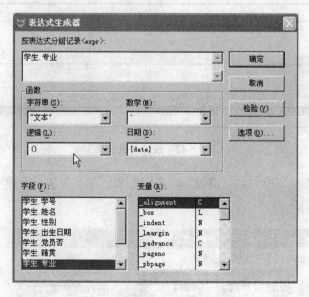

图 9 - 40 按"专业"进行分组

例 9 - 5 利用"报表设计器"创建"成绩单"报表，如图 9 - 41 所示。

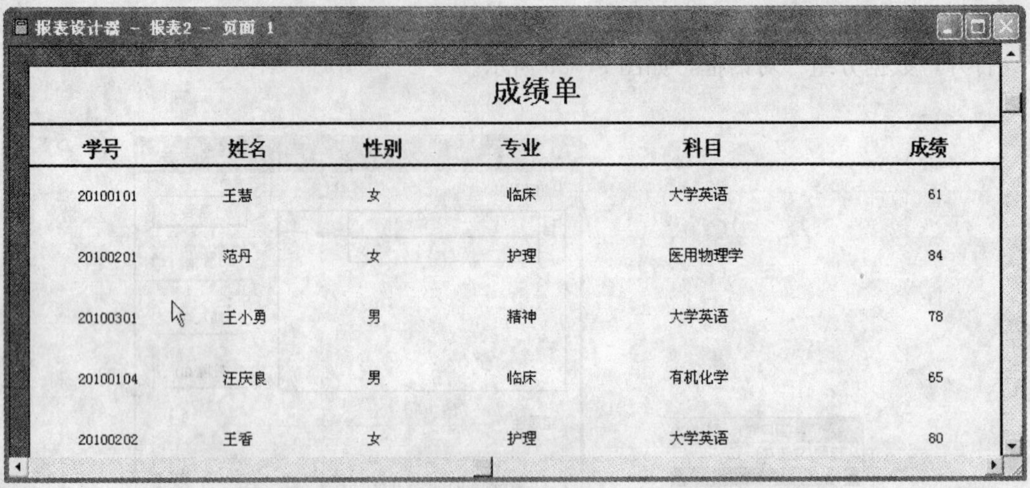

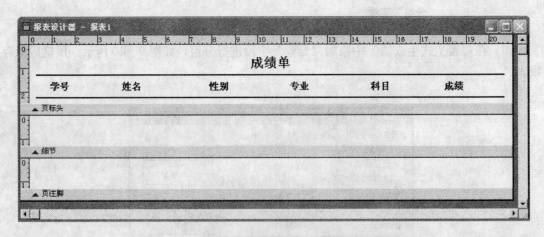

图 9-41 "成绩单"报表

（1）打开"报表设计器"，使用"标签"和"线条"控件设计"页标头"，如图 9-42所示。

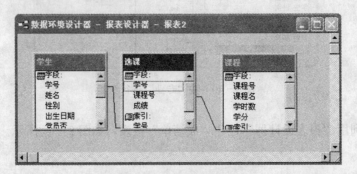

图 9-42 设计"页标头"

（2）在"数据环境"中添加"课程"、"选课"和"学生"表，并建立表间的联系，如图9-43所示。

图 9-43 "数据环境"

（3）将所需字段拖拽到"细节"带区，如图9-44所示。

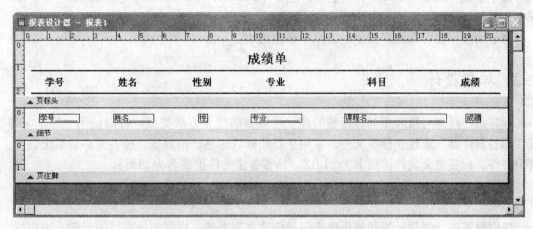

图9-44 "成绩单"报表

（4）预览报表后保存报表。

以上每种方法创建的报表文件都可以用"报表设计器"进行修改。"报表向导"是创建报表最简单的方法，并且"报表向导"可以自动提供"报表设计器"的定制功能，通过问答形式确定或填写有关选项。"快速报表"是创建简单布局报表的最快方法，但报表的数据源必须来自一个数据表。用"报表设计器"创建报表，首先由"报表设计器"提供一个空白报表布局，然后再在空白的报表布局中自由地定义和设计报表。

9.1.4 报表输出

1. 菜单方式输出报表

在Visual FoxPro系统主菜单下，执行"文件"|"打开"菜单，选择"报表"单选按钮，单击"确定"按钮，进入"报表设计器"窗口。在"报表设计器"窗口中，选择"文件"|"预览"命令，可以预览报表。

执行"文件"|"打印"命令，弹出"打印"对话框，设置打印选项，如图9-45所示，单击"确定"按钮，可以通过打印机打印报表的内容。

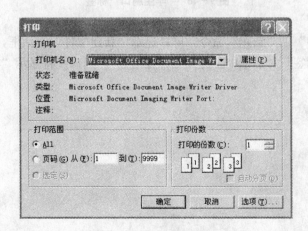

图9-45 "打印"对话框

2. 命令方式输出报表

命令格式：Report Form ＜报表文件名＞ ［Preview］［To print］［In Screen］/ ［Window 表单名］［For ＜条件表达式＞］

命令功能：在屏幕或者指定的表单中预览报表。

9.2 标签设计

标签是一种多列报表布局。标签的建立与报表的建立方法类似，可以使用"标签向导"或"标签设计器"来建立标签文件。常用于打印邮政标签、信封等。标签保存后系统会产生两个文件。标签定义文件扩展名为.LBX，标签备注文件扩展名为.LBT。

9.2.1 标签向导

使用标签向导创建标签和使用报表向导创建报表类似，根据向导提供的步骤，用户可以比较简单地设计出标签。

例 9 - 6 使用标签向导制作"学生胸卡"标签，如图 9 - 46 所示。

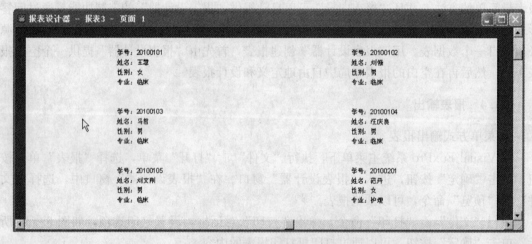

图 9 - 46 "学生胸口"标签

（1）选择"文件" | "新建"命令，屏幕显示"新建文件"对话框，如图 9 - 47 所示。

（2）在"新建标签"对话框中，选择"标签向导"，则系统将显示"标签向导"对话框，如图 9 - 48 所示。

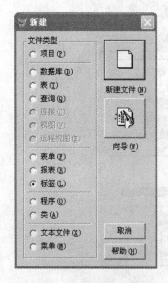

图 9 - 47　"新建标签"对话框

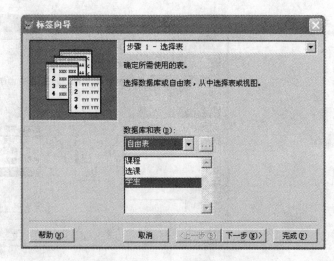

图 9 - 48　"标签向导"对话框

（3）选择表：选择需要建立标签的"表"，可以是数据库表或自由表。

（4）选择标签类型：用户可以选择一种标准标签类型。选定所需的标签样式，如图 9 - 49 如图。

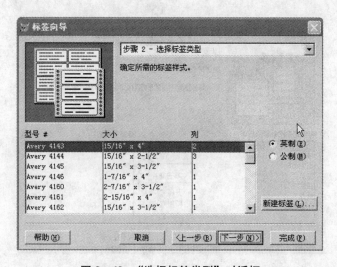

图 9 - 49　"选择标签类型"对话框

（5）定义布局：用户可以按照在标签中出现的顺序添加字段，可以使用如图 9 - 50 中所显示的空格、标点符号、换行符等命令按钮格式化标签并使用"文本"框输入文本。

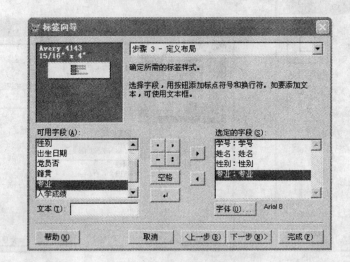

图 9-50　"定义布局"对话框

（6）排序记录：单击"下一步"，系统进入"排序记录"对话框画面，选择排序记录的方式（升序或降序），确定标签中记录的排序顺序，按选定字段的顺序对记录进行排序，如图 9-51 所示。

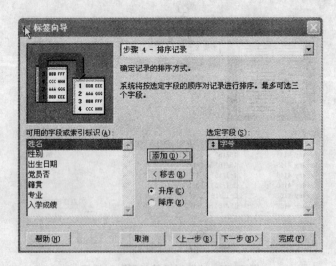

图 9-51　排序记录

（7）完成：保存标签，如图 9-52 所示。向导保存标签之后，可以原样使用标签布局，也可以在"标签设计器"中按定制报表布局的方法定制标签布局。

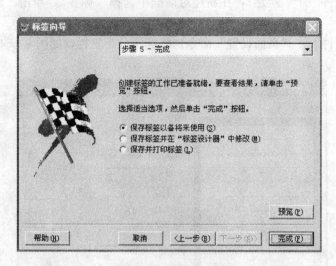

图 9-52 完成对话框

通过向导建立的标签其布局是简单的。利用标签设计器可以创建和修改布局复杂的标签。

9.2.2 标签设计器

用户可以用"标签设计器"创建标签和修改标签，标签设计器和报表设计器使用相同的菜单和工具栏，所以设计的方法也是相同的，但是一般都使用标签设计器来设计多列的布局画面。

例 9-7 使用"标签设计器"创建"考试证"，如图 9-53 所示。

图 9-53 "考试证"标签

（1）选择"文件"｜"新建"，在新建对话框中选择"标签"，单击"新建文件"，打开"标签设计器"。

（2）执行"文件"｜"页面设置"命令，将标签分为三栏，如图9-54所示。

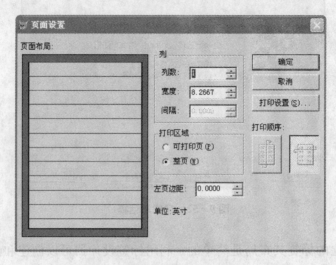

图9-54　"页面设置"对话框

（3）在"标签设计器"细节区使用"标签"控件添加文本，如图9-55所示。

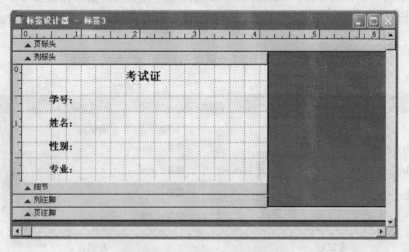

图9-55　"报表设计器"

（4）在"数据环境"中添加"学生"表，如图9-56所示。

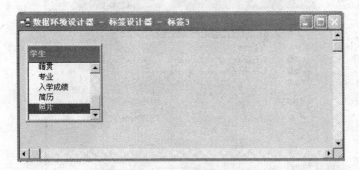

图 9 - 56 "数据环境"对话框

（5）将"学生"表中的字段拖拽到"标签设计器"中细节区，如图 9 - 57 所示。

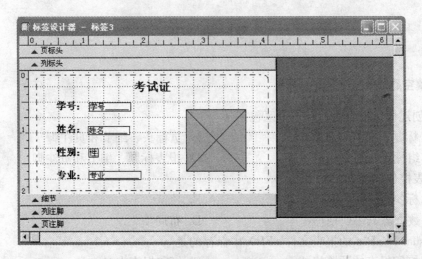

图 9 - 57 "考试证"标签设计效果

（6）预览后保存。

9.2.3 标签输出

当用户完成报表和标签布局的定制后，可以浏览设计结果。如果报表及标签设计完成后，报表和标签就可以打印输出了。可以通过命令方式和菜单方式预览或打印报表。

1. 菜单方式

在"报表设计器"窗口中，选择"显示"｜"预览"命令，可以预览报表。

单击"文件"菜单，选择"打印"选项，打开"打印"对话框，如图 9 - 58 所示，设置打印选项，单击"确定"按钮，可以通过打印机打印报表的内容。

2. 命令方式

通常在程序设计中或者命令窗口中如果要调用标签文件，可以使用下面的命令：

Label Form ＜标签文件名＞ ［Preview］［To Print］［＜范围＞］［For ＜条件＞］

命令功能：在屏幕或者指定的表单中预览标签。

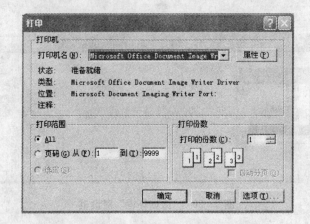

图 9-58   打印对话框

习 题 9

一、填空题

1. 在创建快速报表时，基本带区包括（   ）。
   A. 标题、细节和总结
   B. 页标头、细节和页注脚
   C. 组标头、细节和组注脚
   D. 报表标题、细节和页注脚

2. 报表控件有（   ）。
   A. 标签
   B. 预览
   C. 数据源
   D. 布局

3. Visual FoxPro 的报表文件 .FRX 中保存的是（   ）。
   A. 打印报表的预览格式
   B. 打印报表本身
   C. 报表的格式和数据
   D. 报表设计格式的定义

4. 使用报表向导定义报表时，定义报表布局的选项是（   ）。
   A. 列数、方向、字段布局
   B. 列数、行数、字段布局
   C. 行数、方向、字段布局
   D. 列数、行数、方向

5. 为了在报表中打印当前时间，这时应该插入一个（   ）。
   A. 表达式控件
   B. 域控件
   C. 标签控件
   D. 文本控件

6. 如果要创建一个数据 3 级分组报表，第一个分组表达式是"部门"，第二个分组表达式是"性别"，第三个分组表达式是"基本工资"，当前索引的索引表达式应当是（   ）。
   A. 部门＋性别＋基本工资
   B. 部门＋性别＋STR（基本工资）
   C. STR（基本工资）＋性别＋部
   D. 性别＋部门＋STR（基本工资）

7. 在 VFP 6.0 报表设计中，在报表标签布局中不能插入的报表控件是（   ）。
   A. 字段控件
   B. 线条
   C. 文本框
   D. 图片/OLE 绑定控件

8. 在 VFP 6.0 的报表设计中，为报表添加标题的正确操作是（   ）。

    A. 在页标头带区添加一标签控件

    B. 在细节带区中添加一标签控件

    C. 在组标头带区添加一标签控件

    D. 从菜单选择"可选带区"命令项添加一标题带区，再在其中加一标签控件

9. 在报表设计中，关于报表标题，下列叙述中正确的是（   ）。

    A. 每页打印一次   B. 每报表打印一次

    C. 每组打印一次   D. 每列打印一次

10. 使用报表向导定义报表时，定义报表布局的选项是（   ）。

    A. 列数、方向、字段布局   B. 列数、行数、字段布局

    C. 行数、方向、字段布局   D. 列数、行数、方向

11. 不能作为报表数据源的是（   ）。

    A. 数据库表   B. 视图

    C. 查询   D. 自由表

二、思考题

1. 调用报表的命令是什么？

2. 设计报表通常包括哪两个部分？

3. 怎样设置多栏报表的栏目数？

第10章 菜单设计

应用程序软件通常利用菜单将实现的多个功能模块组织在一起供用户选择和操作。由于在应用程序中，用户最先接触的就是应用程序中的菜单系统，菜单系统设计的好坏不仅反映了应用程序中的功能模块组织的水平，同时也反映应用程序的用户友善性。VFP提供的菜单生成工具"菜单设计器"能够帮助建立高质量的菜单系统。

10.1 菜单系统概述

10.1.1 菜单结构

WINDOWS应用程序常见的菜单类型有下拉菜单和快捷菜单两种。应用程序通常以下拉菜单的形式列出其具有的所有功能，供用户调用，它常位于标题栏下方；快捷菜单一般从属于某个界面对象，列出与该对象相关的一些操作，用户通过用鼠标右键点击对象弹出。

菜单是应用程序的一个重要组成部分，包括一系列选项，每个菜单项对应一个命令或程序，能够实现某种特定的功能。菜单由下面菜单元素组成：

● 菜单栏：位于窗口标题栏下方，用于显示多个菜单标题。

● 菜单标题：菜单栏中每一个菜单的名称，单击菜单标题，能够打开对应的菜单。

● 菜单：进行功能选择的列表清单。

● 菜单项：菜单的各个选择项，用于实现某一任务，可以是执行一条命令、执行一个过程或激活另一个菜单。

如图10-1所示，为VFP软件的系统菜单组成。

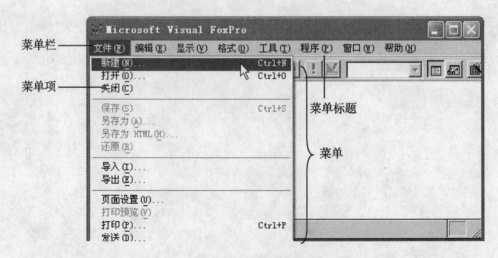

图 10-1 菜单组成

10.1.2　菜单系统设计

我们在进行菜单设计实现时，需要遵循下面的设计原则和创建步骤。

1. 设计原则

（1）根据用户任务组织菜单系统。

（2）给每个菜单和菜单选项设置一个意义明了的标题。

（3）按照估计的菜单项使用频率、逻辑顺序或字母顺序组织菜单项。

（4）在菜单项的逻辑组之间放置分隔线。

（5）设置菜单和菜单选项的访问键及键盘快捷键。

（6）将菜单上菜单项的数目限制在一个屏幕之内，如果超过了一屏，则应为其中一些菜单项创建子菜单。

2. 创建步骤

（1）规划与设计菜单系统

确定需要哪些菜单项、菜单项出现在界面的什么位置、哪些菜单要有子菜单、哪些菜单要执行相应的操作等。

（2）创建菜单和子菜单

利用菜单设计器定义菜单标题、菜单项和子菜单。

（3）按实际要求为菜单系统指定任务

指定菜单所要执行的任务，例如执行一条命令或一个程序。菜单建立好之后将生成一个以 .mnx 为扩展名的菜单文件和以 .mnt 为扩展名的菜单备注文件。

（4）生成菜单程序

利用已建立的菜单文件，生成扩展名为 .mpr 的菜单程序文件。

（5）运行生成的菜单程序以测试菜单系统

10.2　下拉式菜单设计

下拉式菜单由菜单栏和一组弹出式菜单组成，通过选择菜单栏的某一菜单标题，弹出相应的菜单。用 VFP 提供的菜单设计器可以方便地进行下拉菜单的设计。

10.2.1　定义下拉式菜单

1. 启动菜单设计器

打开菜单设计器的方法如下：

方法 1：单击"文件"菜单下的"新建"命令或常用工具栏上的"新建"按钮，在出现的"新建"对话框中，选择文件类型为"菜单"，然后单击"新建文件"按钮。

方法 2：在命令窗口执行命令：CREATE　MENU

执行上述操作后，将弹出"新建菜单"对话框，如图 10-2 所示，若创建下拉式菜单需单击"菜单"按钮，之后弹出"菜单设计器"对话框，如图 10-3 所示。

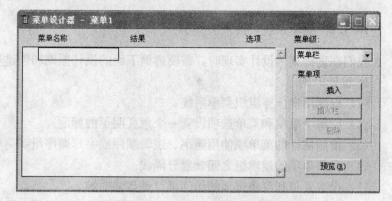

图 10-2　"新建　　　　图 10-3　"菜单设计器"对话框
菜单"对话框

2. 菜单设计器界面介绍

菜单设计器可分为 4 个部分：

(1)"菜单定义"列表框，位于左侧，用于输入用户定义的各个菜单项的名称。
"菜单定义"列表框组成如图 10-4 所示。

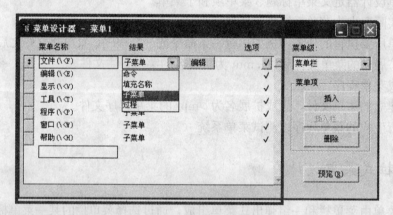

图 10-4　"菜单定义"列表框

● 菜单名称：指定菜单标题和菜单项的名称。

● 结果：用于指定当用户选择该菜单项时的动作。单击该列将出现一个下拉列表框，有
下面 4 种选择：

■ 命令：选择此项，列表框右侧会出现一个文本框。可以在文本框内输入一条具体的命
令，当选择该菜单项时，将执行这条命令。

■ 过程：选择此项，列表框右侧会出现"创建"命令按钮。单击"创建"按钮将打开一
个文本编辑窗口，可以在其中输入和编辑过程代码。需注意，在输入过程代码时，不
需要写入 PROCEDURE 语句。以后，当再单击该列时，列表框右侧出现的将是"编
辑"命令按钮。

■ 子菜单：选择此选项，列表框右侧会出现"创建"或"编辑"（第一次定义时为"创
建"按钮，以后为"编辑"按钮）。单击该按钮，"菜单设计器"窗口就切换到子菜单

页，可以在其中定义子菜单。此时，"菜单级"下拉列表框内会显示当前子菜单的内部名字。

- 填充名称或菜单项♯：选择此项，列表框右侧会出现一个文本框，可以在文本框内输入菜单项的内部名字或序号，其目的是为了在程序中引用它。若当前定义的菜单是菜单栏级，该选项为"填充名称"，应指定菜单项的内部名字；若当前菜单为弹出式子菜单，该选项为"菜单项♯"，应指定菜单项的序号。"菜单项♯"也可以指定 VFP 系统菜单中某个菜单命令的内部名称，使正在定义的菜单项功能与对应的系统菜单命令功能相同。

● 选项：每个菜单项的选项列都有一个无符号按钮，单击该按钮，出现"提示选项"对话框，供用户定义键盘快捷键和其他菜单操作。当在对话框中定义过属性后，按钮上就会出现符号"√"。

（2）"菜单级"列表框，位于右上角，用于切换菜单的层次。菜单系统的最高一级是菜单栏菜单，其次是每个菜单的子菜单。

（3）"菜单项"命令按钮组，位于右侧中部，用于插入和删除菜单项。

●"插入"按钮：可以在当前选中的菜单项前添加一个新的菜单项。这个新菜单项的标题为"新菜单项"，用户可以自己修改成合适的标题。

●"插入栏"按钮：显示"插入系统菜单栏"对话框，供用户在子菜单的当前菜单项前插入一个标准的 VFP 系统菜单项。

●"删除"按钮：将当前选中的菜单项删除。

（4）"预览"按钮，位于右下角，点此按钮可显示创建的菜单的预览效果。

3. "显示"菜单

在菜单设计器环境下，系统的"显示"菜单会出现两条命令："常规选项"和菜单选项。

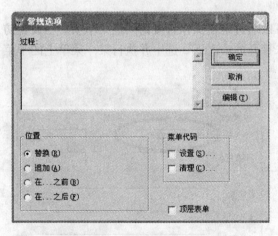

图 10-5 "常规选项"对话框

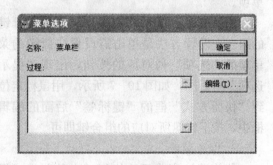

图 10-6 "菜单选项"对话框

●"常规选项"对话框

执行"显示"｜"常规选项"命令，打开"常规选项"对话框，如图 10-5 所示，用于定义整个下拉式菜单的总体属性。

①"过程"编辑框：为顶级菜单中没有设置过任何命令或过程的菜单项编辑公共过程，当选择此类顶级菜单项，将执行该过程代码。

②"位置"区：定义自定义菜单与当前系统菜单的关系。

"替换"：自定义菜单替换当前系统菜单；

"追加"：将自定义菜单追加到当前系统菜单之后；

"在…之前"：自定义菜单将插在某个菜单项前面；

"在…之后"：自定义菜单将插在某个菜单项后面。

③"菜单代码"区：选择"设置"与"清理"两个复选框之一打开相应的代码编辑窗口。"设置"代码在菜单产生之前执行，通常作初始化的工作。"清理"代码在菜单显示出来之后执行。

④"顶层表单"复选框：可以将自定义菜单添加到一个顶层表单里。

● "菜单选项"对话框

执行"显示" | "菜单选项"命令，打开"菜单选项"对话框，如图 10-6 所示。在这个对话框里，可以为当前弹出式菜单的菜单项或所有弹出式菜单的菜单选项定义一个缺省过程代码。

4. 设置菜单项的分界线

为了增加菜单的可读性，可使用分隔线将功能相近的菜单项分隔成组。操作方法是在"菜单名称"中输入" \-"，则在菜单中该菜单项的位置处出现一条分界线。

5. 设置访问键

设计良好的菜单都应具有访问键，此功能可以让用户通过键盘快速地访问菜单。访问键一般在菜单标题栏或者菜单项上用带有下划线的大写字母表示，提供用"Alt＋访问键"方式访问该菜单项的方法。

设置访问键的方法是在指定菜单名称时，在要作为访问键的字母前加上" \ ＜"两个字母。例如，设置菜单项名称为"文件（\ ＜F)"，则可以通过按 Alt＋F 键方法弹出对应的菜单。

6. 设置键盘快捷键

如果为菜单项设置键盘快捷键，用户就可以通过键盘操作直接访问该菜单项。与设置访问键不同的是，使用键盘快捷键可以在菜单未打开的情况下，选中并执行某一菜单上的子菜单项。

快捷键通常是 Ctrl 或 Alt 与其他字母键的组合，设置方法是单击需设置快捷键的菜单项的"选项"列对应的按钮，出现"提示选项"对话框，如图 10-7 所示，用鼠标定位到"快捷方式"框的"键标签"后面的编辑框中，按下键盘所对应的组合键即可。

7. 保存菜单

菜单设计完成后，执行"文件" | "保存"或按 Ctrl＋W 键将菜单定义保存到扩展名为 .MNX 文件的菜单文件和以 .MNT 为扩展名的菜单备注文件中。

8. 生成菜单程序

菜单定义文件存放着菜单的各项定义，但其本身是一个表文件，并不能运行，需要

图 10-7　"提示选项"对话框

根据菜单定义产生可执行的菜单程序文件（. MPR）之后运行。

方法：在"菜单设计器"环境下，执行"菜单"｜"生成"命令，然后在"生成菜单"对话框中指定菜单程序文件的名称和存放路径，最后单击"生成"按钮。

9. 运行菜单程序

方法 1：在命令窗口执行命令：DO ＜菜单程序文件名＞. MPR

提示：菜单程序文件的扩展名 . MPR 不能省略，例如 DO M1. MPR。运行菜单程序时，系统会自动编译 . MPR 文件，产生用于运行的 . MPX 文件。

方法 2：执行"程序"｜"运行"命令，然后选择需要运行的菜单程序。

10. 修改菜单

当需要对菜单进行修改时，需要执行下面步骤：

① 打开已有菜单文件（. MNX）

方法 1：执行"文件"｜"打开"命令或单击工具栏"打开"按钮，在"打开"对话框中，选择扩展名为 . MNX 的菜单文件。

方法 2：在命令窗口执行命令 MODIFY MENU ＜菜单文件名＞。

如果 MODIFY MENU 命令后的＜菜单文件名＞所指菜单文件不存在，则新建此菜单文件。

② 利用"菜单设计器"编辑修改菜单。

③ 生成菜单程序。

④ 运行生成后的新菜单程序。

需要注意的是，每次对菜单进行了修改，必须重新对菜单进行生成操作。

11. 菜单状态设置

VFP 启动后，菜单栏为默认的 VFP 系统菜单。当用户定义的下拉式菜单程序运行后，VFP 系统默认将 VFP 系统菜单变有用户定义的菜单。如果需要将菜单栏恢复为 VFP 缺省配置，执行下面命令：

SET SYSMENU TO DEFAULT

例 10 - 1 设计"学生成绩管理系统"的菜单，菜单结构如表 10 - 1 所示。

表 10 - 1 学生成绩管理系统的菜单设计

基本信息录入（I）	课程管理（M）	信息查询（Q）	信息打印（P）	退出（X）
学生信息 Ctrl＋S 课程信息	学生选课 成绩录入 Ctrl＋I	学生基本信息 学生成绩	学生名册 成绩单	版权信息 退出系统
教师信息 教师授课		学生选课 教师授课	成绩分析报表 考试证	

操作步骤如下：

① 在命令窗口输入命令：MODIFY MENU CJGL，然后在弹出的"新建菜单"对话框中单击"菜单"按钮，打开"菜单设计器"窗口。

② 设置菜单栏，包括访问键设置。

首次进入"菜单设计器"窗口，"菜单级"为菜单栏，说明当前定义的是菜单栏的菜单标题部分。在"菜单设计器"中，单击"插入"按钮，自动插入一条新的菜单项，在"菜单名称"栏中修改为"基本信息录入（\ <I）"，在"结果"栏选择默认选项"子菜单"，重复上述操作，完成菜单栏的定义。

如果调整菜单项的循序，可以拖动菜单项的"菜单名称"前的滑块实现。如果删除某菜单项，需先选择该菜单项后按删除按钮实现。定义菜单栏后，菜单设计器如图 10-8 所示。

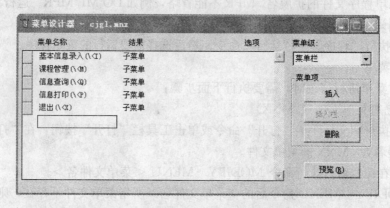

图 10-8 定义"学生成绩管理系统"的菜单栏

③ 设置子菜单，包括分隔线和快捷键的设置。

选择"基本信息录入"菜单项，单击"结果"列上的"创建"按钮，使设计器切换到子菜单页，然后插入菜单项，设置各菜单项名称，分隔栏的名称为"\ -"。

为"学生信息"菜单项设置热键 Ctrl＋S 的操作是：单击"学生信息"菜单项对应的"选项"按钮，在弹出的"提示选项"对话框中，先用鼠标单击"键标签"后的编辑框，然后按 Ctrl＋S 组合键，如图 10-9 所示。定义"基本信息录入"子菜单后，菜单设计器如图 10-10 所示。

从"菜单级"列表框中选择"菜单栏"，返回到主菜单页，用相同方法创建其他子菜单。

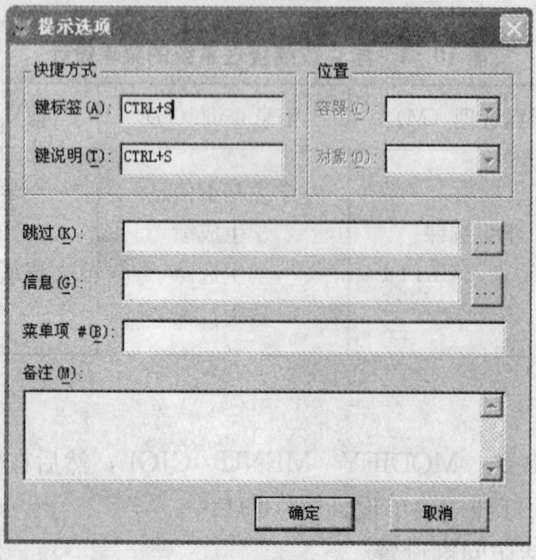

图 10-9 设置快捷键

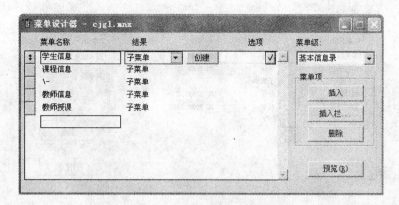

图 10 - 10　"基本信息录入"子菜单定义

④ 预览菜单。

单击"菜单设计器"右下角的"预览"按钮，VFP 系统菜单栏显示当前定义的菜单效果，如图 10 - 11 所示。

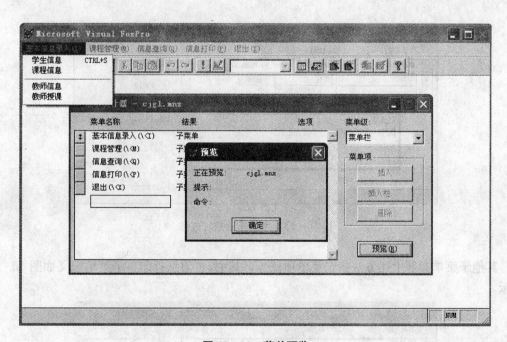

图 10 - 11　菜单预览

⑤ 指定菜单项任务。

可以利用命令或过程为菜单项指定任务。进入"基本信息录入"子菜单，选择"学生信息"菜单项，在"结果"框中选择"命令"选项，在右边出现的文本框中添加相应的 VFP 命令，其他菜单项类似定义，定义后如图 10 - 12 所示。

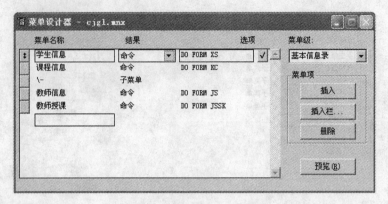

图 10 - 12　为菜单项指定命令

进入"退出"子菜单，选择"退出"菜单项，在"结果"框中选择"过程"选项，右边出现"创建"按钮，如果已经创建过则为"编辑"按钮，单击该按钮，进入过程编辑器，编写退出系统代码，如图 10 - 13 所示。

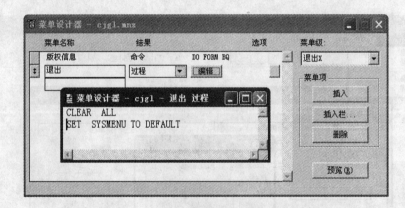

图 10 - 13　为菜单项指定过程

其他子菜单参照上述方法指定菜单项任务，其中，"信息打印"子菜单定义如图 10 - 14 所示。

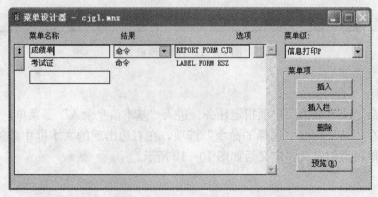

图 10 - 14　"信息打印"子菜单定义

⑥ 保存菜单。

执行"文件" | "保存"命令，菜单定义保存在 CLGL. MNX 和 CLGL. MNT 两个文件中。

⑦ 生成菜单程序。

执行"菜单" | "生成"命令，在弹出的"生成菜单"对话框中确定菜单程序保存的位置和文件名，如图 10－15 所示，然后按"生成"按钮。生成完成后，在 D：\ CJGL 目录下生成 cjgl. mpr 菜单程序文件。

注意，生成菜单程序命令必须在"菜单设计器"打开状态下执行。

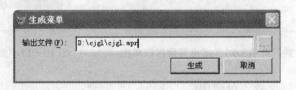

图 10－15 "生成菜单"对话框

⑧ 执行菜单程序。

在命令窗口执行：DO D：\ CJGL \ CJGL. MPR 命令

10.2.2 表单菜单设计

下拉式菜单可以添加到表单中作为表单的顶层菜单进行使用，设置步骤如下：

① 在"菜单设计器"窗口中设计下拉式菜单。

② 菜单设计时，在"常规选项"对话框中选择"顶层表单"复选框。

③ 将表单的 ShowWindow 属性值设置为"2—作为顶层表单"，使其成为顶层表单。

④ 在表单的 Init 事件代码中添加调用菜单程序的命令，格式如下：

DO ＜菜单程序名 . MPR＞ WITH oForm，IAutoRename

菜单程序名作为被调用的菜单程序文件，不能省略扩展名；oForm 是表单的对象引用，在表单的 Init 事件中，This 作为一个参数进行传递，代表当前表单；IAutoRename 指定是否为菜单取一个新的唯一名字，如果计划运行表单的多个实例，则取 . T. 值。

例 10－2 将例 10－1 中建立的菜单 CJGL. MNX 设置为表单 MAIN. SCX 的顶层表单菜单。

操作步骤如下：

① 执行"文件" | "打开"命令，打开例 10－1 中建立的菜单 CJGL. MNX。

② 在菜单编辑编辑状态下，选择"显示" | "常规选项"命令，在弹出的"常规选项"对话框中，选择"顶层表单"复选框，创建顶层表单的菜单，如图 10－16 所示。单击"确定"按钮，返回"菜单设计器"。

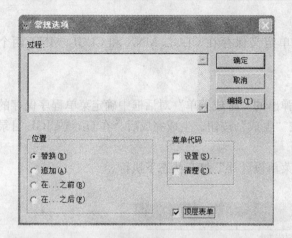

图 10-16　利用"常规选项"对话框设置顶层表单图　　　图 10-17　顶层表单属性设置

③ 保存菜单并重新生成菜单程序。

④ 打开需要添加菜单的 MAIN. SCX 表单。

⑤ 设置表单的 ShowWindow 属性为"2-作为顶层表单",如图 10-17 所示。

⑥ 在表单的 Init 事件中,添加调用菜单程序的命令,如图 10-18 所示。

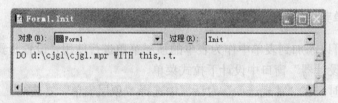

图 10-18　顶层表单 Init 事件

⑦ 保存并运行表单,运行界面如图 10-19 所示。

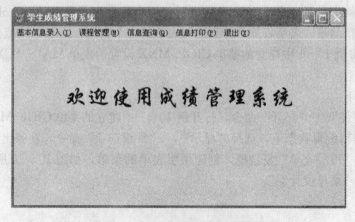

图 10-19　表单顶层菜单运行界面

10.3 快捷菜单设计

快捷菜单一般从属于某个界面对象，它列出了与该对象相关的操作命令，用鼠标右键单击对象时弹出。利用 VFP 提供的快捷菜单设计器可以方便地定义和设计快捷菜单。

建立快捷菜单的步骤如下：

① 单击"文件"菜单下的"新建"命令或常用工具栏上的"新建"按钮，在出现的"新建"对话框中，选择文件类型为"菜单"，然后单击"新建文件"按钮。在弹出"新建菜单"对话框中单击"快捷菜单"按钮，进入快捷菜单设计器。

② 用与设计下拉式菜单相似的方法，在快捷菜单设计器窗口中设计快捷菜单，生成菜单程序文件。

③ 打开表单，选定需要添加快捷菜单的对象。

④ 在选定对象的 RightClick 事件代码中添加调用快捷菜单程序的命令：

$$DO \quad <快捷菜单程序名 . MPR>$$

其中，文件的扩展名 . MPR 不能省略。

⑤ 运行表单，右击表单该对象，即会弹出快捷菜单。

例 10 - 3 为"学生信息"表单 XS. SCX 中的"籍贯"内容编辑实现一个具有"复制"、"剪切"、"粘贴"、"清除"的快捷菜单。

操作步骤：

① 打开"快捷菜单设计器"窗口。

② 添加菜单项，如图 10 - 20 所示。

单击"插入栏…"按钮，在弹出如图 10 - 21 所示的"插入系统菜单栏"对话框中选择"复制"后，单击"插入"按钮，"复制"菜单项出现在"快捷菜单设计器"对话框中，用相同的方法添加"剪切"、"粘贴"、"清除"3 个菜单项。

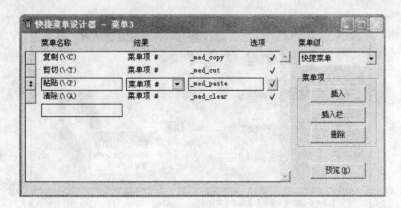

图 10 - 20 "快捷菜单设计器"窗口

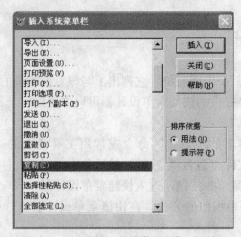

图 10 - 21 "插入系统菜单栏"对话框

③ 保存菜单（KJMENU. MNX）、生成菜单程序文件（KJMENU. MPR）。

④ 打开"学生信息"表单 XS. SCX，在显示"籍贯"字段内容的 txt 籍贯文本框的 RightClick 事件中代码，如图 10 - 22 所示。

图 10 - 22 调用快捷菜单

⑤ 保存表单，并运行表单。右键单击"籍贯"内容文本框时，弹出定义的快捷菜单，可以对籍贯内容进行相关操作，表单界面如图 10 - 23 所示。

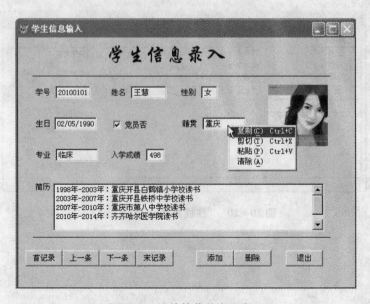

图 10 - 23 快捷菜单应用窗口

习 题 10

一、填空题

1. 当菜单项被选择时，可以做出一定功能，这个动作可以是＿＿＿＿、＿＿＿＿、＿＿＿＿。

2. 快捷菜单一般是由一个或多个上下级的＿＿＿＿组成。

3. 在运行了一个用户定义的菜单程序后，如果要从菜单退出回到系统菜单下，可在 Visual FoxPro 命令窗口中键入的命令是＿＿＿＿＿＿＿＿＿＿。

4. 快捷菜单实质上是一个弹出式菜单，要将某个弹出式菜单作为一个对象的快捷菜单，通常是在对象的＿＿＿＿事件代码中添加调用该弹出菜单程序的命令。

5. 要为表单设计下拉式菜单，首先需要在菜单设计时，在＿＿＿＿对话框中选择"顶层层表单"复选框；其次要将表单的＿＿＿＿属性设置为 2，使其成为顶层表单；最后需要在表单的＿＿＿＿事件代码中设置调用菜单程序的命令。

二、选择题

1. 在 VFP 中，菜单程序文件的默认扩展名为（　　　）。
   A. mnx   B. mnt
   C. mpr   D. prg

2. 使用菜单设计器窗口时，在"结果"组合框选项中，如果定义一个过程，应选择（　　　）。
   A. 命令   B. 过程
   C. 子菜单   D. 填充名称

3. 在菜单设计中，可以再定义菜单名称时为菜单项指定一个访问键。定义菜单项访问键为 Q 的定义是（　　　）。
   A. 查询 \＜（Q）   B. 查询/＜（Q）
   C. 查询（\＜X   D. 查询（/＜X）

4. 将一个预览成功的菜单存盘后，再运行该菜单时却不能执行，原因是（　　　）。
   A. 使用调用菜单的命令不正确   B. 没有把菜单文件放入项目中
   C. 没有生成菜单程序文件   D. 没有编写程序

5. 在命令文件中，调用菜单的命令（　　　）。
   A. CALL   ＜菜单文件名＞   B. LOAD ＜菜单文件名＞
   C. PROCEDURE   ＜菜单文件名＞   D. DO ＜菜单文件名＞

第 11 章　项目管理器

项目就是一种文件，用于跟踪创建应用程序所需要的所有程序、表单、菜单、库、报表、标签、查询以及一些其他类型的文件，项目文件以 .PJX 扩展名保存。

"项目管理器"是对项目进行维护的工具，是处理数据和对象的主要组织工具，通过"项目管理器"能启动相应的设计器、向导来快速创建、修改和管理各类文件。作为一种组织工具，能够保存属于某一应用程序的所有文件列表，并且根据文件类型将这些文件进行划分，为数据提供了一个精心组织的分层结构图。通过展开或折叠可以清楚地查看项目在不同层次上的详细内容。

使用 Visual FoxPro 6.0 时最好把应用程序中的文件都组织到项目管理器中，这样便于查找。程序开发人员可以用项目管理器把应用软件的多个文件组织在一起，生成一个 .APP 文件或者 .EXE 文件，其中 .APP 文件可以用 DO 命令来执行。

11.1　建立项目文件

11.1.1　创建新项目

1. 菜单方式

在 Visual FoxPro 的系统菜单中选择"文件"｜"新建"命令，在"新建"对话框（如图 11-1 所示）中选择"项目"，单击"新建文件"命令按钮，弹出"创建"对话框，如图 11-2 所示，在选择保存位置并输入项目文件名后，单击"保存"按钮。

图 11-1　新建对话框窗口

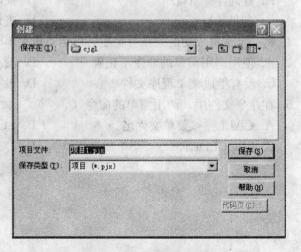

图 11-2　创建对话框窗口

2. 命令方式

在命令窗口中键入下列命令：

CREATE PROJECT FileName

其中 FileName 代表所要新建的项目文件的名称，系统会自动替它加上 .PJX 的后缀名。

执行上述两种方法的一种后，如图 11－3 所示的项目管理器将会显示在屏幕上，而且在系统菜单中也会多出一个"项目"菜单。

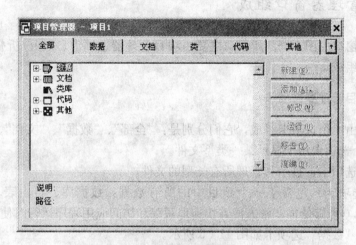

图 11－3 项目管理器窗口

11.1.2 打开已有项目

打开已有项目的步骤为：

（1）从"文件"菜单中选择"打开"，或在键盘上按 Ctrl＋O，或者单击常用工具栏上的"打开"按钮，此时系统将弹出"打开"对话框，如图 11－4 所示

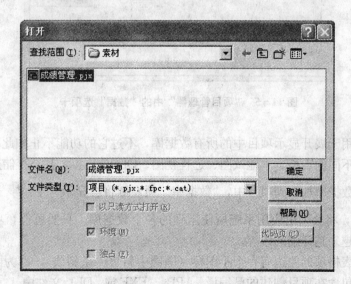

图 11－4 "打开"对话框

（2）在"查找范围"中选择打开项目所在的文件夹，选择"文件类型"为"项目"，然后输入文件名或用鼠标单击来选中已找到的项目，单击"确定"按钮，或者双击已找到项目的名称。

（3）打开项目文件后将显示项目管理器窗口；这时就可用"项目管理器"来组织和管理文件了。

11.2　项目管理器窗口组成

项目管理器窗口如图11－3所示，主要由项目管理器选项卡、展开/折叠按钮、项目管理器按钮三部分组成。

11.2.1　项目管理器选项卡

项目管理器由6个选项卡组成，它们分别是："全部"、"数据"、"文档"、"类"、"代码"和"其他"，每个选项卡用于显示某一类型文件。

1."全部"选项卡：显示和管理所有类型的文件。

2.数据"选项卡：包含了一个项目中的所有数据：数据库、自由表、查询和视图。Visual FoxPro 6.0能够使你非常方便并快速地跟踪和访问应用程序运行时使用的数据。"项目管理器"中的"数据"选项卡如图11－5所示。

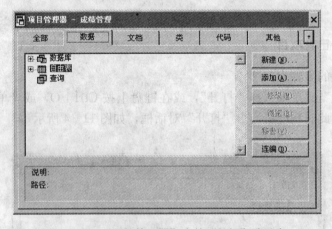

图 11－5　"项目管理器"中的"数据"选项卡

数据库图标用于展开显示项目中的所有数据库，不过它的功能不止如此。每个数据库图标都可以展开成不同的表格、本地试图、远程视图、ODBC连接，甚至存储过程。如果将应用系统所使用的数据库加入到项目中，"数据库"项左侧将会显示一个 ⊞ 号，使用鼠标点击一下此 ⊞ 号，将会列出应用系统所使用到的各个数据库。只要可能，项目管理器会不断地展开，显示越来越详细的内容。

请注意每个表格项的左边有一个小图标（圆圈中斜贯一条斜线），称为除外图标。该图标表示该文件不包含在项目创建的已编译 .APP、.EXE 或 .DLL 文件中。

自由表存储在以 .DBF 为扩展名的文件中，它不是数据库的组成部分。

查询是检查存储在表中的特定信息的一种结构化方法。文件的扩展名为 . QPR。

3. "文档"选项卡：包含了用户处理数据时所用到的全部文档：输入和查看数据所用的表单，以及打印表和查询结果所用的报表及标签。"项目管理器"中的"文档"选项卡如图 11 - 6 所示。

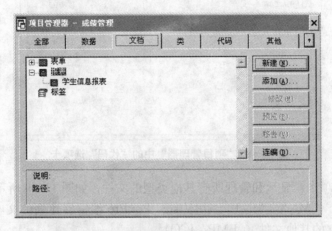

图 11 - 6　"项目管理器"中的"文档"选项卡

表单是由表单设计器建立的文件，用于显示和编辑表中的内容，表单文件的扩展名为 . SCX 和 . SCT。

报表是一种文件，它告诉系统如何设置查询从表中提取结果，以及如何将它们打印出来，其扩展名为 . FRX 和 . FRT。

标签是打印在专用纸上的带有特殊格式的报表。可有标签设计器来建立标签文件，其扩展名为 . LBX 和 . LBT。

4. "类"选项卡：显示和管理由类设计器建立的类库文件（. VCX/. VCT）。"类"选项卡包含所有的类库，类库可以展开显示所有的成员类，如图 11 - 7 所示。

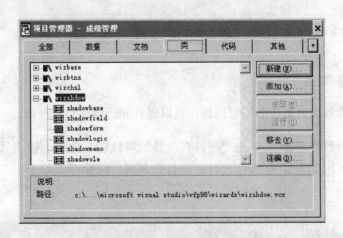

图 11 - 7　"项目管理器"中的"类"选项卡

5. "代码"选项卡：包含了用户的所有代码程序文件，如图 11 - 8 所示，如有 Visual FoxPro 编辑器建立的程序文件（. PRG）、有 LCK （Library Construction Kit）建立的 API

Library 库文件（.FLL）、由 Visual FoxPro 建立的应用程序（.APP/.EXE）等。

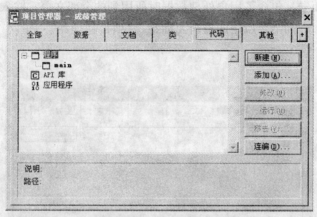

图 11-8　"项目管理器"中的"代码"选项卡

6. "其他"选项卡：显示和管理所有其他类型的文件，如图 11-9 所示。如由菜单设计器建立的菜单文件（.MNX/.MNT）、由 Visual FoxPro 编辑器建立的文本文件（.TXT）、由 OLE 等工具建立的其他文件（.BMP/.ICO）。

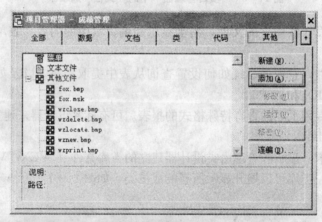

图 11-9　"项目管理器"中的"其他"选项卡

11.2.2　展开/折叠按钮

通过项目管理器窗口右边的图钉按钮，可以展开和折叠项目管理器。

若要折叠"项目管理器"：单击"项目管理器"窗口右上角的上箭头 ⊡ 。在折叠情况下只显示选项卡，图 11-10 是折叠之后的项目管理器。鼠标可以单击相应的选项卡，弹出该选项卡的内容。

图 11-10　折叠之后的项目管理器

若要展开"项目管理器"：单击"项目管理器"窗口右上角的下箭头 。

当项目管理器折叠时，把鼠标指针放到标签上并将其从项目管理器中拖走，可以拖下选项卡。要重新放置一个选项卡，只需将其拖回原来的位置或单击"关闭"框即可。

11.2.3　项目管理器的各按钮功能。

项目管理器中每个选项卡右边都包含几个命令按钮，这些按钮会根据选取的文件而改变并显示出可以使用的按钮，无法使用的按钮将显示灰色而无法选取。在使用这些命令之前，要先在左方选取需要的文件类型。

1. 新建（New）

该按钮用于生成一个新文件或对象。此按钮与"项目"菜单中的"新建文件"命令作用相同。新文件或对象的类型与当前选定项的类型相同。注意，从"文件"菜单中创建的文件并不会自动加入到项目文件中，而使用"项目"菜单的"新建文件"命令或项目管理器上的"新建"按钮创建的文件将自动包含在当前项目文件中。

2. 添加（Add）

把已有的文件添加到项目中。此按钮与"项目"菜单中的"添加文件"命令作用相同。

3. 修改（Modify）

在合适的设计器中打开选定项，修改文件。此按钮与"项目"菜单中的"修改文件"命令作用相同。

4. 浏览（Browse）

打开一个表的浏览器窗口，该按钮只有在选定表的时候才可用。此按钮与"项目"菜单中的"浏览文件"命令作用相同。

5. 关闭/打开（Close/Open）

该按钮只有在选中数据库的时候才可用。如果选中的数据库已经关闭，那么这个按钮就变成了"打开"，这时此按钮与"项目"菜单中的"打开文件"命令作用相同；如果选中的数据库已经打开，那么这个按钮就变成了"关闭"，这时此按钮与"项目"菜单中的"关闭文件"命令作用相同。

6. 移去（Remove）

从项目文件中移去选定文件或对象。此时 Visual FoxPro 将显示一个提示框，如图 11 - 11 所示，用于提示用户是仅想将选中的文件从项目中移去（选择"移去"），还是既从项目文件中移去又将其从磁盘上真正删除（选择"删除"）。此按钮与"项目"菜单中的"移去文件"命令相同。

图 11 - 11　移去对话框

7. 连编（Build）

单击此按钮时，系统将打开连编选项对话框，用户可通过该对话框设置连编选项，设置完毕后系统将生成一个 . APP 文件或 . EXE 文件。此按钮与"项目"菜单中的"连编"命令作用相同。

8. 预览（Preview）

只有当用户在项目管理器中选中一个报表或标签文件后，该按钮才可用。它用于观察选中的报表或标签文件的打印情况。此按钮与"项目"菜单中的"预览文件"命令作用相同。

9. 运行（Run）

用于运行选中的查询、表单或程序文件。只有在项目管理器中选中了一个查询、表单或程序文件的时候才可用该按钮。此按钮与"项目"菜单中的"运行文件"命令作用相同。

11.3 项目管理器的操作

11.3.1 查看项目中的内容

项目管理器中的项是以类似于大纲的结构来组织的，可以将其展开或折叠，以便查看不同层次中的详细内容。

如果项目中具有一个以上某一类型的项，某类型符号旁边会出现一个"＋"号。单击符号旁边的"＋"号可显示该项目中该类型项的名称，单击项名旁边的"＋"号可看到该项的组件。若要折叠已展开的表，可单击列表旁边的"－"号。

11.3.2 添加或移去文件

在任何时候，都可以很方便地启动"项目管理器"，并且向其中添加或移去有关文件。

1. 在项目中加入文件

（1）选择要添加项的类项。

（2）选择"添加"按钮。

（3）在"打开"对话框中，选择要添加的文件名，然后选择"确定"按钮。

2. 从项目中移去文件

（1）选定要移去的文件或对象。

（2）选择"移去"按钮。

（3）在提示框中选择"移去"按钮；如果要从磁盘中删除文件，选择"删除"按钮。

11.3.3 创建和修改文件

"项目管理器"简化了创建新文件和修改现有文件的过程。只需要选定创建或修改的文件类型，然后选择"新建"或"修改"按钮，Visual FoxPro 将显示与所选文件类型相应的设计工具。

1. 在项目中创建新文件

（1）选定要创建的文件类型。

（2）选择"新建"按钮。对于某些项，既可以利用设计器来创建新文件，也可以利用向导来创建新文件。

2. 修改文件

(1) 选定一个已有的文件。

(2) 选择"修改"按钮。

3. 为文件添加说明

创建或添加新的文件时，可以为文件加上说明。文件被选定时，说明将显示在"项目管理器"的底部。若要为文件添加说明：

(1) 在"项目管理器"中选定文件。

(2) 从"项目"菜单中选择"编辑说明"。

(3) 在"说明"对话框中键入对文件的说明。

(4) 选择"确定"。

11.3.4 查看表中的数据

如果浏览项目中表的内容，可以按照下列步骤：

(1) 选择"数据"选项卡。

(2) 选定一个表。

(3) 选择"浏览"按钮。

11.4 项目文件的组装与连编

创建应用系统的最后一步就是"连编"。连编可以将应用程序文件和数据文件连接在一起，用户可以直接运行该应用程序，同时还可以增加程序的保密性。下面我们看一下项目文件从建立到组装，最后生成可执行文件的完整过程。

1. 项目文件的建立与组装

(1) 清理工作环境，在命令窗口输入：

CLOSE　ALL

CLEAR　ALL

(2) 单击常用工具栏上的"新建"按钮，从文件类型中选择项目文件。

(3) 进入项目管理器窗口为文件命名。

(4) 选择数据加入数据库、自由表及查询文件。

(5) 选择文档加入表单、报表及标签。

(6) 选择其他加入菜单、文本文件和其他文件。

(7) 设定项目的主程序。选中要设置的文件，选择"项目"菜单上的"设置主文件"选项将其作为本项目文件的主程序。

(8) 单击常用工具栏上的"保存"按钮存盘。

2. 项目文件的连编

项目文件的组成项都输入完毕后，将其编译一下，一是检查各个文件有没有错误，二是可自动搜索程序中用到的但却未加入到项目文件中来的文件，未加入的文件将被自动加入进来。

生成各个组成文件后，在项目中加入主文件，然后让项目管理器自动搜索所有需要的文件，这样做非常省事，因为有时开发者可能记不住使用的所有文件。

单击项目管理器窗口上的"连编"按钮调出"连编"对话框，如图 11 - 12 所示。利用它可以创建自定义应用程序或者更新已有的项目。其中各个选项的含义如下：

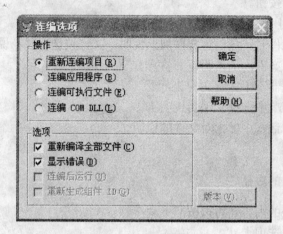

图 11 - 12　"连编"对话框

（1）重新连编项目：读出应用程序的各种组成部分，建立项目文件，加入屏幕、程序和菜单中所引用的种种元素。

（2）连编应用程序：生成一个带有扩展名 . APP 的输出文件。

（3）连编可执行文件：生成一个扩展名 . EXE 文件。. APP 与 . EXE 文件之间的区别在于：. APP 文件必须在 Visual FoxPro 的基础上才能运行，而 . EXE 可以脱离 Visual FoxPro 环境独立运行。

（4）连编 COM DLL：是使用项目文件中的类信息，创建一个具有 . DLL 文件扩展名的动态链接库。

（5）重新编译全部文件：用于保证项目中所有的元素都被重新构造。

（6）显示错误：Visual FoxPro 把在编译过程中所遇到的错误放在一个与应用程序同名但扩展名为 . ERR 的文件中。我们可以打开该文件来查看编译过程中出现的错误并及时修改。

（7）连编后运行：当用户选择生成应用程序或可执行程序时，如选择此项，则在系统生成程序后将立即执行它。

我们从中选择连编应用程序，并选择重新编译全部文件复选框和显示错误信息复选框。这样操作之后，项目管理器不管文件状态，都先编译所有的文件，如果有错误就显示在一个编辑窗口中，没有错误就继续把所有文件综合生成一个单独的 . APP 文件。当以后在运行各个例子的时候，就用不着各个单独的文件，只要一个 . APP 文件和必要的数据库表就可以了。

习　题　11

一、单选题

1. 下列关于创建程序文件的叙述，错误的是（　　）

A. 在项目管理器中，选择"程序"选项和"新建"按钮

B. 在"新建"对话框中选择"程序"单选按钮和"新建文件"按钮

C. 执行创建和编辑程序文件的 MODIFY　COMMAND 命令

D. 选择"工具"菜单"向导"命令的子菜单中的"应用程序"命令

2. 下列关于打开编辑窗口修改程序的叙述，错误的是（　　）

A. 在项目管理器中，选择需要修改的程序和"修改"按钮

B. 选择"编辑"菜单中的"对象"命令

C. 使用"打开"对话框打开需要修改的程序文件

D. 执行创建和编辑程序文件的 MODIFY　COMMAND 命令

3. 打开 Visual FoxPro "项目管理器"的"文档"选项卡，其中包括（　　）。

A. 表单文件　　　　B. 报表文件　　　C. 标签文件　　D. 以上三种文件

4. 连编后可以脱离 Visual FoxPro 环境独立运行的程序是（　　）

A. APP 程序　　　　B. EXE 程序　　　C. FXP 程序　　D. PRG 程序

二、填空

1. 在项目管理器中，建立程序文件要在_____选项卡中。

2. 先在项目管理器中选择程序，再选择_____按钮，可以运行该程序。

3. 先在项目管理器中选择程序，再选择_____按钮，可以编辑该程序。

第 12 章　应用系统开发实例

系统开发是用户使用数据库管理系统软件的最终目的。本章我们结合一个小型的系统开发实例，介绍如何设计一个 Visual FoxPro 6.0 的应用系统。同时介绍应用系统开发的一般过程，也是实现学习本书的预期目的。应用系统的开发，将综合地运用前面各章所讲的知识和设计技巧，也是对 Visual FoxPro 6.0 学习过程的一个全面的、综合的运用和训练。

下面通过一个实际例子来说明应用系统的开发过程。这个实例是"高等医学院校考务管理系统"。系统界面如图 12-1 所示：

图 12-1　高等医学院校考务管理系统界面

12.1　系统开发的过程

实际的数据库应用系统，一般由数据库、用户界面、事物处理模块、输入输出模块和主程序等几个部分组成。开发这样的一个数据库应用系统时，一般应遵循用户需求分析、系统总体规划、数据库设计、各个子功能模块的设计与程序编码、主程序设计，以及系统测试、项目连编等一系列阶段，从软件工程的角度讲，软件开发一般分为 6 个阶段：

1. 需求分析阶段

这里的主要工作是搞好用户的需求分析，然后再进行系统分析。主要是确定开发本软件的目的，所需要的各种功能等，这体现在对数据的需求分析和对功能的需求分析两个方面，通过对数据的分析和整理，归纳出系统应该包括的数据信息，以便进行下一步的数据库设计；通过对功能需求分析，得出系统的设计目标，并在此基础上进行模块的划分。

2. 系统总体及各功能模块详细设计阶段

这个阶段主要是清理系统的工作流程，搞清系统的功能与数据流向，从而划分出各个功能模块，以及它们之间存在的关系，把整个系统的框架设计出来。

3. 程序编码阶段

这个阶段主要是系统的具体实现阶段，将综合运用前面各章所讲的知识点和设计技巧，来编制出各种程序、表单、菜单、报表等应用程序，实现每一个功能时要注意用户使用上的方便并且风格协调一致。

4. 系统测试阶段

当程序编写好后，要对各个子系统进行调试，各个子系统调试通过后，再进一步对整个系统进行反复测试，包括各种数据输入时系统的反映、容错能力等的一些测试，保证系统整体的正确无误。

5. 项目的连编与应用程序的发布

应用程序最好能加密，并且能在操作系统下独立运行，这就需要将应用程序"连编"为 . EXE 程序，并进行应用程序发布。

6. 安装及维护阶段

系统拿到用户手里之后，要经过安装投入正式运行阶段，由于多方面的原因，系统在运行中可能会出现一些错误，需要及时跟踪修改。另外，由于外部环境或用户需求的变化，也可能要对系统做必要的修改。

12.2　应用系统功能分析及模块组织结构

在了解系统开发的一般过程后，我们以一个小型的"高等医学院校考务管理系统"为案例，来介绍一下 Visual FoxPro 进行系统设计的过程。

12.2.1　应用系统功能分析

根据考务管理的流程，该系统应该具有如下功能。

1. 报名管理

包括报名信息录入、个人信息核对、报名信息统计、数据的导入导出、报名册的打印。

2. 考场管理

包括考场的分配、监考教师的安排、考场记录、考场情况统计、考生考场分配。

3. 人员管理

包括监考教师的自动分配、监考统计、巡考分配。

4. 试卷管理

试卷信息的录入、试卷信息的查询。

5. 成绩管理

成绩的录入、查询和分析。

6. 数据统计

对各种数据进行统计分析。

7. 数据字典

对系统中用到的代码库进行维护更新。

12.2.2 应用系统的功能模块组织结构

在面向对象的程序开发环境下,同样采用模块化设计的基本思想。该应用系统实例的功能模块及组织结构层次如图 12-2 所示。

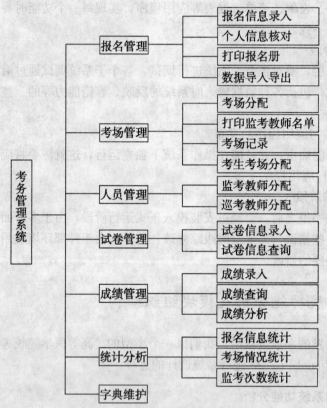

图 12-2 考务管理系统功能模块结构

12.3 数据库及数据库表设计

在创建应用系统之前,首先必须考虑与数据有关的一些问题。比如该应用系统需要使用和处理哪些数据;为方便使用和管理应将这些数据组织成几个数据表,每个表中应包含哪些字段,各个字段应定义成何种数据类型;需要按哪些字段建立索引;表间通过什么字段建立联系;哪些表应放到数据库中,哪些表应作为自由表使用等等。这就是所说的数据库及数据表设计。在设计时既要考虑到表的相对独立性,同时又要考虑到使用时相互联系的方便性,而且还要尽量避免冗余字段的出现。

本系统主要数据库表有两个,一个是报名信息数据库表,结构如下表:

表 12-1　报名信息表结构

字段序号	字段名	类型	宽度	小数位	索引	排序
1	学号	字符型	9			
2	姓名	字符型	8			
3	性别	字符型	2			
4	民族	字符型	6			
5	身份证号	字符型	18			
6	专业名称	字符型	10			
7	专业代码	数值型	2			
8	报考科目	字符型	20		普通索引	升序
9	科目代码	数值型	3			
10	联系电话	字符型	13			
11	成绩	数值型	5	1		
12	备注	备注型	4			
13	报名时间	日期型	8			
14	照片	字符型	50			
15	照片 1	通用型	4			
16	报名号	字符型	13			
17	LS	字符型	4			

该表包含了考生的基本信息，同时跟其他表也存在一对一和一对多的对应关系，例如和考场分配表就是一对多的关系。考场分配表也是本系统的一个重要的数据表，表结构如下：

表 12-2　考场分配表结构

字段序号	字段名	类型	宽度	小数位	索引	排序
1	考试时间	字符型	36		普通索引	升序
2	考试科目	字符型	20		主索引	
3	专业年级	字符型	10			
4	考场地点	字符型	20			
5	监考教师	字符型	20			
6	考试人数	数值型	4			
7	总人数	数值型	4			
8	考场	字符型	3			
9	应考人数	数值型	3			
10	实考人数	数值型	3			
11	缺考人数	数值型	3			
12	迟到人数	数值型	3			
13	违纪人数	数值型	3			
14	违纪原因	字符型	50			
15	考场秩序	字符型	10			
16	试卷份数	数值型	3			
17	使用份数	数值型	3			

将两表按照考试科目建立一个关联，如图 12-3 所示：

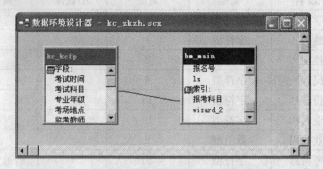

图 12-3 考试科目表和报名信息表之间的关联

除此之外还用到一些代码表和自由表，自由表主要是用来保存一些临时信息和中间结果的。如图 12-4 所示。

图 12-4 代码表

12.4 表单设计

表单是用户和系统交互操作的一个界面，也是建立应用程序的主要工具之一，它可以作为系统流程控制的窗口，也是面向对象程序设计的重要基础。在考务管理系统中我们也应用了很多表单，现选取主要的表单介绍如下。

12.4.1 系统登录表单

该表单主要完成用户的登录任务，加强系统的保密性和安全性。由管理员设置用户的权限。运行界面如图 12-5 所示。

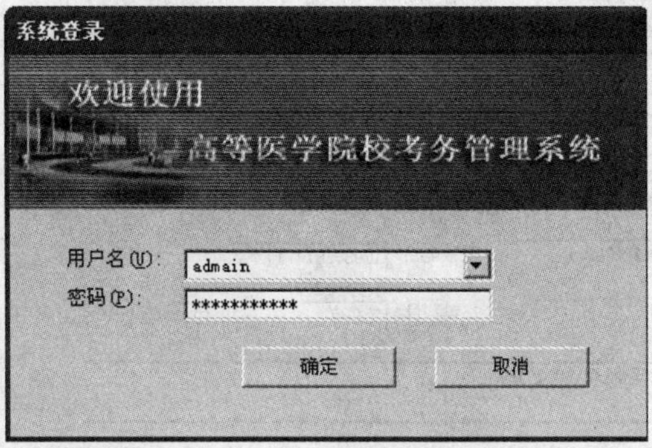

图 12-5 用户登录界面

"确定" 按钮的 Click 事件代码如下:

```
Set   exac   on
Select   passwd        && 选择密码表
Locate   for   passwd. yhm=Thisform. Combo1. Value      && 查找是否存在选择的用户
ln=recn ()
tempstr="
For   i=1   to   len (trim (Thisform. Text1. Value))       && 对密码进行解密处理
    tempchr=bitxor (asc (substr (trim (Thisform. Text1. Value), i, 1)), 123)
    tempstr=tempstr+chr (tempchr)
Endfor
If   tempstr=trim (passwd. passwd)
    Public   system_yhm
    system_yhm=Thisform. Combo1. Value
    Go   top
    Replace   passwd. yhmln   with   ln
    Set   exac   off
    Release   thisform
    Clear   events
Else
    If   messagebox ("您所输入的密码不正确...", 0+48,"错误")=1
       Thisform. Text1. Setfocus
    Endif
Endif
```

12.4.2 报名信息录入表单

该表单的主要功能是录入考生的报名信息,把相关的信息保存到报名信息表中。该表单运行界面如图 12-6 所示。

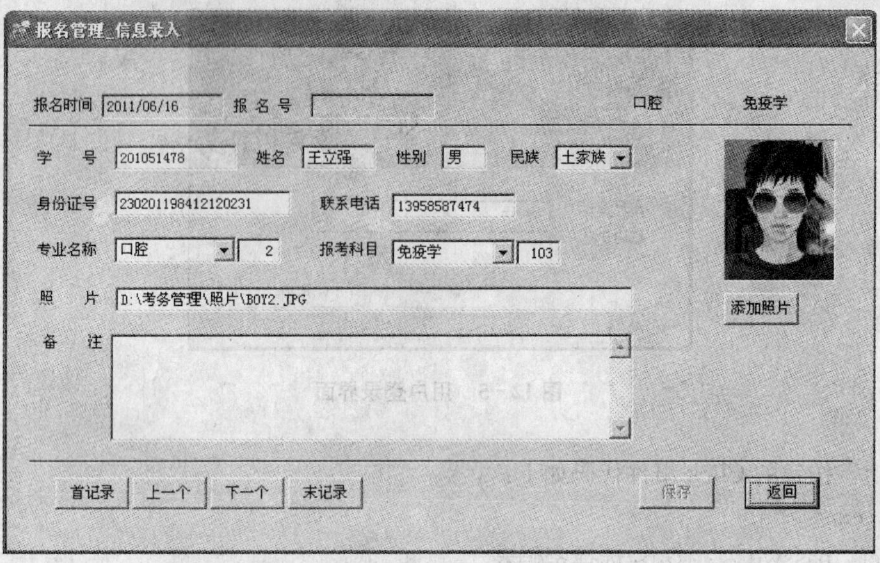

图 12 - 6 报名信息录入表单

该表单的"保存"按钮的 Click 事件代码如下：

Select bm_main   && 选择报名信息表

Append blank   && 增加一条空记录

Replace 学号 with Thisform. Text2. Value

Replace 姓名 with Thisform. Text3. Value

Replace 性别 with Tthisform. Text4. Value

Replace 民族 with Thisform. Combo1. Value

Replace 身份证号 with Thisform. Text5. Value

Replace 联系电话 with Thisform. Text8. Value

Replace 专业名称 with Thisform. Combo2. Value

Replace 专业代码 with Thisform. Text6. Value

Replace 报考科目 with Thisform. Combo3. Value

Replace 科目代码 with Thisform. Text7. Value

Replace 报名号 with "53"＋substr（学号，3，2）＋iif（专业代码＞9，alltrim
(str（专业代码）),"0"＋alltrim（str（专业代码）))＋alltrim（str（科目代码））

Replace 照片 with Thisform. Text9. Value   && 把照片存放的路径保存到表中

Replace 备注 with Thisform. Edit1. Value

Replace 报名时间 with date（）

This. Enabled＝. f.

12.4.3　个人信息核对表单

该表单的功能是对录入的报名信息进行核对确认，如果发现错误及时更正。双击表格中的姓名列可以把该条记录的信息在表格下面逐项显示出来，表单运行界面如图 12-7 所示。

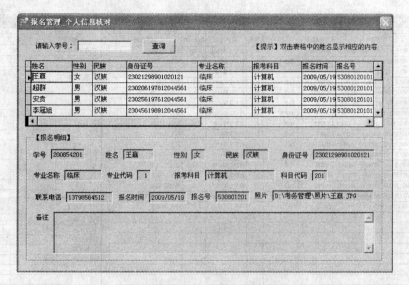

图 12-7　个人信息核对表单

12.4.4　考场分配表单

该表单主要功能是手工完成考场的分配和监考教师的安排，并把相应的信息保存到考场分配表中。运行界面如图 12-8 所示。

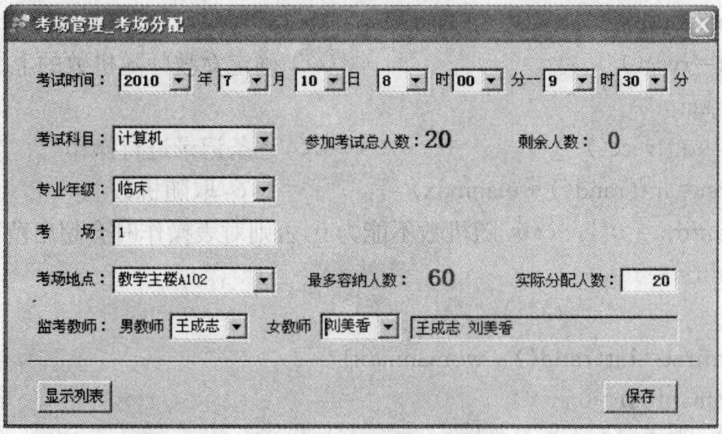

图 12-8　考场分配表单

12.4.5　监考教师自动分配表单

该表单的功能是根据监考教师男女的人数，按照标准考场自动分配监考人员，保证男女比例合理，监考次数尽量一致。运行界面如图 12-9 所示。

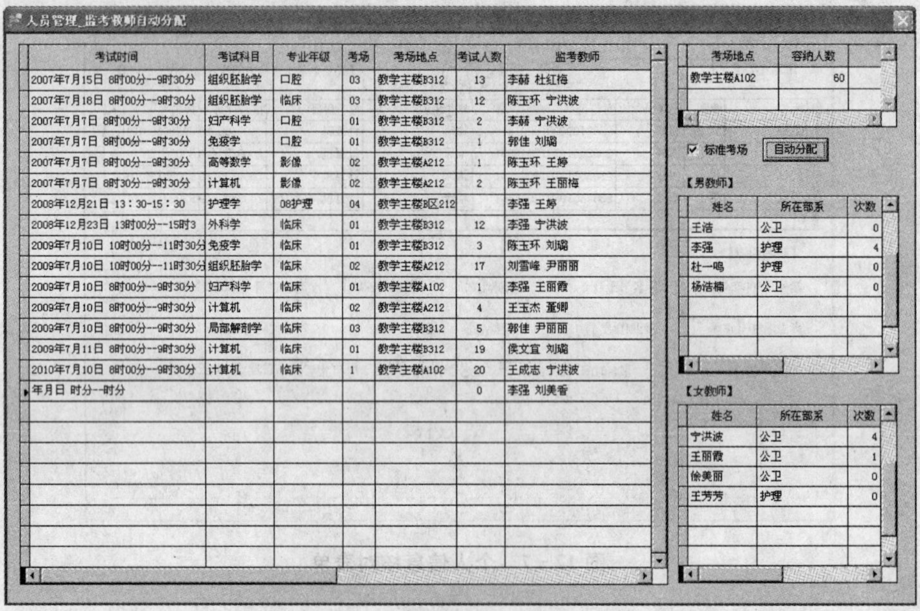

人员管理_监考教师自动分配

考试时间	考试科目	专业年级	考场	考场地点	考试人数	监考教师
2007年7月15日 8时00分--9时30分	组织胚胎学	口腔	03	教学主楼B312	13	李莉 杜红梅
2007年7月18日 8时00分--9时30分	组织胚胎学	临床	03	教学主楼B312	12	陈玉环 宁洪波
2007年7月7日 8时00分--9时30分	妇产科学	口腔	01	教学主楼B312	2	李莉 宁洪波
2007年7月7日 8时00分--9时30分	免疫学	口腔	01	教学主楼B312	1	郭佳 刘陶
2007年7月7日 8时00分--9时30分	高等数学	影像	02	教学主楼A212	3	陈玉环 王婷
2007年7月7日 8时30分--9时30分	计算机	影像	02	教学主楼B312	2	陈玉环 王丽梅
2008年12月21日 13:30-15:30	护理学	08护理	04	教学主楼B区212		李强 王婷
2008年12月23日 13时00分--15时30分	外科学	临床	01	教学主楼B312	12	李强 宁洪波
2009年7月10日 10时00分--11时30分	免疫学	临床	01	教学主楼B312	3	陈玉环 刘陶
2009年7月10日 8时00分--9时30分	组织胚胎学	临床	02	教学主楼A212	17	刘雪峰 尹丽丽
2009年7月10日 8时00分--9时30分	妇产科学	临床	01	教学主楼A102	1	李强 王丽霞
2009年7月10日 8时00分--9时30分	计算机	临床	02	教学主楼A212	4	王玉杰 董绑
2009年7月10日 8时00分--9时30分	局部解剖学	临床	03	教学主楼B312	5	郭佳 尹丽丽
2009年7月11日 8时00分--9时30分	计算机	临床	01	教学主楼B312	19	侯文宜 刘陶
2010年7月10日 8时00分--9时30分	计算机	临床	1	教学主楼A102	20	王成志 宁洪波
年月日 时分--时分					0	李强 刘美香

考场地点	容纳人数
教学主楼A102	60

☑标准考场　　　自动分配

【男教师】

姓名	所在部系	次数
王浩	公卫	0
李强	护理	4
杜一鸣	护理	0
杨浩楠	公卫	0

【女教师】

姓名	所在部系	次数
宁洪波	公卫	4
王丽霞	公卫	1
徐美丽	公卫	0
王芳芳	护理	0

图 12 - 9　监考教师自动分配表单

"自动分配"按钮的 Click 事件代码如下：

```
Select  manno
manmax＝recc()                         && 确定男教师随机数的上线
Select  womanno
womanmax＝recc()                       && 确定女教师随机数的上线
Select  kc_kcfp
For  i＝1  to  recc()                  && 逐条记录进行操作
    manfirst＝int(rand() * manmax)         && 取随机数
    If  manfirst＝0    && 随机数不能为 0,否则对表操作时会超出范围
      manfirst＝1
    Endif
    womanfirst＝int(rand() * womanmax)
    If  womanfirst＝0
      womanfirst＝1
    Endif
    Go  i                             && 对当前指定的一条记录进行操作
    kaoshitime＝考试时间
    Replace  监考教师  with  ""        && 清空当前字段值

  * 自动分配监考男教师 *
    Select  manno
    If  manfirst＜recc ()              && 判断随机数是否超出记录范围
```

```
        Go   manfirst          && 确定记录指针位置
    Else
        Go   1
    Endif
    manrecc=1
    Do  while  .t.       && 通过循环来检测同一考试时间内哪些记录没有分配
        If  时间=kaoshitime        && 判断当前记录是否在同一考试时间内已经分配
            If  recno ()  <>recc ()        && 判断是否到最后一条记录
                Skip                  && 向下移动记录指针
            Else
                Go  top        && 把记录指针移到第一条记录，继续判断没有判断的记录
            Endif
            manrecc=manrecc+1        && 用来记录是否所有记录都判断一遍
            If  manrecc=recc ()
                Messagebox (alltrim (kaoshitime) +"监考的男教师不足，请添加男教师!",
64,"提示")
                Exit                  && 退出当前循环，返回到上一层循环
            Endif
        Else
            man_no=序号     && 当前记录没有分配，取出当前记录的序号值
            Replace  时间  with  kaoshitime   && 更改当前监考时间，为下次判断做个
标识
            Exit
        Endif
    Enddo

* 自动分配监考女教师，原理同上面程序 *
    Select  womanno
    If  womanfirst<recc ()
        Go  womanfirst
    Else
        Go  1
    Endif
    womanrecc=1
    Do  while  .t.
        If  时间=kaoshitime
            If  recno ()  <>recc ()
                Skip
            Else
                Go  top
```

```
        Endif
        womanrecc＝womanrecc＋1
        If womanrecc＝recc（）
            Messagebox（alltrim（kaoshitime）＋"监考的女教师不足，请添加女教师!",
64,"提示"）
            Exit
        Endif
    Else
        woman _ no＝序号
        Replace  时间  with  kaoshitime
        Exit
    Endif
Enddo
```

* 从监考教师表中取得男女教师的名单 *

```
Select  dm _ 监考教师 _ man      && 取出男教师姓名
Go  man _ no
man _ name＝姓名
Select  dm _ 监考教师 _ woman      && 取出女教师姓名
Go  woman _ no
woman _ name＝姓名
Select  kc _ kcfp
Replace  监考教师 with alltrim(man_name)＋""+alltrim(woman_name)    && 把
```
男女教师添加到考场监考分配数据库中
```
Endfor
Messagebox（"系统已经自动分配了监考教师，请检查!", 64,"提示"）
* * * * *刷新监考次数* * * * * * * * * * * * * *
Select  dm _ 监考教师 _ man
nn＝recc（）
For  i＝1 to nn
    Go  i
    xm＝alltrim（姓名）
    Select  count(＊)as  cs  from  kc_kcfp  where  xm ＄监考教师  into cursor
tmp
    cs1＝cs
    Select  dm _ 监考教师 _ man
    Go  i
    Replace  次数  with  cs1
Endfor
Select  dm _ 监考教师 _ woman
```

```
nn＝recc（）
For  i＝1  to  nn
    Go  i
    xm＝alltrim（姓名）
    Select  count（＊）as  cs  from  kc_kcfp  where  xm＄监考教师  into  cursor
tmp
    cs1＝cs
    Select  dm_监考教师_woman
    Go  i
    Replace  次数  with  cs1
Endfor
Thisform. refresh
```

12.4.6　试卷管理信息录入表单

该表单主要是对考试的试卷进行管理，运行界面如图 12-10 所示。

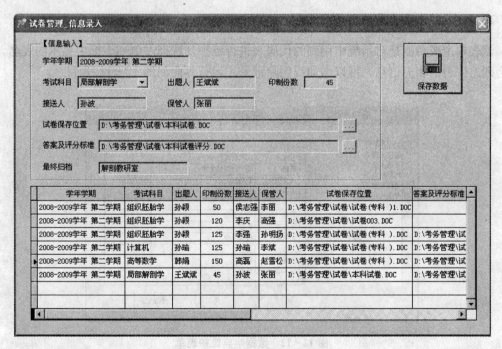

图 12-10　试卷管理信息录入表单

12.4.7　试卷及成绩统计分析表单

该表单主要是对某一个考试科目的成绩进行统计，最后得出该科目的试卷难易程度。运行界面如图 12-11 所示。

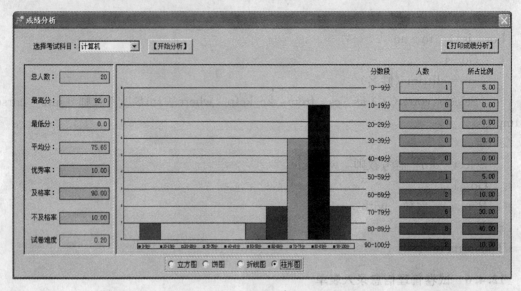

图 12 – 11　成绩分析运行界面

12.4.8　数据字典维护表单

　　该表单主要功能是对系统中用到的代码表进行维护，选择左侧列表框中显示的表名，右侧会列出该表的相应信息，可以增加或删除记录。运行界面如图 12 – 12 所示。

图 12 – 12　数据字典维护表单

12.5　报表设计

　　报表是结果输出的一种形式，在本系统中我们列举了常用的几个报表。

12.5.1　考生名单报表

　　考生名单报表是显示考场信息和参加考试的学生信息。设计界面如图 12 – 13 所示，运行输出结果界面如图 12 – 14 所示。

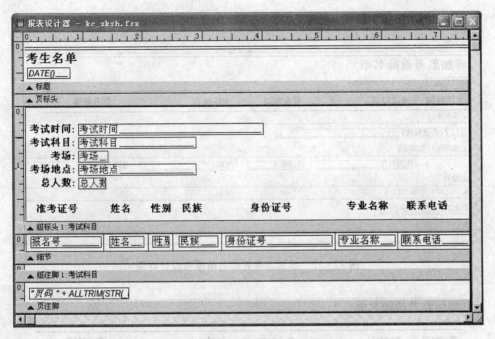

图 12-13 考生名单设计界面

考试时间: 2007年7月19日 8时30分--9时30分
考试科目: 计算机
考场: 02
考场地点: 教学主楼A212
总人数: 2

准考证号	姓名	性别	民族	身份证号	专业名称	联系电话
530801201	李超群	男	汉族	23020619761204456	临床	13885241574
5308012010119	陈国	男	汉族	23020619840804421	临床	13992142650
5308012010118	王常路	女	汉族	23020619780804421	临床	13772142650
5308012010117	李琳	女	汉族	23020619879804421	临床	13762142650
5308012010116	曹海洋	女	汉族	23020619877804421	临床	13752142650
5308012010115	蔡小璐	女	汉族	23020619875804421	临床	137902142650
5308012010114	蔡一林	男	汉族	23020619879804421	临床	13972142650
5308012010113	李微微	女	汉族	23020619869804421	临床	13982142650
5308012010112	边文	男	汉族	23020619869804421	临床	13882142650

图 12-14 考生名单输出结果

12.5.2 监考教师名单报表

按考试时间的顺序打印各考试科目的监考教师名单。设计界面如图 12-15 所示，输出结果如图 12-16 所示。

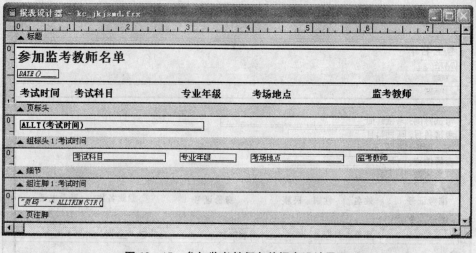

图 12-15　参加监考教师名单报表设计界面

参加监考教师名单

03/29/11

考试时间	考试科目	专业年级	考场地点	监考教师
2007年7月15日　8时00分—9时30分				
	组织胚胎学	口腔	教学主楼B312	李赫 杜红梅
2007年7月18日　8时00分—9时30分				
	组织胚胎学	临床	教学主楼B312	陈玉环 宁洪波
2007年7月19日　8时00分—9时30分				
	高等数学	影像	教学主楼A212	陈玉环 王婷
	妇产科学	口腔	教学主楼B312	李赫 宁洪波
	免疫学	口腔	教学主楼B312	郭佳 刘璐

图 12-16　参加监考教师名单报表输出界面

12.5.3　学生报名册报表

主要是打印报名学生信息的报表。设计界面如图 12-17 所示，输出界面如图 12-18 所示。

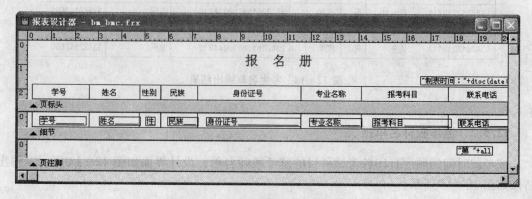

图 12-17　学生报名册报表设计界面

报 名 册

制表时间：2011/06/16

学号	姓名	性别	民族	身份证号	专业名称	报考科目	联系电话
200854201	王赢	女	汉族	23021298901020121	临床	计算机	13798564512
200854502	超群	男	汉族	2302061978120 44561	临床	计算机	13865991574
200857803	安贵	男	汉族	2302561976120 44561	临床	计算机	13865277574
200850204	李冠旭	男	汉族	2304561989120 44561	临床	计算机	13865678974

图 12 - 18　学生报名册报表输出界面

12.5.4　成绩及试卷分析报表

对某一科目的成绩进行统计，最后得出该试卷的难易程度的报表。如图 12 - 19 所示。

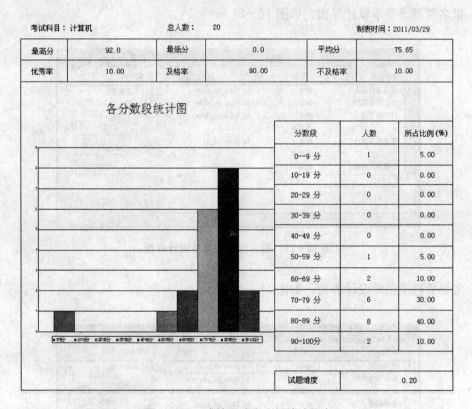

图 12 - 19　成绩及试卷分析统计报表

12.6　菜单设计

菜单是用户对系统进行"功能选择"的一个操作途径。任何一个应用程序通常都是由若干功能相对独立的程序模块组成的。下面分别介绍一下高等医学院校考务管理系统的菜单结构设计。

12.6.1 创建菜单文件

1. 考务管理系统主菜单设计界面，如图 12-20 所示。

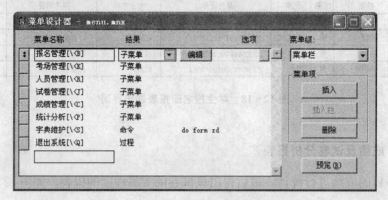

图 12-20 考务管理系统主菜单设计界面

2. 报名管理子菜单设计界面，如图 12-21 所示。

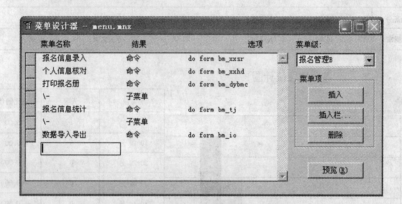

图 12-21 报名管理子菜单设计界面

3. 考场管理子菜单设计界面，如图 12-22 所示。

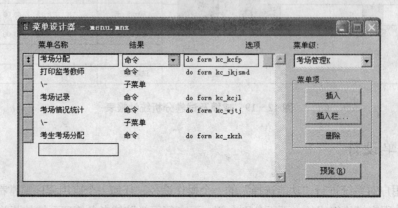

图 12-22 考场管理子菜单设计界面

4. 人员管理子菜单设计界面，如图 12 - 23 所示。

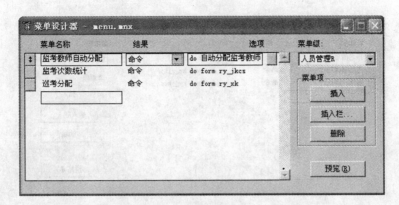

图 12 - 23　人员管理子菜单设计界面

5. 试卷管理子菜单设计界面，如图 12 - 24 所示。

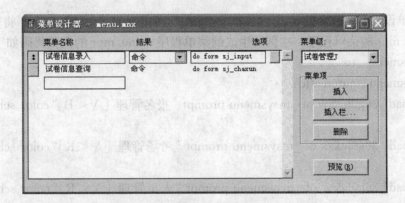

图 12 - 24　试卷管理子菜单设计界面

6. 成绩管理子菜单设计界面，如图 12 - 25 所示。

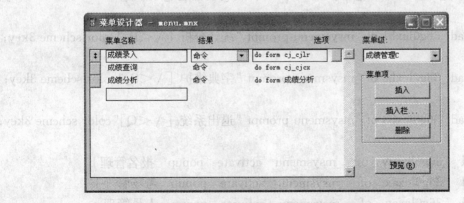

图 12 - 25　成绩管理子菜单设计界面

7. 统计分析子菜单设计界面，如图 12－26 所示。

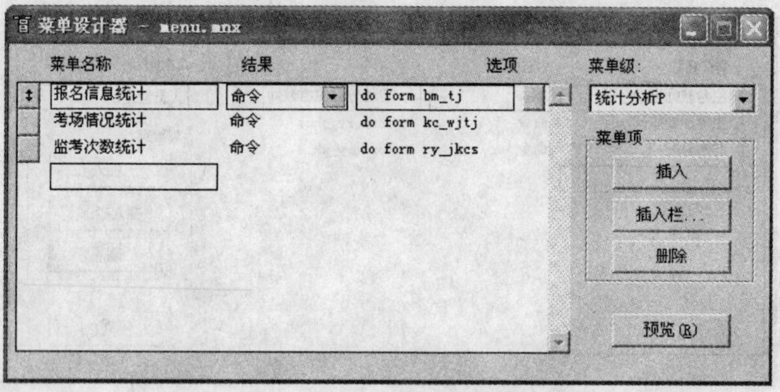

图 12－26　统计分析子菜单设计界面

12.6.2　生成菜单程序

在"菜单设计器"打开的状态下，选择"菜单"菜单下的"生成"命令，将自动生成一个扩展名为 . mpr 的菜单程序。本例所生成的菜单程序 menu. mpr 的完整代码如下：

```
Set  sysmenu  to
Set  sysmenu  automatic
Define pad _36g0lcxaw of _msysmenu prompt "报名管理 [\<B]" color scheme 3key;
alt+b,""
Define pad _36g0lcxax of _msysmenu prompt "考场管理 [\<K]" color scheme 3key;
alt+k,""
Define pad _36g0lcxay of _msysmenu prompt "人员管理 [\<R]" color scheme 3key;
alt+r,""
Define pad _36g0lcxaz of _msysmenu prompt "试卷管理 [\<J]" color scheme 3key;
alt+j,""
Define pad _36g0lcxb0 of _msysmenu prompt "成绩管理 [\<C]" color scheme 3key;
alt+c,""
Define pad _36g0lcxb1 of _msysmenu prompt "统计分析 [\<P]" color scheme 3key;
alt+p,""
Define pad _36g0lcxb2 of _msysmenu prompt "字典维护 [\<S]" color scheme 3key;
alt+s,""
Define pad _36g0lcxb3 of _msysmenu prompt "退出系统 [\<Q]" color scheme 3key;
alt+q,""
On  pad  _36g0lcxaw  of  _msysmenu  activate  popup  报名管理 b
On  pad  _36g0lcxax  of  _msysmenu  activate  popup  考场管理 k
On  pad  _36g0lcxay  of  _msysmenu  activate  popup  人员管理 r
On  pad  _36g0lcxaz  of  _msysmenu  activate  popup  试卷管理 j
On  pad  _36g0lcxb0  of  _msysmenu  activate  popup  成绩管理 c
```

```
On   pad   _36g0lcxb1  of  _msysmenu  activate  popup  统计分析 p
On   selection  pad  _36g0lcxb2  of  _msysmenu  do  form  zd
On   selection  pad  _36g0lcxb3  of  _msysmenu;
     do  _36g0lcxb4;
     in  locfile(" \ 考务管理 \ MENU","MPX;MPR|FXP;PRG","WHERE is MEN-
U?")
Define   popup   报名管理 b  margin  relative  shadow  color  scheme  4
Define   bar  1  of  报名管理 b  prompt  "报名信息录入"
Define   bar  2  of  报名管理 b  prompt  "个人信息核对"
Define   bar  3  of  报名管理 b  prompt  "打印报名册"
Define   bar  4  of  报名管理 b  prompt  " \ -"
Define   bar  5  of  报名管理 b  prompt  "报名信息统计"
Define   bar  6  of  报名管理 b  prompt  " \ -"
Define   bar  7  of  报名管理 b  prompt  "数据导入导出"
On   selection  bar  1  of  报名管理 b  do  form  bm_xxsr
On   selection  bar  2  of  报名管理 b  do  form  bm_xxhd
On   selection  bar  3  of  报名管理 b  do  form  bm_dybmc
On   selection  bar  5  of  报名管理 b  do  form  bm_tj
On   selection  bar  7  of  报名管理 b  do  form  bm_io
Define   popup   考场管理 k  margin  relative  shadow  color  scheme  4
Define   bar  1  of  考场管理 k  prompt  "考场分配"
Define   bar  2  of  考场管理 k  prompt  "打印监考教师"
Define   bar  3  of  考场管理 k  prompt  " \ -"
Define   bar  4  of  考场管理 k  prompt  "考场记录"
Define   bar  5  of  考场管理 k  prompt  "考场情况统计"
Define   bar  6  of  考场管理 k  prompt  " \ -"
Define   bar  7  of  考场管理 k  prompt  "考生考场分配"
On   selection  bar  1  of  考场管理 k  do  form  kc_kcfp
On   selection  bar  2  of  考场管理 k  do  form  kc_jkjsmd
On   selection  bar  4  of  考场管理 k  do  form  kc_kcjl
On   selection  bar  5  of  考场管理 k  do  form  kc_wjtj
On   selection  bar  7  of  考场管理 k  do  form  kc_zkzh
Define   popup   人员管理 r  margin  relative  shadow  color  scheme  4
Define   bar  1  of  人员管理 r  prompt  "监考教师自动分配"
Define   bar  2  of  人员管理 r  prompt  "监考次数统计"
Define   bar  3  of  人员管理 r  prompt  "巡考分配"
On   selection  bar  1  of  人员管理 r  do  自动分配监考教师
On   selection  bar  2  of  人员管理 r  do  form  ry_jkcs
On   selection  bar  3  of  人员管理 r  do  form  ry_xk
Define   popup   试卷管理 j  margin  relative  shadow  color  scheme  4
```

```
Define   bar   1   of   试卷管理 j   prompt   "试卷信息录入"
Define   bar   2   of   试卷管理 j   prompt   "试卷信息查询"
On   selection   bar   1   of   试卷管理 j   do   form   sj_input
On   selection   bar   2   of   试卷管理 j   do   form   sj_chaxun
Define   popup   成绩管理 c   margin   relative   shadow   color   scheme   4
Define   bar   1   of   成绩管理 c   prompt   "成绩录入"
Define   bar   2   of   成绩管理 c   prompt   "成绩查询"
Define   bar   3   of   成绩管理 c   prompt   "成绩分析"
On   selection   bar   1   of   成绩管理 c   do   form   cj_cjlr
On   selection   bar   2   of   成绩管理 c   do   form   cj_cjcx
On   selection   bar   3   of   成绩管理 c   do   form   成绩分析
Define   popup   统计分析 p   margin   relative   shadow   color   scheme   4
Define   bar   1   of   统计分析 p   prompt   "报名信息统计"
Define   bar   2   of   统计分析 p   prompt   "考场情况统计"
Define   bar   3   of   统计分析 p   prompt   "监考次数统计"
On   selection   bar   1   of   统计分析 p   do   form   bm_tj
On   selection   bar   2   of   统计分析 p   do   form   kc_wjtj
On   selection   bar   3   of   统计分析 p   do   form   ry_jkcs
      Procedure   _36g0lcxb4
      Close   all
      Clear   all
      Clear   event
      Quit
```

12.7　应用系统的主程序设计、项目连编及发行

　　通过项目管理器将各个组件组装在一起后，下一步还需要为该项目设置一个起始点，即项目的主文件，然后在进行"连编"，此过程的最终结果是将所有在项目中引用的文件合成为一个应用程序文件，用户可以直接运行该文件启动系统。最后可以利用"安装向导"为应用程序创建安装程序与发行磁盘。

12.7.1　应用系统的主程序设计

　　当用户运行应用程序时，系统首先启动项目的主文件，然后主文件在依次调用所需要的其他组件。因此，利用它可以将整个程序有机地连接在一起。在程序运行前，它初始化程序的运行环境；在程序运行中，它调度程序的事件操作；在程序运行结束后，它还原系统环境。

　　主程序可以是一个表单程序，也可以是一个菜单程序或一个命令程序，通常建议使用命令程序作为主程序。

　　在每个项目中，有且只有一个文件可以设置为主文件，并且主文件的文件名在项目管理器中用醒目的粗体表示。在项目管理器中设置主文件的方法为：单击要设置为主文件的程

序、表单或菜单文件，从"项目"菜单或快捷菜单中选择"设置主文件"选项。

在创建主程序时，一般需要包括以下几方面的内容。

1. 初始化工作环境

主程序必须做的第一件事情就是对应用程序的环境进行初始化。包括以下几方面内容。

用一系列 SET 命令进行系统环境的设置。例如：SET TALK OFF，则在系统执行时关闭人机交互对话。

初始化变量，其中要说明所有变量的类型、是否为全局变量，并为变量赋初值。

建立默认的文件访问路径。例如：SET DEFAULT TO D：\ 考务管理，建立一个默认路径到 D 盘"考务管理"文件夹。

打开所需要的数据库、数据表及有关索引。

2. 显示用户主界面

用户开发的主界面是一个菜单，一个表单或其他的用户界面组件。一般是在主程序中安排一条运行菜单或表单的命令来调用这个主界面的。例如，我们可以使用 DO 命令运行一个菜单，或者使用 DO FORM 命令来运行一个表单。

3. 建立事件循环

应用程序的工作环境建立之后，并显示出了初始的用户界面，这时，需要建立一个事件循环来等待接受用户的交互动作。若要控制事件循环执行，可以再主程序中加入 READ EVENTS 命令，该命令使 Visual FoxPro 开始处理如鼠标操作、键盘操作等用户事件。

在执行 READ EVENTS 命令后，应用程序必须提供一种方法来结束事件循环。通常在为退出应用系统而编写的菜单命令代码中或表单的"退出"按钮事件代码中，加入一条 CLEAR　EVENTS 命令来结束应用程序的事件循环。

4. 应用程序结束时恢复 Visual FoxPro 原来的工作化境

结束应用程序时应将 Visual FoxPro 系统环境还原。一般在主程序的适当位置加入一系列 SET 命令，关闭打开的各个数据库与表及相关的文件等，并清除内存变量以释放所占用的内存空间。

5. 为"高等医学院校考务管理系统"设计的系统主程序（main. prg）代码如下：

```
Set  sysmenu  off              && 程序执行时停止 Visual FoxPro 主菜单栏。
Set  talk  off                 && 确定 Visual FoxPro 不显示命令结果。
Set  safety  off               && 改写文件时不显示提示对话框。
Set  default  to  d：\ 考务管理   && 指定缺省的磁盘驱动器和目录文件夹。
Set  path  to  d：\ 考务管理 l    && 指定文件的搜索路径。
Set  century  on               && 确定显示日期表达式中的世纪部分。
Set  status  bar  off          && 关闭图形状态栏。
_ screen. caption＝'高等医学院校考务管理系统'  && 将 Visual FoxPro 标题栏设成用户指定的内容。
_ screen. icon＝hnsn. ico'      && 将系统标题栏图标设成用户指定的图标。
_ screen. picture＝"222. jpg"   && 将 Visual FoxPro 背景设成用户指定的图片。
do  form  begin                && 运行版本信息表单
Read  event                    && 控制事件循环执行。
do  form  login                && 运行用户登录表单
```

```
Read    event
do  menu. mpr              && 调用系统的主程序。
Read    events
Clear    all
Set   status   bar   on     && 恢复图形状态栏
Set   talk   on             && 恢复人机交互。
Close    all                && 关闭所有打开的文档。
Set   sysmenu   to   default  && 将 Visual FoxPro 主菜单恢复为默认值。
Quit                        && 退出 Visual
```

12.7.2　应用系统的连编

创建应用系统的最后一步就是"连编"。可以将应用程序文件和数据文件连接在一起，用户可运行该应用程序。同时还可以增加程序的保密性。我们以"高等医学院校考务管理系统"为例来说明操作步骤。

1. 打开"高等医学院校考务管理系统"的项目管理器，然后单击"连编"按钮。

2. 在弹出的图 12-27 对话框中，选中"连编应用程序"，则生成 .app 文件；若选中"连编可执行文件"，可建立一个 .exe 文件；还可以选择"显示错误"、"连编后运行"等选项，然后单击"确定"按钮。

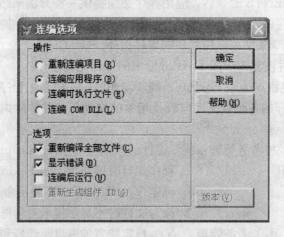

图 12-27　"连编选项"对话框

3. 在弹出的"另存为"对话框中输入连编后生成的应用程序名称，再单击"保存"按钮。

4. 运行 .app 应用程序。

要运行 .app 应用程序，需要在 Visual FoxPro 环境中执行。可从"程序"菜单中选择"运行"命令，然后选择要执行的应用程序；或者在"命令"窗口中，键入 DO 和应用程序文件名，如 DO cjgl. app

5. 运行 .exe 文件。

如果要运行一个 .exe 文件，可脱离 Visual FoxPro 环境直接运行。只要在 Windows 中双击该.exe 文件的图标即可。

12.7.3　应用系统的发行

在完成应用程序的开发与连编之后，可以利用"安装向导"为应用程序创建安装程序与发行磁盘，使之能方便地安装到其他电脑上使用，主要步骤如下。

1. 建立发布目录

发布目录用来存放构成应用程序的所有项目文件的副本。在用"安装向导"创建磁盘之前，必须创建一个目录结构，或称为"发布树"，把希望复制到发布盘的所有文件都放入这个发布树中。把不同类型的文件放入不同的子目录中，并且应用程序必须放在该树的根目录下。

许多 Visual FoxPro 应用程序需要额外的资源文件。如果要添加一个还未包含在项目中的资源文件，可将文件放在应用程序的目录结构中。如支持库 VFP6R. DLL、特定地区资源文件 VFP6RCHS. DLL（中文版）或 VFP6RENU. DLL（英文版）。这些文件都存放在 Windows 的 SYSTEM 目录下。

例如，若为"高等医学院校考务管理系统"建立一个专用的目录 D：\ KWGL，然后将上述文件复制到该目录下。

2. 运行"安装向导"

从系统菜单中选"工具"里的"向导"子菜单中的"安装"命令。可以启动"安装向导"。此向导共有 7 步。

（1）指定"发布目录"的位置。如将"高等医学院校考务管理系统"所在的发布树选定后，结果如图 12-28 所示。

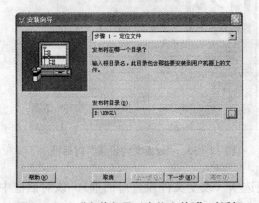

图 12-28　"安装向导（定位文件）"对话框

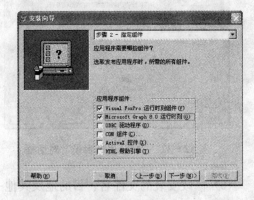

图 12-29　"安装向导（指定文件）"对话框

（2）指定应用程序的各个组件。该步骤要求用户指定必须包含的系统文件，此时可以选定"Visual FoxPro 运行时刻组件"和"Microsoft Gragh 8.0 运行时刻"两个复选框，然后单击"下一步"按钮，如图 12-29 所示。

（3）为应用程序指定安装盘类型（磁盘映像对话框）。该步骤要求指定磁盘映像目录和安装磁盘类型。此时可以利用对话按钮来选定磁盘映像目录，并保持"1.44MB3.5 英寸"复选框的选定状态，然后单击"下一步"按钮。如图 12-30 所示。

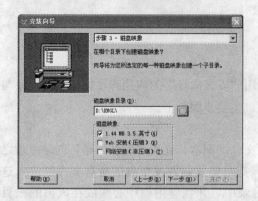 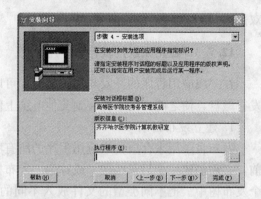

图 12－30　"安装向导（磁盘映像）"对话框　　　　图 12－31　"安装向导（安装选项）"对话框

　　（4）指定安装过程中的对话框标题、版权信息及执行程序等（安装选项对话框）。该步骤可在"安装选项对话框标题"文本框中键入"高等医学院校考务管理系统"，并在"版权信息"文本框中键入"齐齐哈尔医学院计算机教研室"后单击"下一步"按钮，如图 12－31 所示。

　　（5）指定应用程序的默认文件安装目的地（默认对话框）。该步骤要求指定文件安装的目录和开始菜单中程序管理器组名。此时保持"默认目标目录"文本框的"\ KWGL"和"程序组"文本框的"Visual FoxPro 应用程序"的显示，并单击"下一步"按钮，如图 12－32 所示。

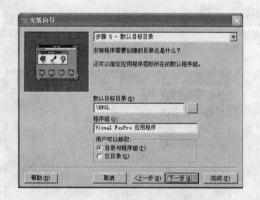 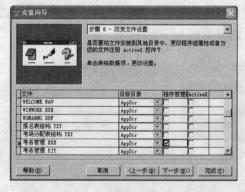

图 12－32　"默认目标目录"对话框　　　　　图 12－33　"改变文件设置"对话框

　　（6）修改安装的文件名、目的地及其他一些选项（改变文件设置对话框）。该对话框中有一个表格，每行显示一个文件，用户可对其修改。

　　①"文件"列文本框：用于指定在用户机器上创建文件时使用的名称。

　　②"目标目录"列组合框：用于指定将文件安装在用户机器上的应用程序目录，Windows 目录或 Windows 的系统目录中。

　　③"程序管理器项"列复选框：选定后将显示"程序组菜单项"对话框，从中可以指定一下 3 个程序项属性：说明、命令行和图标。本例可以在"说明"中写入"考务管理系统"作为程序项显示文本；对于"考务管理.exe"文件，应在"命令行"中写入应用程序目录与名字"%s\ 考务管理.exe"。命令行中的"%s"表示应用程序目录，而且 s 规定为小写。

　　④"ActiveX"列复选框：用于在用户机器上注册 ActiveX 控件。

在表格中设置完毕后，单击"下一步"按钮，如图 12-33 所示。

（7）显示完成对话框：这一步可直接选定确定按钮。安装向导将生成磁盘映像，然后提示磁盘统计信息。

3. 磁盘映像复制到软盘

经过上述操作，在 D:\KWGL 目录中产生了磁盘映像，及 DISK144 子目录，其下还有 DISK1-DISK15 等 15 个子目录，供用户复制 15 张为一套的发布软盘，即一个子目录中的全部文件对应复制到一张软盘中。此套映像复制的软盘为母盘，用户可以从一套母盘复制出许多套应用程序的发布软盘。

4. 应用程序的安装

发布盘 DISK1 中含有应用程序的安装程序 SETUP.EXE，只要在操作系统下运行该程序，就可以一步一步地进行应用程序安装。

应用程序安装好后，Windows 的开始菜单中出现该应用程序的程序组及程序项，供启动应用程序。为了便于使用，也可以在资源管理器中找出该应用程序后，将其图标拖到桌面上建立一个快捷方式，方便该应用程序的运行。

习　题　12

一、填空题

1. 开发数据库系统时，一般应该遵循_____、系统总体规划、数据库设计、各个子功能模块设计与程序编码、主程序设计，以及系统测试、项目连编等一系列阶段。

2. 使用安装向导前必须先建立发布树，并把项目中的有关文件复制到发布树的相应目录中，下列_____文件必须放在发布树的根目录下。

3. 在 Visual FoxPro 安装向导的"安装选项"对话框中，如果不输入_____，"下一步"按钮就以浅色显示，处于不可使用状态。

4. 在 Visual FoxPro 中连编后的应用程序扩展名可以是 .app，也可以是_____。

二、思考题

1. 如何进行系统的总体设计？
2. 从软件工程的角度讲，软件开发一般分为哪几个阶段。

参考文献

1 教育部考试中心. 全国计算机等级考试二级教程——Visual FoxPro 程序设计. 北京：高等教育出版社，2001

2 王世伟. Visual FoxPro 程序设计教程（第二版）. 北京：中国铁道出版社，2009

3 卢湘鸿. Visual FoxPro 程序设计基础（第 2 版）. 北京：清华大学出版社，2006

4 刘卫国. VISUAL FOXPRO 程序设计教程. 北京：北京邮电大学出版社，2005

附录 A VFP 常用命令

命令	功能
?	在下一行显示表达式串
??	在当前行显示表达式串
ACCEPT	把一个字符串赋给内存变量
APPEND	添加一个或多个新记录到表的末尾
APPEND FROM	从另一个文件添加记录到当前表的末尾
AVERAGE	计算数值表达式的算术平均值
BROWSE	打开 Browse 窗口并显示当前表或指定表的记录
CANCEL	终止程序执行
CASE	在多重选择语句中，指定一个条件
CHANGE	显示要编辑的字段
CLEAR	清洁屏幕，将光标移动到屏幕左上角
CLEAR ALL	关闭所有打开的文件，释放所有内存变量，选择 1 号工作区
CLEAR MEMORY	清除当前所有内存变量
CLOSE	关闭指定类型文件
CONTINUE	把记录指针指到下一个满足 LOCATE 命令给定条件的记录，在 LOCATE 命令后出现。无 LOCATE 则出错
COPY TO	从当前表的内容中建立一个新文件
COPY FILE	复制任何类型的文件
COPY STRUCTURE TO	将正在使用的表文件的结构复制到目的表文件中
COUNT	计算给定范围内指定记录的个数
CREATE	定义一个新 Visual FoxPro 表
CREATE LABEL	建立并编辑一个标签格式文件
CREATE REPORT	建立并编辑一个报表格式文件
DELETE	给指定的记录加上删除标记
DELETE FILE	删除一个未打开的文件
DIMENSION	定义内存变量数组
DIR 或 DIRECTORY	列出指定磁盘上的文件目录
DISPLAY	在系统主窗口或者用户自定义窗口中，显示当前表的信息
DISPLAY MEMORY	分页显示当前的内存变量

续表

命令	功能
DO	执行程序文件
DO CASE	程序中多重判断开始的标志
DO WHILE	程序中一个循环开始的标志
EDIT	显示要编辑的字段
ERASE	从目录中删除指定文件
EXIT	在循环体内执行退出循环的命令
FIND	将记录指针移动到第一个含有与给定字符串一致的索引关键字的记录上
GATHER	用数组、内存变量或者对象中的数据置换活动表中的数据
GO/GOTO	将记录指针移动到指定的记录号
IF…ENDIF	根据逻辑表达式的值有条件地执行一组命令
INDEX	根据指定的关键词生成索引文件
INPUT	接受键盘键入的一个表达式并赋予指定的内存变量
INSERT	在指定的位置插入一个记录
LABEL FROM	用指定的标签格式文件打印标签
LIST MEMORY	列出当前内存变量及其值
LIST STRUCTURE	列出当前使用的表结构
LOCATE	将记录指针移动到对给定条件为真的记录上
LOOP	跳过循环体内 LOOP 与 ENDDO 之间的所有语句，返回到循环体首行
MODIFY COMMAND	打开编辑窗口，以便能编辑或建立程序文件
MODIFY LABEL	建立并编辑一个标签（. LBL）文件
MODIFY REPORT	建立并编辑一个报表格式文件（. FRM）文件
MODIFY STRUCTURE	修改当前使用的表文件结构
NOTE/ *	在命令文件（程序）中插入以行注释（本行不被执行）
OTHERWISE	在多重判断（DO CASE）中指定除给定条件外的其他情况
PACK	彻底删除加有删除标记的记录
PARAMETERS	指定子过程接受主过程传递来的参数所存放的内存变量
PRIVATE	定义内存变量的属性为局部性质
PROCEDURE	一个子过程开始的标志
PUBLIC	定义内存变量为全局性质
QUIT	关闭所有文件并退出 Visual FoxPro
RECALL	恢复用 DELETE 加上删除标记的记录
REINDEX	重新建立正在使用的原有索引文件

续表

命令	功能
RELEASE	从内存中释放内存变量和数组
REPLACE	用指定的数据替换字段中原有的内容
REPORT FORM	显示数据报表
RETURN	结束子程序，返回调用程序
SEEK	将记录指针移到第一个含有与指定表达式相符的索引关键字的记录
SELECT	选择一个工作区
SET CENTURY ON/OFF	设置日期型变量要/不要世纪前缀
SET DATE	设置日期表达的格式
SET DEFAULT TO	设置默认的驱动器
SET DELETED ON/OFF	设置隐藏/显示有删除标记的记录
SET EXACT ON/OFF	在字符串的比较中，要求/不要求准确一致
SET FILTER TO	在操作中将表中所有不满足给定条件的记录排除
SET INDEX TO	打开指定的索引文件
SET ORDER TO	指定索引文件列表中的索引文件
SET PROCEDURE TO	打开指定的过程文件
SET RELATION TO	根据一个关键字表达式连接两个表文件
SET SAFETY ON/OFF	设置保护，在重写文件时提示用户确认
SET TALK ON/OFF	是否将命令执行的结果传送到屏幕上
SKIP	以当前记录指针为准，前后移动指针
SORT TO	根据表文件的一个字段或多个字段产生一个排序的库文件
STORE	赋值语句
SUM	计算并显示表记录的一个表达式在某范围内的和
TEXT…ENDTEXT	在屏幕上当前光标位置显示... 的文本数据块
TOTAL TO	对预先已排序的文件产生一个具有总计的摘要文件
UPDATE	允许对一个数据库进行成批修改
USE	带文件名的 USE 命令打开这个表文件。无文件名时，关闭当前操作的表文件
WAIT	暂停程序执行，按任意键继续执行
ZAP	删除当前文件的所有记录（不可恢复）

附录 B　VFP 常用函数

函数	功能
ABS（<数值表达式>）	计算并返回指定数值表达式的绝对值
ALIAS（<工作区号或别名>）	返回当前工作区或指定工作区内表的别名
ALLTRIM（<字符表达式>）	从指定字符表达式的首尾两端删除前导和尾随的空格字符，然后返回截去空格后的字符串
ASC（<字符表达式>）	用于返回指定字符表达式中最左字符的 ASCII 码值
AT（<子字符串>，<主字符串>［，<数字>］）	返回子字符串在主字符串中的位置
BOF（［<工作区号或别名>］）	用于确定当前或指定工作区中打开的表记录指针是否位于表的首记录之前
CEILING（<数值表达式>）	计算并返回大于或等于指定数值表达式的下一个整数
CHR（<数值表达式>）	返回指定 ASCII 码值所对应的字符
CMONTH（<日期型表达式>）	从指定的 Date 或 Datetime 表达式返回该日期的月名称
COL（）	用于返回光标的当前位置
COS（<数值表达式>）	计算指定表达式的余弦值
CTOD（<字符表达式>）	将字符表达式转换成日期表达式
DATE（）	返回当前的系统日期
DATETME（）	以 DateTime 类型值的形式返回当前的日期和时间
DAY（<日期型表达式>）	返回日期中日的数值
DBC（）	返回当前数据库的名和路径
DBF（<工作区号或别名>）	返回指定工作区打开表的名称或返回别名指定的表名称
DELETED（<工作区号或别名>）	用于测试并返回一个指示当前记录是否加删除标志的逻辑值
DOW（<日期型表达式>）	从 Date 或 DateTime 类型表达式中返回表示星期几的数值
DTOC（<日期型表达式>［，1］）	将日期型数据转换成字符型数据
EMPTY（<表达式>）	用于确定指定表达式是否为空
EOF（［<工作区号或别名>］）	用于确定当前或指定工作区中打开的表记录指针是否位于表的末记录之后
EXP（<数值表达式>）	返回以 e 为底，<数值表达式>为指数的幂
FCOUNT（）	返回当前表中的字段数
FIELD（<数值表达式>）	返回当前表中第 N 个字段的名称

续表

函数	功能
FILE（" <文件名>"）	用于在磁盘中寻找指定的文件，如果被测试的文件存在，函数返回真
FLOOR（<数值表达式>）	计算并返回小于或等于指定数值的最大整数
FOUND（[<工作区号或别名>]）	用于测试并返回 CONTINUE、FIND、LOCATE 或 SEEK 命令的执行情况，即是否找到
IIF（<逻辑表达式>，<表达式 1>，<表达式 2>）	如果逻辑表达式的值为真，返回表达式 1 的值，否则返回<表达式 2>的值
INKEY（）	返回所按键的 ASCII 码
INT（<数值表达式>）	计算表达式的值，然后返回整数部分
ISALPHA（<字符表达式>）	用于测试字符表达式中的最左字符是否是一个字母字符
ISLOWER（<字符表达式>）	用于确定指定字符表达式的最左字符是否是一个小写字母字符
ISNULL（<表达式>）	用于测试表达式的值是否为空值
ISUPPER（<字符表达式>）	用于确定指定字符表达式的最左字符是否是一个大写的字母字符
LEFT（<字符表达式>，<数值表达式>）	从指定字符串的最左字符开始，返回规定数量的字符
LEN（<字符表达式>）	返回指定字符表达式中的字符个数（字符串长度）
LOG（<数值表达式>）	返回求自然对数值
LOWER（<字符表达式>）	把指定的字符表达式中的字母转变为小写字母，然后返回该字符串
LTRIM（<字符表达式>）	删除指定字符表达式中的前导空白，然后返回该字符串
MAX（<数值表达式 1>，<数值表达式 2>）	计算一组表达式，然后返回其中值最大的表达式
MESSAGEBOX（提示信息，[对话框属性 [，对话框窗口标题]]）	显示用户自定义的对话框
MIN（<数值表达式 1>，<数值表达式 2>）	计算一组表达式的值，然后返回其中的最小值
MOD（<数值表达式 1>，<数值表达式 2>）	将两个数值表达式进行相除然后返回它们的余数
MONTH（<日期型表达式>）	返回日期中月的数值
PI（）	返回圆周率的值
RECCOUNT（[<工作区号或别名>]）	返回当前或指定表中的记录数
RECNO（[<工作区号或别名>]）	返回当前表或指定表中当前记录的记录号
REPLICATE（<字符表达式>，<数值表达式>）	将指定的字符表达式重复规定的次数，返回所形成的字符串

续表

函数	功能
RIGHT（＜字符表达式＞，＜数值表达式＞）	从字符串中返回最右边的指定字符
ROUND（＜字符表达式＞，＜数值表达式＞）	返回对数值表达式中的小数部分进行舍入处理后的数值
ROW（）	返回光标的当前行位置
RTRIM（＜字符表达式＞）	删除字符表达式中尾随的空格，然后返回此字符串
SELECT（［0/1 别名］）	返回当前工作区号，或返回最大未用工作区的号
SIGN（＜数值表达式＞）	根据指定表达式的值，返回它的正负号
SIN（＜数值表达式＞）	返回角的正弦值
SPACE（＜数值表达式＞）	返回由指定个数的空格字符组成的字符串
SQRT（＜数值表达式＞）	计算并返回数值表达式的平方根
STR（＜数值表达式 1＞［，＜数值表达式 2＞［，＜数值表达式 3＞]]）	将数值表达式的值转换成字符型数据
SUBSTR（＜字符表达式＞［，＜数值表达式 1＞［，＜数值表达式 2＞]]）	从字符表达式中截取一个子串
TIME（）	以 24 小时，8 个字符（hh：mm：ss）的形式返回当前的系统时间
TRIM（＜字符表达式＞）	删除字符串尾部空格
TYPE（＜表达式＞）	判断表达式的数据类型
UPPER（＜字符表达式＞）	以大写字母形式返回指定的字符表达式
VAL（＜字符表达式＞）	将数字形式的字符表达式转换为数值型数据
VERSION（）	返回字符串，其中包含正在使用的 VFP 版本号
WEEK（＜日期型表达式＞）	从 Date 或 DateTime 表达式返回表示一年中第几个星期的数值
YEAR（＜日期型表达式＞）	返回日期中年的数值

附录 C：VFP 常用属性及功能

属 性 名	功 能
ActiveColumn	返回 Grid 控件中包含的活动单元的列
AllowTabs	指定 EditBox 控件中是否允许使用制表符
AlwaysOnTop	防止其他窗口覆盖表单窗口
AutoCenter	确定第一次显示表单对象时是否将空表单对象自动居中
AutoSize	确定控件是否根据内容自动改变大小
BackColor/ForeColor	指定对象中显示文本和图形时的背景或前景颜色
BackStyle	确定对象的背景是透明还是不透明
BorderColor	指定对象的边界颜色
BorderStyle	指定对象的边界风格
BorderWidth	指定控件边界宽度
Bound	确定 Column 对象中的控件是否被绑定到 Column 控件源中
BoundColumn	确定多列列表框或组合框中哪一列被绑定为控件的 Value 属性
ButtonCount	指定 CommandGroup 或 OptionGroup 中的按钮数
Buttons	用于访问按钮组中每一按钮的数目
Cancel	CommandButton 或 OLEContainer 控件是否是为 Cancel 按钮
Caption	指定显示在对象提要中的文本内容
ColorSource	确定如何设置控件的颜色
ColumnCount	指定 Grid 、Combol Box 和 List Box 控件中 Column 对象的数据
ColumnWidths	指定 CombolBox 和 ListBox 控件的列宽度
ControlSource	确定绑定对象的数据源
Curvature	指定 Shape 控件的拐角曲率
Enabled	确定对象是否响应用户产生的事件
FillColor	指定用于填充图形的颜色，图形通过图形例程绘制好轮廓
FillStyle	指定形状以及用 Circle 与 Box 图形方法创建的图形填充模式
FontBold	指定文本是否采用一种粗体或多种风格
FontItalic	指定文本是否采用一种斜体或多种风格
FontUnderline	指定文本是否采用一种下划线或多种风格
FontName	确定文本显示时所使用的字体名
FontSize	确定对象中文本显示时字体的大小

续表

属性名	功能
Forms	访问表单集镇南关每个表单的数组
Height	确定屏幕上对象的垂直方向高度
Increment	确定单击 Spinner 控件的上箭头或下箭头时递增的步长
InputMask	确定如何在控件中输入和显示数据
Interval	指定调用 Timer 控件的 Timer 事件之间的毫秒数
KeyboardHighValue	指定用键盘可以输入 Spinner 控件中的最大值
KeyboardLowValue	指定用键盘可以输入 Spinner 控件中的最小值
Left	确定控件或表单左边界与其容器对象左边界之间的距离
MaxButton	指定表单是否具有 Maximize 按钮
MinButton	指定窗体是否具有 Minimize 按钮
Movable	指定对象在运行时是否可移动
Name	指定在程序代码中引用对象的名称
PageCount	确定页框中所包含页的数量
PageHeight	指定页的高度
PageWidth	指定页的宽度
Parent	引用控件的容器对象
PassWordChar	确定是否在 Textbox 控件显示用户输入的字符或占位符，并确定所使用的字符为占位符
Picture	确定显示在控件中的位图文件或图标文件
ReadOnly	指定能否编辑控件或能够更改与 Cursor 对象有关的表或视图
RowSource	确定 ComboBox 或 ListBox 控件中值的数据源
RowSourceType	确定控件中数据源的类型
Stretch	确定如何调整图像的大小来适应控件
Style	确定控件的风格
Text	包含输入到控件文本框部分的未格式化文本
Top	确定对象上边界与其容器对象上边界之间的距离
Value	确定控件的当前状态
Visible	确定对象是可见还是隐藏
Width	Width 属性用于确定对象的宽度